西安交通大学研究生“十四五”规划精品系列教材

最优化方法及应用

杨福胜 吴 震 邓 春 张早校 编

Optimization Methods and Applications

化学工业出版社
·北京·

内容简介

本书是为高等学校工科研究生编写的“最优化方法及应用”课程教材,主要内容包括:概述、无约束最优化（一维、多维）、约束最优化（线性、非线性）、全局最优化新方法、多目标优化、应用实例等。全书内容组织突出应用导向，力求在使学生理解优化方法的基本思想、实施步骤、软件实现的基础上，最大限度减少繁复的数学推导和证明，同时结合案例将相关方法应用于个人科研实践。

本书可以作为化学工程、化工过程机械、动力工程、环境工程、能源动力、材料化工等相关工科专业的研究生的教材或教学参考书，具有高等数学、线性代数、计算方法基础的科技人员可自学本书。

图书在版编目（CIP）数据

最优化方法及应用 / 杨福胜等编. -- 北京 : 化学工业出版社，2025. 4. --（西安交通大学研究生“十四五”规划精品系列教材）. -- ISBN 978-7-122-47579-4

Ⅰ. O242.23

中国国家版本馆 CIP 数据核字第 20258U2Q10 号

责任编辑：贾　娜　　文字编辑：张　宇
责任校对：边　涛　　装帧设计：张　辉

出版发行：化学工业出版社
（北京市东城区青年湖南街 13 号　邮政编码 100011）
印　　装：天津千鹤文化传播有限公司
787mm×1092mm　1/16　印张 14¼　字数 383 千字
2025 年 11 月北京第 1 版第 1 次印刷

购书咨询：010-64518888　　售后服务：010-64518899
网　　址：http://www.cip.com.cn
凡购买本书，如有缺损质量问题，本社销售中心负责调换。

定　　价：56.00 元

前言

现代过程工业在国民经济发展中的重要性与日俱增，其向着绿色低碳方向发展的趋势也愈来愈明显。特别是“双碳”目标的提出，对过程工业的发展提出了更高的要求。过程工业的快速发展，尤其是向着智能化、数字化方向发展，对最优化技术的需求越来越多，特别是对优化设计与在线操作实时优化的需求越来越迫切。对于任何一个生产过程，都期望通过最优的设计和操作获得最好的生产效益，这必须通过应用最优化方法加以实现。

随着计算机技术的快速发展，最优化方法的应用成为很多商业软件的必备部分，如Matlab优化工具箱等，人们可以很方便地调用和使用。作为工科专业的学生来说，掌握最优化方法的基础理论，熟练地应用优化工具解决复杂工程问题是重要和必要的。在研究生教学中，面对化工过程的复杂性，十分需要紧密结合工程应用背景的教材，使学生从工程问题本身出发分析对象模型特点，并制定针对性强的最优化方法应用方案。为此，我们结合多年在西安交通大学高年级本科生和低年级研究生中开设“最优化方法及其应用”课程的教案，编写了本书。

本书的编写在成熟的最优化方法理论基础上，强调了将工程应用问题加以提炼建模的重要性，以提高学生学习的兴趣和对工程问题的理解。此外，本书编者也尝试通过一些典型案例的延伸阅读，帮助学生扩展视野，培养科学精神和爱国情怀。

本教材将从化工中经常遇到的优化问题入手，介绍最优化的基本概念、基本理论，由单变量到多变量、由无约束到有约束、由线性到非线性渐次深入，最后通过多个不同应用场合的案例分析，深化读者对于从科研和工程实践中构造和求解最优化问题的认识。具体的章节安排如下：

第1章概述，讨论了什么是最优化问题，列举了化工领域经常遇到的一些典型最优化问题，结合案例概括了最优化问题的数学描述，简要介绍了求解最优化问题的一般步骤、难点和理论基础。

第 2 章介绍一维极小化方法，其除自身应用价值（如著名的“优选法”在全国的推广）外，也是多维优化问题确定步长的工具。

第 3 章介绍求解无约束多变量优化问题的方法，重点围绕先定方向、再定步长的线搜索类方法展开，按照构造搜索方向所需的目标函数信息分为一阶导数方法、二阶导数方法和无导数方法。

第 4 章讲述了线性规划的基本理论和方法，除经典单纯形法外，也介绍了在大规模线性规划中具有效率优势的内点法。

第 5 章介绍约束非线性优化问题的基本理论和求解方法，包括罚函数法、可行方向法、序列二次规划（SQP）法等。

第 6 章介绍新兴全局最优化问题解法。

第 7 章是多目标优化专题，在介绍相关概念和基础理论的基础上，重点阐述多目标进化算法的思想和应用。

第 8 章介绍最优化方法的应用，应用实例既包含以往最优化教材中的经典案例，也引入了编者的科研成果，包括对于换热网络、工业水系统、燃料电池多联产系统、原油管道系统的最优化，展示了最优化方法根植实践的旺盛生命力和巨大价值。

本书得到西安交通大学研究生“十四五”规划精品系列教材计划项目的支持。参加本书编写工作的包括西安交通大学张早校教授（第 1 章）、杨福胜教授（第 2～4、7 章）、吴震教授（第 5、6 章），以及中国石油大学（北京）的邓春教授（第 8 章），西安交通大学袁庆老师提供部分案例，何阳老师审读并修改了部分章节书稿，代敏、王红霞、刘友海、朱鹏飞、杨晗、霍天晴、刘家璇等多位博士生、硕士生参与本书习题及案例整理，在此表示衷心感谢。

限于编者的水平，不足和疏漏之处恳请读者批评、指教。

编　者

2024 年 8 月

目 录

第 3 章　多元函数无约束最优化　020

第 4 章　线性规划　052

第 7 章 多目标优化 175

第 8 章 最优化方法的应用 190

参考文献 219

第1章 概述

1.1 过程工业对最优化的需求

随着“双碳”目标的提出，过程工业如化工生产过程正在发生深刻的变革：

① 对生产过程高效率的追求越来越迫切；

② 生产过程的复杂化程度越来越高；

③ 生产过程的智能化程度越来越高；

④ 生产过程的极端化趋势越来越明显，包括运行参数的极端化（高温、高压、深冷等）、装置尺寸的极端化（超大型化、微小型化）；

⑤ 生产过程的清洁化环保要求越来越严格；

⑥ 生产过程的安全性要求越来越高。

概括起来，在第四次工业革命发展的背景下，现代社会对过程工业生产提出了越来越多、越来越严格的要求。因此，在过程工业的各类生产过程中，有大量问题需要获得最优的求解，即可以通过很多方式将优化技术应用于过程工业生产，如化工厂等。随着公司的集团化运行，公司所属各个工厂的最佳生产地点如何确定？随着大量输气管道的铺设，管道的尺寸和布局应该如何选取？工厂主要设备如管式反应器、精馏塔等的操作条件如何确定？在各种限定条件下，工厂如何最经济运行？如何设计一座满足特定产品生产的工厂是最好的（最经济的、最环保的、最安全的……）？在有限的条件下，如何实现生产过程的污染物排放最小化？诸如此类的问题都需要通过应用最优化方法来获得答案。

1.2 什么是最优化问题

所谓最优化，就是要获得所关心问题的最优解，包括工厂生产的最小化成本问题、最大化利润问题、设备的最佳尺寸问题等。因此，工程设计中最优化问题（optimization problem）的一般提法是要选择一组参数（变量），在满足一系列限制条件（约束）下，使设计指标（目标）达到最优值，可取最大（用 max 表示）或最小（用 min 表示）。

1.3 化工过程中的最优化问题实例

1.3.1 过程设备的最优化问题

（1）多级往复式压缩机级间压力的设计

多级往复式压缩机是实现气体输送的关键设备，图 1-1 给出了一台两级压缩机的示意图，其每一级包括了进气压力和排气压力。两级之间的压力称为级间压力或中间压力，它是低一级压缩机的排气压力，又是高一级压缩机的进气压力。那么，在设计多级往复式压缩机时，如何确定级间压力是最合适的值？

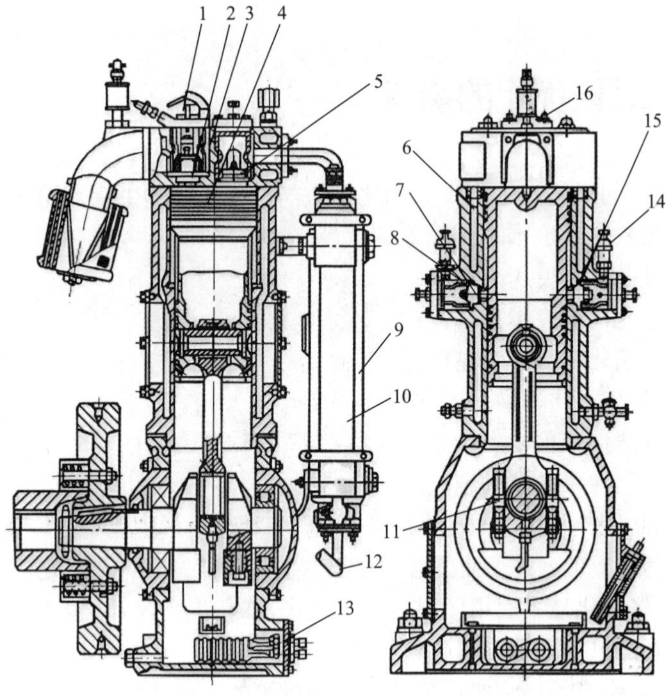

图 1-1 两级往复式压缩机示意图

1—卸载阀；2—低压级吸气阀；3—低压级气缸盖；4—活塞与连杆；5—低压级排气阀；6—气缸与曲轴箱；7—高压级吸气阀；8—低压级安全阀；9—冷却器；10—气液分离器；11—曲轴与飞轮；12—管系；13—润滑油冷却器；14—高压级安全阀；15—高压级排气阀；16—铭牌

多级往复式压缩机级间压力的确定应该遵循使得压缩机总功耗最小的原则，因此这是一个操作优化的典型问题。考虑压缩机的输入功率 $P_{压缩机}$最小化，最优化问题描述为：

$$\min P_{压缩机}$$

不难看出，压缩机级间压力并不能任意选取，通常其取值应满足质量守恒条件，以及每一级进、排气压力的约束条件。

（2）换热器的最优化设计

过程工业中存在大量的热交换需求，往往都是通过换热器实现的。因此，换热器是化工设备中最重要的一类设备。图 1-2 给出了一台典型的工业管壳式换热器的示意图。

对于换热器的设计，从经济的角度要追求满足给定热负荷条件下换热面积 $A_{换热器}$最小的目标，这时最优化问题描述为：

$$\min A_{换热器}$$

同样，优化应满足流体的质量守恒条件、能量守恒条件、其他工艺所规定的约束条件，例如某些场合考虑安全性、可操作性等因素，流体温度的变化须限定在一定范围内。

如果要追求的目标是在给定热负荷条件下使被加热（冷却）流体达到尽可能高（低）的温度 $T_{换热器}$，这时，最优化问题描述为：

$$\max T_{换热器}\ (\min T_{换热器})$$

此时仍须满足质量守恒条件、能量守恒条件和其他工艺所规定的约束条件。

可以看到，对于换热器的设计，可以有不同的目标追求。有时候需要兼顾不同目标，通常把这一类要满足两个或两个以上的最优化问题称为多目标最优化问题。

（3）精馏塔的最优化问题

精馏是石油化工等行业中广泛应用的传质过程。根据混合物各组分在同一温度下蒸气分压的不同，即挥发度的不同，由精馏过程可以使液相中的轻组分转移到气相、气相中的重组分转移到液相中，达到分离混合物的目的。

精馏过程一般由再沸器、冷凝器、精馏塔、回流罐和回流泵等设备组成，如图 1-3 所示。再沸器位于塔底，为液相轻组分向气相转移提供所需的能量，冷凝器将上升的蒸汽冷凝，并提供回流。精馏过程的产品一般由塔顶和塔底馏出，以馏出液中轻组分的纯度为质量指标。

图 1-2　管壳式换热器示意图

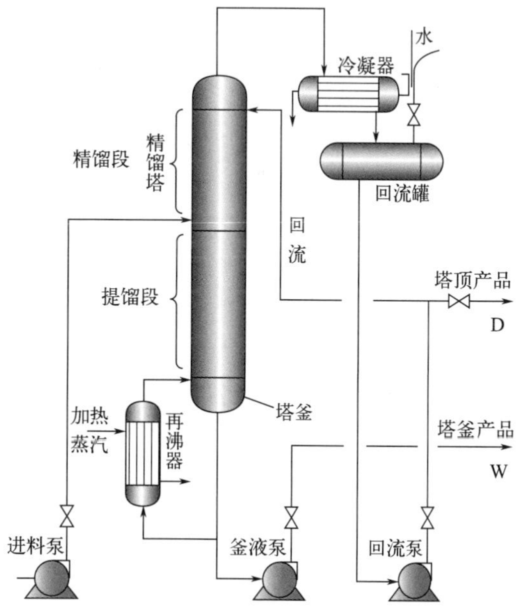

图 1-3　精馏过程示意图

精馏是复杂的传质过程，涉及多输入、多输出，动态响应迟缓、工艺差别大，对操作优化提出了很高的要求。另外，任何精馏塔的操作都会受到一定的过程限制和约束，如冷凝器负荷、塔板的液泛、再沸器的负荷等。精馏过程是整个石化行业中耗能最大的典型单元操作，占行业总能耗的 40%左右，所以精馏塔的优化控制效果对提高塔效率和节约能源有重大意义。

精馏塔顶回流罐的回流比对于精馏产品质量和能耗影响很大，是优化的重要参数。通常精馏塔是在固定的回流量下操作的，此外操作者一般倾向于采用大回流比以保证产品满足质量标准，相应产品价值也较高；另一方面，降低能耗的要求带来了不同的目标，此时采用小回流比为宜。显然，从优化的角度来看，回流比存在某个经济上的最小值，在该值以下所节约的能量价值会小于因产品质量降低所引起的成本增加。

精馏塔的控制目标就是要在保证产品质量的前提下，使塔的总成本最小、总收益最大。

如果要追求能耗最优的回流比，则该精馏塔的最优化问题描述为最小化能量消耗 $Q_{精馏塔}$：

$$\min Q_{精馏塔}$$

除前文提到的物料质量守恒条件、能量守恒条件外，精馏工艺还应满足组分的相平衡条件。

此外，精馏塔优化还可定义为利润最大化 $P_{精馏塔}$ 问题：

$$\max P_{精馏塔}$$

需要满足的条件类似。

图 1-4 给出了不同燃料成本下的加热费用及产品价值随回流比的变化，相应地，图 1-5 给出了总利润变化曲线。可见，高、低燃料成本下取得总利润最大值的最优回流比 $R1$ 和 $R2$ 是有所不同的。

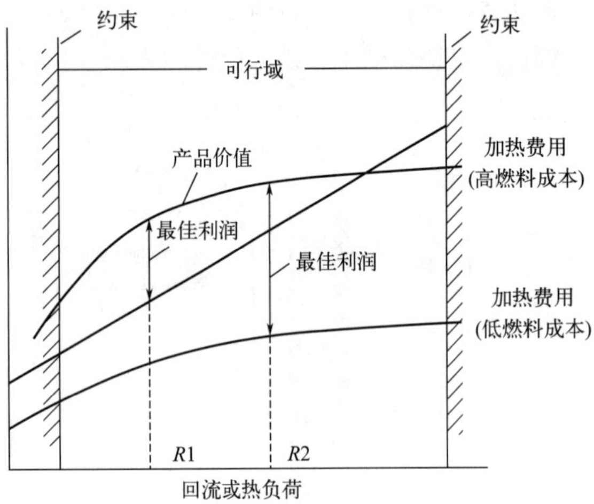

图 1-4　不同燃料成本下的最优回流比

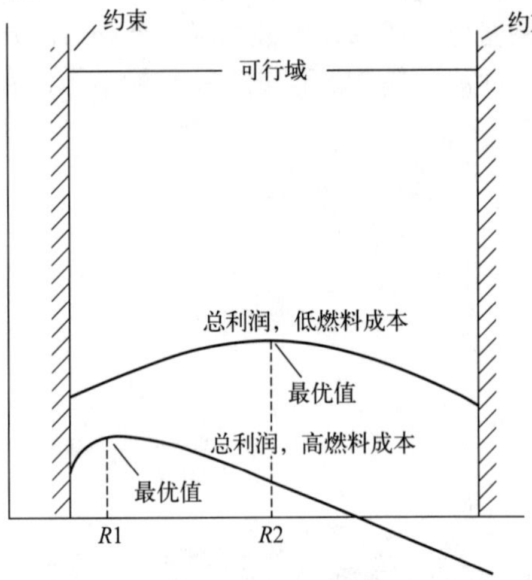

图 1-5　不同燃料成本下的总利润

1.3.2　过程系统的最优化问题

（1）换热网络最优化问题

在石油化工等生产过程中，生产装置往往面临着大量高温流体冷却和低温流体加热的任务，这些任务都是通过换热完成的。由这些单一的换热任务构成复杂的换热网络系统面临的最优化问题，就是如何设计换热网络，使得包括换热网络投资和加热及冷却公用工程消耗的总年化成本最小。图 1-6 给出了某换热网络的示意图。

对于换热网络优化，可以处理为包括设备投资和运行成本在内的年化费用（成本）$C_{换热网络}$ 最小问题：

$$\min C_{换热网络}$$

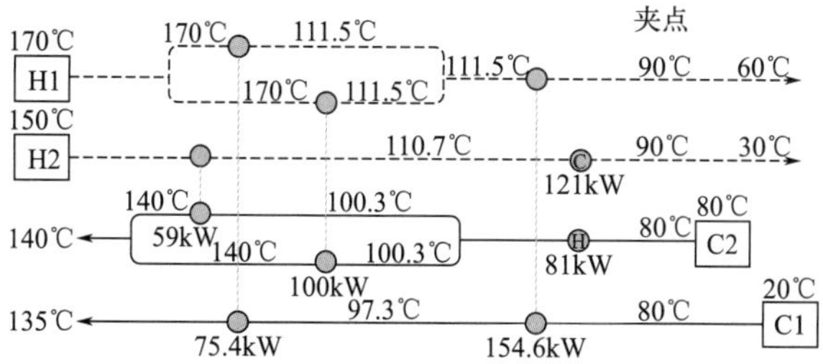

图 1-6　某换热网络示意图

H—高温物质；C—低温物质；Ⓗ—加热；Ⓒ—冷却

显然，换热网络的设计应满足冷、热流股的质量守恒、能量守恒条件。

（2）公司生产最优检维修周期的最优化问题

随着第四次工业革命的到来，工业生产正在向着大型化、集成化、智能化、长周期运行的方向发展，设备的检维修对于确保其处在最佳运行状态至关重要。而对于炼油设备等生产设备，在生产过程中普遍面临着腐蚀问题，特别是一些关键设备的工作条件十分恶劣，对于长周期安全运行提出了挑战，因此智能检维修技术应运而生。智能检维修技术核心是要采用智能化技术，根据对设备运行工况的检测和设备自身的条件确定设备的最优检维修周期。因此，这是如何使公司的年化生产成本 $C_{设备检维修}$最小化的最优化问题：

$$\min C_{设备检维修}$$

满足：质量守恒条件、其他约束条件。

1.3.3　安全环保问题

（1）环保最优化问题

在炼油化工等生产过程中，往往配备了自备动力站，以满足生产过程的蒸汽需求，同时有一部分电力生产。为了适应生产的变化，自备动力站常常配备多台锅炉、多台汽轮机。一方面，动力站要尽可能高效率生产以满足工艺过程的需求；另一方面，随着过程工业向着绿色低碳的方向发展，对生产的排放要求越来越严格，对锅炉的排放控制要求特别高。

在锅炉燃烧过程中一般希望燃烧温度尽可能高，以使锅炉的热效率 η 最大化；但是环保要求则鼓励在富燃料以及低燃烧温度下操作，以减少烟气排放物中的氮氧化物（NO_x）。低燃烧温度使一些未燃烧的燃料从烟囱中排出，降低了锅炉的效率，并引起烃类（HC）排放物 $E_{污染物}$的增加。显然，效率和环保要求之间是有矛盾的，往往要在两者之间折中，这也是一个效率与排放之间的最优化问题：

$$\max \eta_{锅炉} \ \& \ \min E_{污染物}$$

满足：质量守恒条件、能量守恒条件。

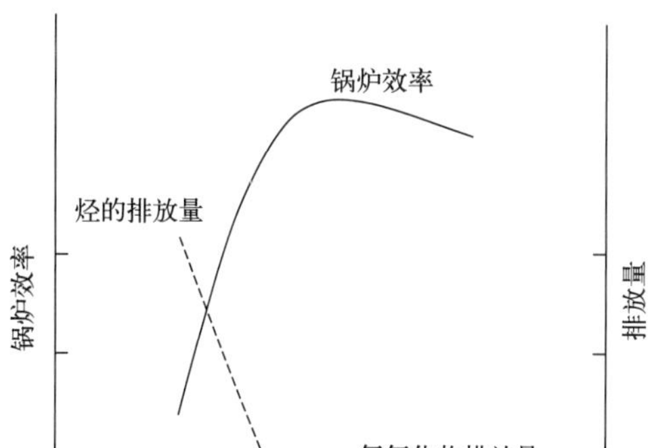

图 1-7　作为空气-燃料比函数的锅炉效率和排放量（1.0 为空气-燃料的化学计量比）

图 1-7 说明了在效率和排放之间的折中。假设存在不止一个性能标准，需要在效率最大

化和排放最小化之间进行考虑，因而需要在这两个目标之间寻求折中。

自备动力站锅炉操作的另一个特点是会由一系列因素引起锅炉负荷（需求量）的变化，这些因素包括过程操作条件的变化、工厂单元的开启和关闭，以及每天或季节性的周期等。

由于公用工程设备通常是以并行方式操作运行的，锅炉负荷需求的波动通常意味着在什么时候需要引入另一台锅炉、透平或其他设备，以及究竟引入哪一台最好。

由于受单台设备工作范围的限制，实际生产过程所需要的连续运行范围可能会超过单台设备的正常状态。当生产需求发生变化时，可能需要在一组不同的状态（这里是空闲状态）下进行离散跃迁，比如在一台满负荷情况下开启另一台类似设备。因此，在很多优化问题的模型建立过程中，采用离散变量（开闭，高低，整数 1、2、3、4 等）比较合适。这是优化问题的一个专门类型，后面章节会进行讨论。

（2）工厂安全选址最优化问题

从安全角度考虑，工厂的选址一直是十分重要的最优化问题。安全选址重点关注于识别出能够对过程工业生产工厂产生重大影响的危险场景上，要研究识别诸如控制室、临时建筑、相邻建筑间的空间、设备间的空间和潜在的起火点等薄弱环节或地点。因此，通过选址评估现有过程工厂建筑的位置，使现场风险 $R_{\text{安全选址}}$的影响最小化，是在新建工厂工艺设计中选址时首先要解决的问题。

$$\min R_{\text{安全选址}}$$

满足：质量守恒条件、能量守恒条件、其他约束条件。

1.3.4 数字孪生问题

随着现代过程工业向着智能化数字化方向的发展，数字孪生技术应运而生。数字孪生是以数字化方式创建物理实体的虚拟模型，借助数据模拟物理实体在现实环境中的行为，通过虚实交互反馈、数据融合分析、决策迭代优化等手段，为物理实体增加或扩展新的能力。作为一种充分利用模型、数据、智能并集成多学科的技术，数字孪生面向产品全生命周期过程，发挥连接物理世界和信息世界的桥梁和纽带作用，提供更加实时、高效、智能的服务。目前，以工业互联网为技术支撑的石化行业智能工厂建设成为行业数字化智能化转型发展的重要途径，国内龙头石化企业涌现了一批工业互联网典型场景和应用案例，起到了行业数字化转型的示范引领作用。通过数字孪生技术，可以实现对所建模物理实体的实时监控、故障诊断和运行优化等功能，实现基于在线监测数据的动态操作参数优化，为企业提供更加实时、高效、智能的服务。

图 1-8 给出了某多相反应器高保真数字孪生的示意图。如何用图 1-8 左侧图的虚拟模型准确再现右侧图的真实多相反应器的工作过程和状态，且使得所建模型的计算工作量 $C_{\text{计算机时}}$最小，也属于一个建模方面的最优化问题：

$$\min C_{\text{计算机时}}$$

1.3.5 多目标优化

（1）多目标优化问题

对于单一目标的优化问题，通常可以采用相对简便的计算方法获得唯一的最优解。而在

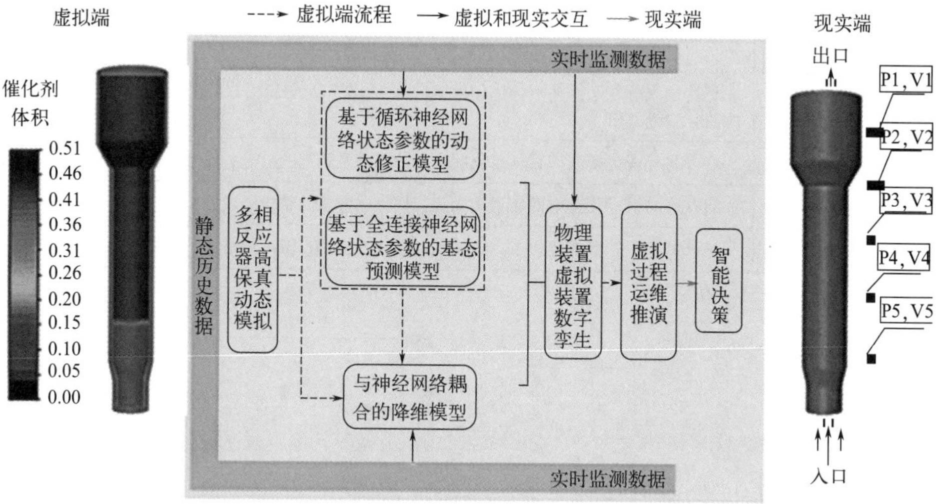

图 1-8　多相反应器高保真数字孪生示意图

多目标、多性能优化层面，往往需要考虑多个目标之间的相互影响作用，并且很难存在一组解能够使各个目标函数性能都达到单目标最优的情形。因此，多目标、多性能优化问题的最优解一般是由多个非劣解组成的解集，即 Pareto 解集，其详细数学描述见第 7 章。图 1-9 为对于两目标优化问题确定最优解的示意图，C 点为两目标优化的最优解，同时实现了目标函数 1 和 2 的相对最优。

多目标优化问题遍及实际工业的各个行业，由于同时获得各个目标的最优不现实，因此常通过对每个目标分配权重系数、对不同目标函数加权转化为单一目标函数的方式求最优。但是，每个目标应该分配多大的权重系数也成为学术界和工程界研究的热点问题。表 1-1 列出了多目标优化计算部分常用解法。其中具有代表性的多目标进化算法主要为遗传算法、进化策略和进化规划等经典方法，非常适用于复杂的多目标场景的优化求解，详见第 7 章的相关叙述。

（2）化工过程多目标优化问题实例

我国电石工业是保障国民基础生活的支柱型产业之一，电石及其衍生物广泛用于氧炔焊接、有机合成、有色金属以及钢铁行业等各个领域。传统电热法电石工业高能耗、高物耗、高污染的弊端阻碍了其在低碳时代的长周期运行，亟待优化生产工艺。

考虑电石生产系统最小单位产品 CO_2 排放（f_1）和最小年总成本 TAC（f_2），可定义如下的两目标优化问题：

$$\begin{cases}\min \quad f_1=\text{单位产品}CO_2\text{排放} \\ \min \quad f_2=\text{年总成本(TAC)}\end{cases}$$

采用遗传算法求解，图 1-10 显示了电石-乙炔生产工艺系统的当量 CO_2 排放和年总成本两目标优化 Pareto 前沿。B 点是通过两目标优化获得的最优解，其与理想点的欧氏距离最短，相应的 TAC 约为 8.58×10^6 美元/年，当量 CO_2 排放量为 4.65 t CO_2/t C_2H_2。A 点的 TAC 最低（8.5×10^6 美元/年），当量 CO_2 排放最大（6.57 t CO_2/t C_2H_2），对应于目标函数 f_2 的单目标优化。同理，C 点实现了目标函数 f_1 的单目标优化，即当量 CO_2 排放最低（4.12 t CO_2/t C_2H_2），但 TAC 最大。与考虑单一目标函数的两种可行解相比，最优解 B 点的 TAC 降低了 26%，同时 CO_2 排放降低了 29%。由此，通过两目标优化可以同时改善电石生产体系的温室气体排放问题和经济性。

表 1-1　多目标优化计算常用解法

解法	基本内容介绍
进化算法（EA）	适用于求解复杂的多目标优化问题，并得到了广泛的应用，如遗传算法（GA）、进化策略（ES）和进化规划（EP）
模糊算法	各子目标最优解同多目标最优解之间的关系是模糊的
神经网络	目前在多目标优化中的应用多为和其他优化方法的结合
粒子群（PSO）算法	是一种基于迭代的优化工具，系统初始化一组随机解，通过迭代搜寻最优值

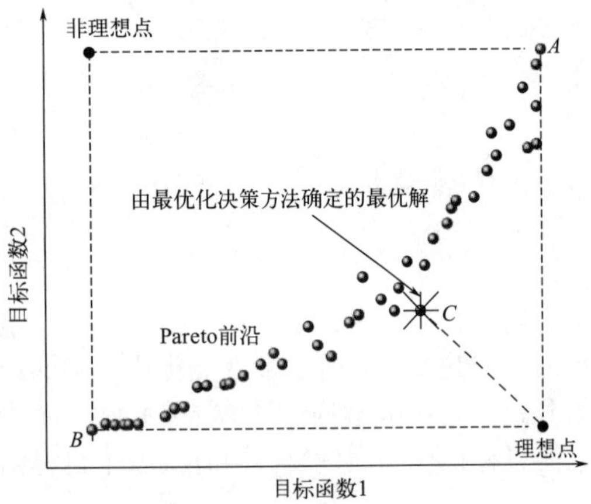

图 1-9　两目标优化问题示意图

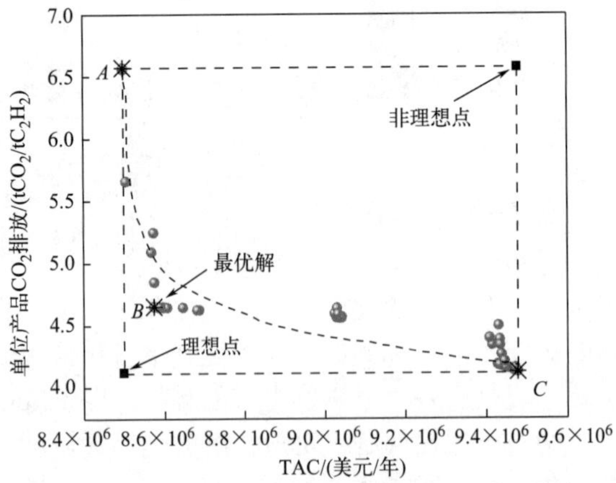

图 1-10　年总成本（TAC）和单位产品 CO_2 排放的 Pareto 前沿

1.4　最优化问题的数学描述

观察上述案例，可以发现最优化问题一般包含三个要素：①至少有一个要进行优化的目标函数（利润函数、成本函数等）；②等式约束（等式）；③不等式约束（不等式）。

尽管面对的各种过程背景不同，对于最优化问题描述则具有相似性。因此，最优化问题的一般形式用数学描述表达如下：

$$\min(\max) f(\boldsymbol{x}) \quad \text{目标函数} \tag{1-1a}$$

$$\text{s.t. } \boldsymbol{g}(\boldsymbol{x}) \geqslant 0 \quad \text{不等式约束} \tag{1-1b}$$

$$\boldsymbol{h}(\boldsymbol{x}) = 0 \quad \text{等式约束} \tag{1-1c}$$

式中　$\boldsymbol{g}(\boldsymbol{x}) = [g_1(\boldsymbol{x}), g_2(\boldsymbol{x}), \cdots, g_m(\boldsymbol{x})]^{\mathrm{T}}$

$\boldsymbol{h}(\boldsymbol{x}) = [h_1(\boldsymbol{x}), h_2(\boldsymbol{x}), \cdots, h_l(\boldsymbol{x})]^{\mathrm{T}}$

$\boldsymbol{x} = (x_1, x_2, \cdots, x_n)^{\mathrm{T}}$

上标 T 表示向量或矩阵的转置，即 $\boldsymbol{x}$ 为由 n 个变量（x_1，x_2，…，x_n）组成的 n 维列向量；$\boldsymbol{g}(\boldsymbol{x})$、$\boldsymbol{h}(\boldsymbol{x})$分别为 m、l 维函数向量。式（1-1a）称为目标函数，目标函数既可以求极大，也可以求极小。从数学意义上讲，$\max f(\boldsymbol{x})$等价于 $\min[-f(\boldsymbol{x})]$。

当 $\boldsymbol{x}$ 的各分量 x_i ($i=1, 2, \cdots, n$) 为一组特定的数值时，称为优化问题的一个决策或一个解。实际上，并不是所有的决策在技术上、工程上或实践中都是现实的或合理的，有的甚至是违反某些自然规律的。因此，变量 x_i 的取值范围通常都有限制，这种对变量取值的限制称为约束条件（constraint）。约束条件同样是以数学关系予以表达的，如式（1-1b）称为不等式约束，式（1-1c）称为等式约束。

1.5 求解最优化问题的一般步骤

求解最优化问题一般遵循以下步骤开展：

① 提出最优化问题，收集有关数据和资料。

② 对过程本身进行分析，对所感兴趣的过程变量和特定性质进行定义，即建立一个全部变量的列表；列出目标函数和约束条件，建立最优化问题的数学模型。

③ 分析模型，选择合适的最优化方法。

④ 求解，简单问题可以解析求解；对于复杂的最优化问题，一般通过编制程序，用计算机求最优解。

⑤ 最优解的检验和实施。

上述 5 个步骤中的工作相互支持和相互制约，在实践中常常是反复交叉进行的。

最优化方法就是为了达到最优化目的所提出的各种求解方法。从数学意义上说，最优化方法是一种求极值的方法，即在一组约束为等式或不等式的条件下，使系统的目标函数达到极值，即最大值或最小值。从经济意义上说，最优化方法是在一定的人力、物力和财力资源条件下，使经济效果达到最大（如产值、利润），或者在完成规定的生产或经济任务下，使投入的人力、物力和财力等资源为最少。

1.6 求解最优化问题的困难

求解最优化问题的难易取决于目标函数以及约束条件的数量和性态。显然，目标函数（及其所涉及的变量）和约束条件的数量越少、性态越规则，求解越简便易行，反之则会比较复杂。因此，本教材理论部分的组织遵循从简到繁的原则：第 2、3 章介绍无约束的一元和多元函数的优化方法；第 4、5 章介绍有约束的线性和非线性函数的优化方法，主要面向单个目标函数，另外所介绍的经典方法（如牛顿法）可能陷入局部最优；在此基础上第 6 章介绍新兴的全局最优化方法进展；第 7 章则是关于近期在最优化领域受到大量关注的多目标优化方法的专题。

值得指出，有约束和无约束、线性和非线性问题在一定意义上是可以相互转化的，这为问题的求解提供了便利。例如修改或简化实际物理过程的数学描述，对原本的非线性问题实施线性化，以及第 5 章介绍的 Lagrange 乘子法、罚函数法将有约束问题转化为无约束问题等。

通常最优化问题表现出如下一个或几个方面的特征是值得警惕的，可能导致所希望的最优解计算过程复杂化甚至失败：

① 目标函数或约束方程关于变量非连续。例如，作为尺寸、压力、温度等变量函数的压缩机和换热器的价格，可能会出现非连续变化的情形。在某个范围内增加某一参数，可能不会对成本造成任何影响，而在另一些范围则会导致成本的突变。

② 目标函数或约束方程是变量的非线性函数。当考虑一个真实的过程设备时，其系统特性只存在纯线性行为的情况是比较罕见的。

③ 目标函数或约束方程所涉及的变量之间存在复杂的相互作用。例如人们熟知的压力

容器设计中温度与压力的相关性，若目标函数受两者的影响，则无法独立地确定温度和压力，将为优化问题求解带来困难。在工程系统中通常会包含更为复杂和微妙的相互作用，特别当计算变量逼近最优点时，这类相互作用会带来很大的阻碍。

④ 在变量的一定范围内，目标函数和约束方程表现出近乎于“平坦”的状态，而在其他范围则变化较为“陡峭”（如指数特性）。这意味着目标函数值或者某一约束的值对变量值的变化要么不敏感，要么过于敏感，例如常用于最优化方法测试的、著名的 Rosenbrock 香蕉函数。

⑤ 目标函数存在多个局部最优。从某个区域、某个初始值出发所得到的优化解可能并不是全局最优，只有通过改变优化问题的初值，才可能得到较好的优化解。

目前已经有多种计算机程序或者软件可用于建立和求解优化问题，这无疑减轻了开展优化实践的科学和工程技术人员的负担，本教材也列举了相当数量的有关案例以适应这一背景。需要提醒读者注意的是，最优化方法包括其程序或软件，归根到底是辅助人认识和改造世界的工具，固然“工欲善其事，必先利其器”，但以可接受的代价获得切合实际的优化解，并加以合理的解释和应用，离不开研究者自身对于专业领域和具体问题的深刻理解，其成败往往是从是否以适当的方式定义和描述优化问题开始就已经注定了的。

1.7 求解最优化问题的理论基础

最优化是应用数学的重要分支，相关问题的求解要用数学方法解决。因此对于相关数学知识的复习显得特别重要，特别是要熟悉高等数学和线性代数基础知识，才能够更好地理解最优化问题的求解。限于篇幅，本书对相关数学知识不做详细介绍，但建议读者加强对相关数学知识的学习和复习，比如向量空间和矩阵、变换，有关几何概念，以及微积分基础等知识点。

延伸阅读 1 袁亚湘院士与优化科学

第 2 章 一维搜索方法

现实生产生活中产生的优化问题大都是有约束的，有的约束条件还较多并且复杂，为最优化解的获得增加了难度。然而考虑到实践中可以先获得无约束最优化解，再结合约束条件检验其可行性，或者可以将有约束最优化问题向无约束最优化问题转化（见第 5 章），本章先从简单和易于理解的无约束最优化问题入手展开介绍。

针对一元函数的一维无约束最优化，是所有最优化问题中最简单、最基础的一种，又称为一维搜索问题，相应的求解方法称为一维搜索方法。本章所针对的一维搜索问题的表达式为：

$$\min\{\varphi(\alpha)\} \tag{2-1}$$

2.1 精确一维搜索

精确一维搜索方法是以任意给定精度 ε、逼近函数 $\varphi(\alpha)$ 在给定搜索区间上求解严格意义上的最小值。从数值计算的角度，得到的最优化结果是“精确”的。

2.1.1 区间消去法

顾名思义，区间消去法即通过在寻优区间$[a_0, b_0]$之间插入若干点，计算并比较相应点的函数或其导数值，进而根据函数特性缩减寻优区间，如此反复迭代直至区间缩小至所需精度，即可认为计算收敛。

2.1.1.1 二分法

二分法适用于给定区间内呈现单谷形态的函数的一维搜索，函数及其一阶导数满足连续条件。该方法每次迭代只保留其中包含最优解的一半区间，搜索区间持续减半直至达到给定的精度要求。

由于函数在初始给定区间$[a_0, b_0]$呈现单谷特性，可知其一阶导数 $\varphi'(\alpha)$ 满足由负到正、中间过零点的单调变化规律，零点即其取得极值（最优）的点。因此，从初始区间出发，计算区间中点 $\alpha^0 = \dfrac{a_0 + b_0}{2}$ 处的 阶导数值，若 $\varphi'(\alpha^0)<0$，则可舍弃区间的左半部分，更新区间为$[\alpha^0,b_0]$，如图 2-1(a)所示；相反当 $\varphi'(\alpha^0)>0$ 时，则舍弃区间的右半部分，更新区间为$[a_0,\alpha^0]$，如图 2-1(b)所示。如此迭代更新并缩小搜索区间，且迭代计算时搜索区间两端点一阶导数始终为一正、一负，保证取零的最优点落在搜索区间内。经过 N 步迭代以后，搜索区间缩减至初始的$(1/2)^N$，达到精度要求时结束迭代，可获得给定精度的极值点。

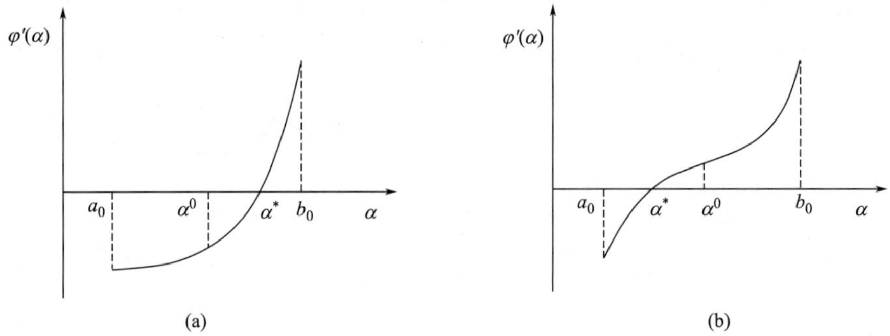

图 2-1　两分法示意图

2.1.1.2　黄金分割法

考虑一元函数 $\varphi(\alpha)$在给定区间$[a_0，b_0]$呈现单谷特性，如图 2-2 所示。

观察图 2-2 可知，至少需要计算两个中间点的函数值，从而收窄最优值所处的区间。一般地，可以考虑如下的对称取点方式：

$$a_1 - a_0 = b_0 - b_1 = \beta(b_0 - a_0) \qquad (2\text{-}2)$$

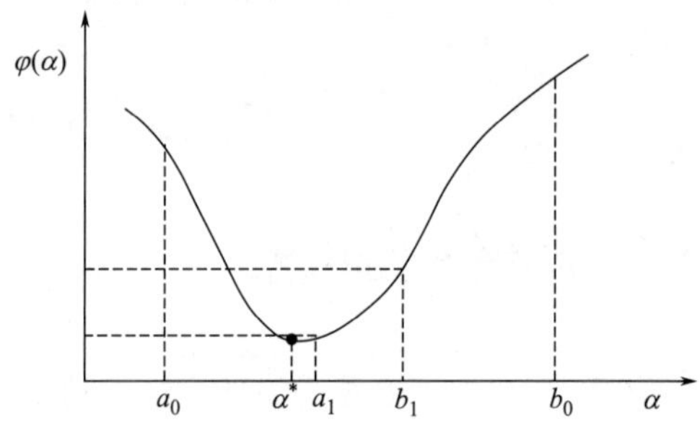

图 2-2　黄金分割法示意图

其中 β<1/2。下一步是计算中间点 a_1、b_1 的函数值。考虑到函数的单谷特性，当 $\varphi(a_1)< \varphi(b_1)$时，则更新的区间应包含 a_1 点，即最优值应落在$[a_0，b_1]$区间；同理，$\varphi(a_1)> \varphi(b_1)$时最优值应落在$[a_1，b_0]$区间。可见，无论何种情形，搜索区间都缩短至原来的$(1-\beta)$。注意，此时我们已知更新区间两端点、一内点的函数值，若该内点恰好符合更新区间式（2-2）的取点条件，则只需再补充一个内点，即可进行新一轮内点函数值的比较和搜索区间缩减，从而节省优化的计算量。

以图 2-2 情形为例，经过一迭代步更新区间为$[a_0，b_1]$，若 a_1 满足成为本轮内点的条件，应有

$$b_1 - a_1 = \beta(b_1 - a_0) \qquad (2\text{-}3)$$

联立式（2-2）、式（2-3），可得到关于 β 的方程为

$$\beta^2 - 3\beta + 1 = 0 \qquad (2\text{-}4)$$

式（2-4）存在两个根$\dfrac{3+\sqrt{5}}{2}$、$\dfrac{3-\sqrt{5}}{2}$。由于 β<1/2，可得到其解为$\beta = \dfrac{3-\sqrt{5}}{2} \approx 0.382$。另一方面，注意到$1-\beta = \dfrac{\sqrt{5}-1}{2} \approx 0.618$，可推得

$$\frac{\beta}{1-\beta} = \frac{1-\beta}{1} \qquad (2\text{-}5)$$

可见，以$1-\beta$的比例将区间分为长、短两部分，则短的部分与长的部分之比等于长的部分与原区间之比，古希腊人称之为黄金分割（golden section），上述一维搜索方法即为黄金分割法，也叫 0.618 法。通过上述计算程序的描述不难看出，黄金分割法的每一迭代步仅需要计算一个新的内点函数值，搜索区间将以$1-\beta\approx0.618$的恒定速率缩减，经过 N 步之后区间缩减的比例为

$$(1-\beta)^N\approx(0.618)^N \tag{2-6}$$

延伸阅读 2　华罗庚与“双法”

例 2-1　试用黄金分割法求解

$$\varphi(\alpha)=\alpha(\alpha+2)$$

的极小值点，设初始单峰区间$[a，b]$=[−3，5]，给定收敛精度$\varepsilon=0.3$。

解：

第一次迭代：

① 在区间$[a，b]$=[−3，5]中根据黄金分割法取两对称内点，并计算对应的函数值：

$$\alpha_1=a+0.382(b-a)=-3+0.382(5+3)=0.056$$

$$\alpha_2=a+0.618(b-a)=-3+0.618(5+3)=1.944$$

$$\varphi_1=\varphi(\alpha_1)=0.056(0.056+2)=0.115$$

$$\varphi_2=\varphi(\alpha_2)=1.944(1.944+2)=7.667$$

② 比较函数值φ_1和φ_2的大小。因$\varphi_1<\varphi_2$，则取$[a，\alpha_2]$为新区间，而α_1在新区间中应为α_2，应做如下的运算：

$$b=\alpha_2=1.944，\ \alpha_2=\alpha_1=0.056，\ \varphi_2=\varphi_1=0.115$$

$$\alpha_1=a+0.382(b-a)=-3+0.382(1.944+3)=-1.111$$

$$\varphi_1=\varphi(\alpha_1)=-1.111(-1.111+2)=-0.988$$

③ 收敛精度判断：

$$b-a=1.944-(-3)=4.944>\varepsilon$$

若不满足终止条件，则返回②，继续缩短区间，进行第二次迭代。

中间过程略，各次计算结果见表 2-1。由该表可知，经过 8 次迭代，搜索区间缩小为

表 2-1　例 2-1 的迭代计算结果

迭代次数	a	b	α_1	α_2	φ_1	比较	φ_2	$b-a$
1	−3	5	0.056	1.944	0.115	<	7.667	8.000
2	−3	1.944	−1.111	0.056	−0.988	<	0.115	4.944
3	−3	0.056	−0.833	−1.111	−0.306	>	−0.988	3.056
4	−1.833	0.056	−1.111	−0.666	−0.988	<	−0.888	1.889
5	−1.833	−0.666	−0.666	−1.111	−0.850	>	−0.988	1.167
6	−1.387	−0.666	−1.111	0.941	−0.988	>	−0.997	0.721
7	−1.111	−0.666	−0.941	−0.836	−0.977	<	−0.973	0.445
8	−1.111	−0.836						0.275

$$b-a=-0.836-(-1.111)=0.275<\varepsilon=0.3$$

故停止迭代，输出最优解。

$$\alpha^*=0.5(a+b)=0.5(-1.111-0.836)=-0.9735$$

$$\varphi(\alpha^*)=-0.9735(-0.9735+2)=-0.9993$$

其精确解是 $\alpha^*=-1$，$\varphi(\alpha^*)=-1$，可见通过黄金分割法获得的收敛解与精确解已很接近。

2.1.2 牛顿法

对于函数在 α^k 点附近进行泰勒展开，忽略二阶以上的高阶项，得

$$\varphi(\alpha)\approx\varphi(\alpha^k)+\varphi'(\alpha^k)(\alpha-\alpha^k)+1/2\varphi''(\alpha^k)(\alpha-\alpha^k)^2 \tag{2-7}$$

对该式求关于 α 的一阶导数 $\varphi'(\alpha)$，令其为零则为函数取得极值（最优）的必要条件，得

$$\varphi'(\alpha^k)+\varphi''(\alpha^k)(\alpha-\alpha^k)=0 \tag{2-8}$$

于是最优解满足：

$$\alpha^*-\alpha^k=-\frac{\varphi'(\alpha^k)}{\varphi''(\alpha^k)} \tag{2-9}$$

然而式（2-7）～式（2-9）只在 α^k 附近的邻域成立，需用接近的更新点 α^{k+1} 代替式（2-9）中的 α^*，从而可得到牛顿法的迭代公式：

$$\alpha^{k+1}=\alpha^k-\frac{\varphi'(\alpha^k)}{\varphi''(\alpha^k)} \tag{2-10}$$

原函数的一阶导数 $\varphi'(\alpha)$在搜索区间[a，b]内的曲线如图 2-3 所示。可以看出，迭代式（2-10）的几何意义为：从 $\varphi'(\alpha^k)$点出发引出切线［斜率为 $\varphi''(\alpha^k)$］，其与横轴［$\varphi'(\alpha)=0$］的交点，即为迭代的下一点 α^{k+1}，依次类推 α^{k+2}，α^{k+3}…直至收敛。

牛顿法需要计算函数二阶导数 $\varphi''(\alpha^k)$，对原函数的光滑性、可导性有较高的要求。事实上，从一阶导数曲线上的两个已知点出发，可得到如下的直线斜率 l：

$$l=\frac{\varphi'(b)-\varphi'(\alpha^k)}{b-\alpha^k} \tag{2-11}$$

计算斜率的两点连线即 $\varphi'(\alpha)$曲线的割线（secant），在一定程度上与式（2-10）所表示的切线相似，因此可通过 l 替代式（2-10）中的 $\varphi''(\alpha^k)$构造，所形成的迭代方法称为割线法。仿照牛顿法的更新方式，可以得到一组割线及其与横轴［$\varphi'(\alpha)=0$］的交点，从而构成了割线法的迭代序列。

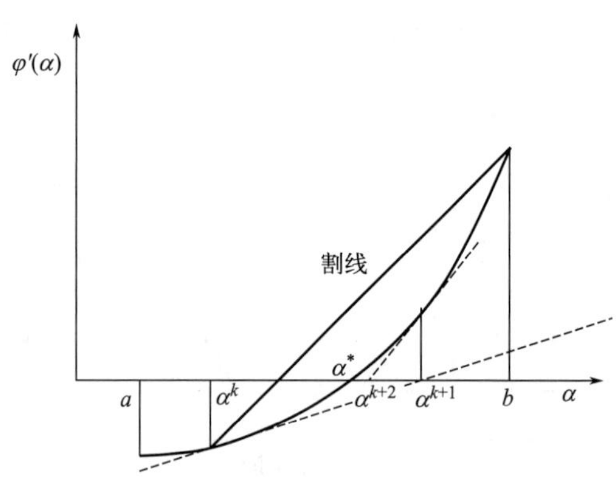

图 2-3　牛顿法（割线法）示意图

例 2-2 试用牛顿法求解

$$\varphi(\alpha)=\alpha^4-4\alpha^3-6\alpha^2-16\alpha+4$$

的极小值点，给定收敛精度 $\varepsilon=0.01$。

解：

该函数的一阶、二阶导数式分别为

$$\varphi'(\alpha)=4(\alpha^3-3\alpha^2-3\alpha-4)$$

$$\varphi''(\alpha)=12(\alpha^2-2\alpha-1)$$

若取初始点 $\alpha^0=3$，则

$$\varphi'(\alpha^0)=4(3^3-3\times3^2-3\times3-4)=-52$$

$$\varphi''(\alpha^0)=12(3^2-2\times3-1)=24$$

故

$$\alpha^1=\alpha^0-\frac{\varphi'(\alpha^0)}{\varphi''(\alpha^0)}=3-\frac{-52}{24}=5.167$$

表 2-2 给出了后续几次迭代的结果，在第 4 次迭代后达到收敛精度。

表 2-2 牛顿法迭代计算结果

迭代次数	α	$\varphi'(\alpha)$	$\varphi''(\alpha)$	$\lvert\Delta\varphi'(\alpha)\rvert$
0	3	−52	24	52
1	5.167	153.352	184.33	153.352
2	4.335	32.302	109.446	32.303
3	4.040	3.383	86.870	3.383
4	4.001	0.0055	84.047	0.0055

2.1.3 二次插值法

二次插值法是通过已知点的插值，构造函数 $\varphi(\alpha)$在某区间上的二次函数近似式 $g(\alpha)$，进而根据其近似函数的最优点不断缩减搜索区间，最终达到最优。经过平面上不同的三点 α_1、α_2、α_3（$\alpha_1<\alpha_2<\alpha_3$），可以唯一地确定一条二次函数的曲线：

$$\begin{aligned}\varphi(\alpha_1)&=g(\alpha_1)=a(\alpha_1)^2+b\alpha_1+c\\ \varphi(\alpha_2)&=g(\alpha_2)=a(\alpha_2)^2+b\alpha_2+c\\ \varphi(\alpha_3)&=g(\alpha_3)=a(\alpha_3)^2+b\alpha_3+c\end{aligned}\tag{2-12}$$

式中，未知参数 a、b、c 可以通过求解上述方程组得到。显然，对于 $g(\alpha)$，其极小点在 $\alpha^*=-b/(2a)$处取得。因此，每获得三个点 α_1、α_2、α_3 的函数值 $\varphi(\alpha)$，即可构造相应的二次函数近似式 $g(\alpha)$，并借此得到一个新的近似函数“极小点”α^*。根据 α^*与 α_1、α_2、α_3 的相对位置和对应函数值 $\varphi(\alpha)$，可分为以下四种情形：

① $\alpha^*<\alpha_2$，且 $\varphi(\alpha^*)>\varphi(\alpha_2)$。由图 2-4（a）可以发现，此时最优点出现在$[\alpha^*，\alpha_3]$区间，即取其为新的搜索区间，令 $\alpha_1=\alpha^*$。

② $\alpha^*<\alpha_2$，且 $\varphi(\alpha^*)<\varphi(\alpha_2)$。由图 2-4（b）可以发现，此时最优点出现在$[\alpha_1，\alpha_2]$区间，即取其为新的搜索区间，令 $\alpha_3=\alpha_2$ 且 $\alpha_2=\alpha^*$。

③ $\alpha^*>\alpha_2$，且 $\varphi(\alpha^*)<\varphi(\alpha_2)$。由图 2-4（c）可以发现，此时最优点出现在$[\alpha_2，\alpha_3]$区间，即取其为新的搜索区间，令 $\alpha_1=\alpha_2$ 且 $\alpha_2=\alpha^*$。

④ $\alpha^*>\alpha_2$，且 $\varphi(\alpha^*)>\varphi(\alpha_2)$。由图 2-4（d）可以发现，此时最优点出现在$[\alpha_1，\alpha^*]$区间，即取其为新的搜索区间，令 $\alpha_3=\alpha^*$。

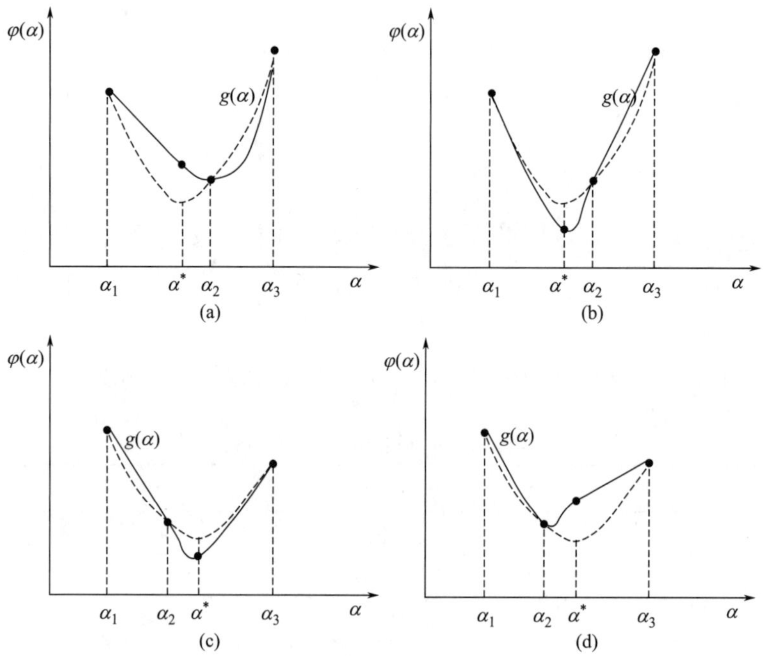

图 2-4　二次插值法示意图

根据上述方式确定新的搜索区间后，可以通过新的 α_1、α_2、α_3 三个已知点及对应的函数值重复二次插值过程，确定新的二次函数近似式 $g(\alpha)$和极小点 α^*。不难看出，由于插值点发生变化，未知参数 a、b、c 的数值以及极小点 α^*也将变化。区间越缩减，二次函数近似式与原函数越接近，相应的，获得的近似式极小点也越接近原函数在整个区间上的极小点。因此，其相比于 2.1.1 节中二分法，黄金分割法的不同在于二次插值法的迭代过程在缩减最优值所在的搜索区间基础上，同时给出了最优值的估计。

例 2-3　试用二次插值法求解

$$\varphi(\alpha)=(\alpha-3)^2$$

的极值点。设初始区间为[1，7]，给定收敛精度 $\varepsilon=0.01$。

解：

① 初始插值节点：

$$\alpha_1=1，\ \varphi_1=\varphi(\alpha_1)=4；\ \alpha_2=0.5\left(\alpha_1+\alpha_3\right)=4，\ \varphi_2=\varphi(\alpha_2)=1；\ \alpha_3=7，\ \varphi_3=\varphi(\alpha_3)=16$$

② 计算插值函数的极小值点与极小值。将上述三个插值节点的数据代入式（2-12）得

$$\alpha_p^*=3=\alpha_4，\ \varphi_4=\varphi(\alpha_4)=(3-3)^2=0$$

③ 判断精度：

$$|\alpha_2-\alpha_4|=|4-3|=1>\varepsilon=0.01$$

故继续迭代计算。

④ 缩短区间。因 $\alpha_2>\alpha_4$，$\varphi_2>\varphi_4$，由图 2-4（b）得

$$\alpha_3=\alpha_2=4，\ \varphi_3=\varphi_2=1；\ \alpha_2=\alpha_4=3，\ \varphi_2=\varphi_4=0$$

⑤ 重复步骤②：

$$\alpha_p^*=3=\alpha_4，\ \varphi_4=\varphi(\alpha_4)=(3-3)^2=0$$

⑥ 判断精度：

$$|\alpha_2-\alpha_4|=|3-3|=0<\varepsilon=0.01$$

满足精度要求，终止迭代。

最优解：$\alpha^*=3$，$\varphi^*=\varphi(\alpha^*)=0$

可见，对于二次函数用二次插值法求极值点，理论上只需一次迭代计算即可达到极值点。对于非二次函数，随着区间的缩短，函数的二次性态加强，收敛速度也是较快的。

2.2 非精确一维搜索

由上述分析可知，通过多次函数（及其导数）值的计算，获得问题［式（2-1）］任意精度的优化解是可能的，但涉及的计算量也很可观。另一方面，对于第 3 章将要介绍的多元函数 $f(x)$无约束最优化问题，求解其迭代步长的一维搜索问题 $\min\limits_{\alpha}\{f(x^k+\alpha\boldsymbol{p}^k)\}$（$x^k$ 为已知变量，$\boldsymbol{p}^k$ 为已知搜索方向向量）仅仅是寻优过程的部分环节，此时大费周章求得当前迭代步精确的“最佳”步长并无必要，而且实践表明其对于最终收敛解的获得影响有限。因此，这种场合下计算简便的非精确一维搜索更为实用。

2.2.1 Armijo 准则

这是一个常用的非精确搜索准则，目的是保证每一步迭代“充分”下降。设 $\boldsymbol{d}^k$ 是点 x^k 处的下降方向，若步长 α 满足如下条件：

$$f(x^k+\alpha\boldsymbol{d}^k)\leqslant f(x^k)+c_1\alpha\nabla f(x^k)^{\mathrm{T}}\boldsymbol{d}^k \tag{2-13}$$

则称步长 α 满足 Armijo 准则，其中 $c_1\in(0，1)$是一个常数。可见，Armijo 准则要求函数的下降与步长 α 以及方向导数 $\nabla f(x^k)$ 成正比，可以表示为图 2-5 中 Armijo 线下方的区域，c_1 趋近于 0 时 Armijo 线接近水平，允许的步长范围较宽；c_1 趋近 1 时该线更为陡峭，可行步长范围收窄。此外，从图中可以看出，无论 c_1 如何变化，在实际应用中取 α 为很小的正数总能满足该准则，但事实上这一设置可能导致收敛速度很慢甚至无法收敛（一个

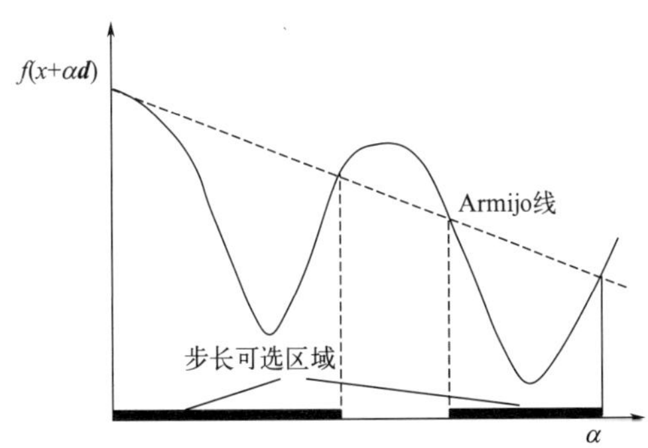

图 2-5　Armijo 准则示意图

特例：α=0）。

一种较为简单和常用的修正是给定初始步长 α_0，通过不断试探、必要时缩小的方式确定满足该准则的步长，称为试探法或回退法（backtracking）。其计算过程伪代码如下：

① 选择初始步长，参数 γ，$c_1 \in (0，1)$，初始化 $\alpha \leftarrow \alpha_0$；

② while $f(x^k+\alpha \boldsymbol{d}^k) > f(x^k)+c_1\alpha\nabla f(x^k)^{\mathrm{T}}\boldsymbol{d}^k$ do；

③ $\alpha \leftarrow \gamma\alpha$；

④ end while；

⑤ 输出 $\alpha^k=\alpha$。

通过上述步骤，可以按照某一固定比例（由 γ 给出）的指数形式缩小步长，直至找到第一个满足式（2-13）的步长，这种简单的设置在一定程度上避免了单独使用 Armijo 准则步长过小的问题。但是，回退法的效果很大程度上依赖于初始步长 α_0 和系数 γ 的选取，γ 过大，则步长改变缓慢，需要较多的试算，导致确定步长效率低；γ 过小，又容易错失可用的大步长，导致收敛速率变慢。为此，可以引入其他准则式克服单独采用 Armijo 准则可能导致迭代步长 α 小、收敛速度过慢的不足。

2.2.2 Goldstein 准则

Goldstein 准则表示为

$$f(x^k+\alpha \boldsymbol{d}^k) \leqslant f(x^k)+c\alpha\nabla f(x^k)^{\mathrm{T}}\boldsymbol{d}^k \tag{2-14a}$$

$$f(x^k+\alpha \boldsymbol{d}^k) \geqslant f(x^k)+(1-c)\alpha\nabla f(x^k)^{\mathrm{T}}\boldsymbol{d}^k \tag{2-14b}$$

式中，$c\in(0，1/2)$。如图 2-6 所示，Goldstein 准则［式（2-14b）］在 Armijo 线的基础上补充了另外一条直线，要求步长落在这两条直线之间的区域。c 值越小、越接近 0，两条直线之间展开的区域越宽，步长可取范围越大；反之，c 值越大、越接近 1/2，则对步长限制越严格。

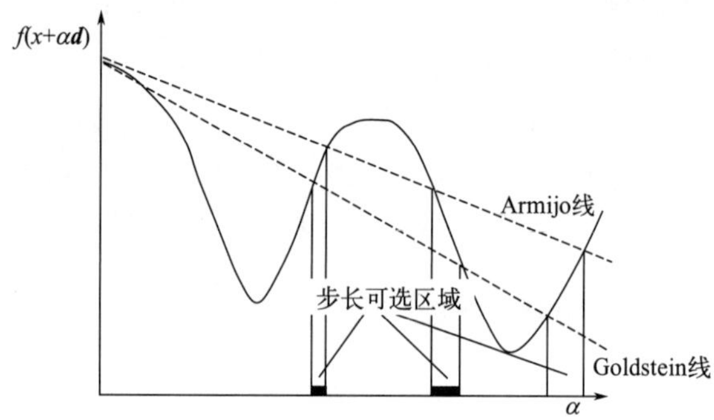

图 2-6　Goldstein 准则示意图

需要注意的是，Goldstein 准则虽然避免了过小步长 α 的问题，但无法保证最优值落在所划定的区间，由图 2-6 也可以看到这一点。因此，人们又引入了如下的 Wolfe 准则。

2.2.3 Wolfe 准则

Wolfe 准则表示为

$$f(x^k+\alpha \boldsymbol{d}^k) \leqslant f(x^k)+c_1\alpha\nabla f(x^k)^{\mathrm{T}}\boldsymbol{d}^k \tag{2-15a}$$

$$\nabla f(x^k+\alpha \boldsymbol{d}^k)^{\mathrm{T}}\boldsymbol{d}^k \geqslant c_2\nabla f(x^k)^{\mathrm{T}}\boldsymbol{d}^k \tag{2-15b}$$

式（2-15b）又称曲率准则：其左端项即为曲线 $f(x+\alpha\boldsymbol{d})$ 在 α 处切线的斜率，而右端项为一常数 c_2 与该曲线在 α=0 处切线斜率的乘积。如图 2-7 所示，其几何意义为限制可接受步长 α 处的切线斜率不小于 α=0 处切线斜率的某一倍数，涵盖了切线斜率由负到正，也即极值点所在区域。当 c_2 趋向于 1 时，步长可选在 α=0 附近区域；反之取较小的 c_2 则可避免过小的步长。

另一方面，由图 2-7 可见 Wolfe 准则包含了较宽的曲线斜率为正的区域。为进一步优化步长、向极值点靠近，研究者提出了所谓的强 Wolfe 准则，如下式

$$|\nabla f(x^k+\alpha \boldsymbol{d}^k)^{\mathrm{T}}\boldsymbol{d}^k| \leqslant |c_2\nabla f(x^k)^{\mathrm{T}}\boldsymbol{d}^k| \tag{2-16}$$

式（2-16）与式（2-15b）的区别在于，其导数不再允许取较大的正值，也就是远离曲线驻点所在区域的点。

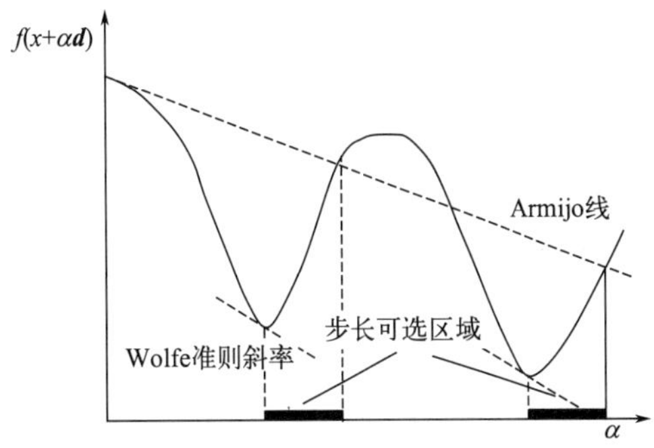

图 2-7 Wolfe 准则示意图

2.3 本章小结

一维搜索问题是无约束最优化问题最简单的特例，获得相应的解是处理多元无约束最优化问题的基础步骤。本章介绍了一维搜索问题和常见解法，包括基于区间消去法、牛顿法和二次插值法的精确搜索，以及基于 Armijo 准则、Goldstein 准则、Wolfe 准则的非精确搜索。其中后一类方法具有试探性质（参见 2.2.1 节中回退法的内容），主要与多元无约束最优化问题求解框架配合使用，其实施较为简单，实践证明此类方法能够取得理想的收敛效果。从本章介绍的各类方法可以看出，了解并利用目标函数所具有的特性（如最优值所在区间、函数形态，乃至各阶导数信息等），有助于构造稳定、高效的算法，这一结论对于更为复杂的优化问题仍然是适用的。

习题

1. 用黄金分割法求 $f(x)=\mathrm{e}^x-3x$ 在区间[0，2]的极小点，$\varepsilon=0.001$。
2. 取初始点 $x^0=1.2$，对 $f(x)=3x^4-4x^3-12x^2$，进行三次迭代，求其最小值。
3. 用牛顿法求 $f(x)=x^4-4x^3-6x^2-16x+4$ 的极小点。
4. 用二次插值法计算 $f(x)=\mathrm{e}^{x+1}-5(x+1)$ 的极小点，初始区间[−0.5，2.5]，$\varepsilon=0.005$。
5. 某工程师对反应器在转化率最高时的操作压力进行测量。实验数据表明，其操作压力的范围为 101.33～506.65kPa。如果用 0.618 法来指导实验，判断需要多少次迭代，可使其确定的操作压力 p 与最佳操作压力 p^* 之差小于 3.04kPa，即 $|p-p^*|\leqslant 3.04\text{kPa}$。
6. 由范德瓦尔斯方程式 $\left(p+\dfrac{a}{V^2}\right)(V-b)=RT$ 推算气体体积。已知丙烷的范德瓦尔斯常数 $a=0.877\times10^5\,\text{Pa}(\text{L/mol})^2$，$b=0.08445\,\text{L/mol}$。试求在 225.46K、1MPa 下，1mol 丙烷的体积。

第 3 章 多元函数无约束最优化

3.1 算法分类

一般地，对于无约束最优化问题 min $\{f(x)\}$，求解思路是以某种方式获得关于其迭代的解的序列（$\boldsymbol{x}^1$，$\boldsymbol{x}^2$，…，$\boldsymbol{x}^N$），其中第 k 步的解 $\boldsymbol{x}^k$ 相比前一步 $\boldsymbol{x}^{k-1}$ 均有改善，最终经过 N 次迭代更新后，以足够的精度（残差）ε 逼近真实最优化解 $\boldsymbol{x}^*$，实现计算收敛，这种方式就称为无约束最优化的"算法"。获得这种迭代序列的算法可以分为两类：线搜索（line search）方法和信赖域（trust region）方法。

3.1.1 线搜索方法

顾名思义，线搜索方法即在某直线方向（可以用向量 $\boldsymbol{p}$ 表示）上搜索最优化解的过程，从当前点 $\boldsymbol{x}$（n 维向量）出发确定方向 $\boldsymbol{p}$（n 维向量）后，沿此方向前进步长 α（标量）得到更新的解 $\boldsymbol{x}+\alpha\boldsymbol{p}$，如此继续。不难看出，多维问题的线搜索优化可以理解为一系列关于步长 α 的一维搜索的组合。线搜索方法的计算步骤可以概括如下：

① 选定初始点 $\boldsymbol{x}^0$ 和收敛残差 ε，令 $k=0$；

② 确定 $f(x)$在 $\boldsymbol{x}^k$ 点处的搜索方向 $\boldsymbol{p}^k$；

③ 确定沿 $\boldsymbol{p}^k$ 方向进行搜索的步长 α^k；

④ 计算下一个迭代点 $\boldsymbol{x}^{k+1}=\boldsymbol{x}^k+\alpha^k\boldsymbol{p}^k$，以及对应的目标函数值 $f(\boldsymbol{x}^{k+1})$；

⑤ 检验是否满足收敛标准，若是则终止计算，输出 $\boldsymbol{x}^{k+1}$ 和 $f(\boldsymbol{x}^{k+1})$，否则令 $k=k+1$，转②继续迭代计算。此处收敛判断的标准确定方式不唯一，常用的包括一次迭代前后的变量 x、函数值 $f(x)$的变化量。对于梯度类方法也可以根据更新点 $\boldsymbol{x}^{k+1}$ 处梯度范数判定。

线搜索方法的迭代中包含确定搜索方向 $\boldsymbol{p}$ 和步长 α 两个主要环节，相应的技术处理的差异性也衍生出了不同的算法分支。其中，第 2 章一维搜索已经详细叙述了如何在已知方向 $\boldsymbol{p}$ 的条件下确定合适的步长 α，包括精确和非精确方式。本章将在此基础上重点介绍线搜索类的多元函数无约束最优化方法，根据构造搜索方向 $\boldsymbol{p}$ 所需的目标函数信息，可分为一阶导数方法、二阶导数方法和无导数方法。

3.1.2 信赖域方法

信赖域方法通常适用于目标函数 $f(x)$二阶可微的情形，是在当前点 x 的某邻域 Δ 内，以较为简单、易于处理的“模型”函数 $g(x)$近似原函数 $f(x)$，并对近似函数 $g(x)$进行寻优，思路与 2.1.3 节介绍的二次插值方法类似，而通过原函数二阶泰勒展开得到的二次函数也是最常用的近似函数。迭代过程中不断更新信赖域 Δ 和相应的近似优化解直至收敛，可见，其与线搜索方法的差别很大程度上可以概括为先定方向、再定步长（线搜索），抑或是先定步长/区域、再定方向（信赖域）的求解思路。对于信赖域方法本教材不再展开，感兴趣的读者可参考相关专著。

3.2 一阶导数方法

所谓的一阶导数方法，即通过目标函数 $f(\boldsymbol{x})$的一阶导数信息 $f'(\boldsymbol{x})$构造搜索方向 $\boldsymbol{p}$ 的线搜索方法。对于多元函数，其关于自变量 $\boldsymbol{x}=[x_1，x_2，\cdots，x_n]$的一阶导数是一个向量，称为梯度 $\boldsymbol{G}$:

$$\boldsymbol{G}=[g_1，g_2，\cdots，g_n]$$

3.2.1 最速下降法

可以证明，函数 $f(x)$的负梯度方向 $-\boldsymbol{G}$，是当前点 x 出发函数值下降最快的方向，因此以 $-\boldsymbol{G}$ 为搜索方向 $\boldsymbol{p}$ 是一个自然的选择。这种以负梯度为搜索方向的优化算法最初由 Cauchy 提出，称为梯度下降法（gradient descent method）；若进而以精确的一维搜索确定步长 α，从而使函数值实现单步最大下降幅度，则称为最速下降法或最陡下降法（steepest descent method）。仿照 3.1.1 节线搜索方法的思想，可以得到最速下降法的步骤如下：

① 选定初始点 $\boldsymbol{x}^0$ 和收敛残差 ε，令 $k=0$;

② 计算 $f(x)$在 $\boldsymbol{x}^k$ 点处的梯度向量 $f'(\boldsymbol{x}^k)$，得到最速下降方向 $\boldsymbol{p}^k=-f'(\boldsymbol{x}^k)$;

③ 从 $\boldsymbol{x}^k$ 点出发沿 $\boldsymbol{p}^k$ 方向进行精确一维搜索，即确定使 $f(\boldsymbol{x}^k+\alpha^k\boldsymbol{p}^k)$最小的步长 α^k;

④ 计算下一个迭代点 $\boldsymbol{x}^{k+1}=\boldsymbol{x}^k+\alpha^k\boldsymbol{p}^k$，以及对应的目标函数值 $f(\boldsymbol{x}^{k+1})$;

⑤ 检验是否满足收敛标准（如$\|\boldsymbol{x}^{k+1}-\boldsymbol{x}^k\|\leqslant\varepsilon$），若是则终止计算，输出 $\boldsymbol{x}^{k+1}$ 和 $f(\boldsymbol{x}^{k+1})$，否则令 $k=k+1$，转②继续迭代计算。

需要注意，梯度属于函数的局部特征，将随着搜索的进行而不断变化，当前下降最快并不等于全局下降最快。事实上，最速下降法的收敛效果受函数特性的影响较显著，对于一些形态复杂的目标函数（例如著名的 Rosenbrock 函数），应用最速下降法可能出现如图 3-1 所示的锯齿（zigzag）现象，最初函数值下降较快，接近最优点时则将变得异常缓慢。

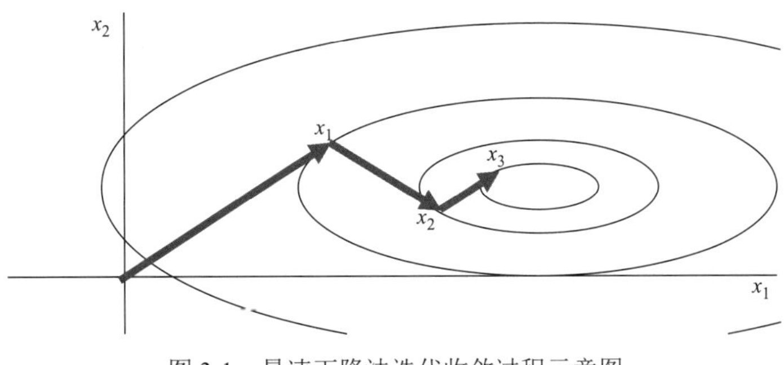

图 3-1 最速下降法迭代收敛过程示意图

考虑精确一维搜索的步长选取，函数 $\varphi(\alpha)=f(\boldsymbol{x}^{k+1})=f[\boldsymbol{x}^k-\alpha f'(\boldsymbol{x}^k)]$对 α 求导应为 0，由链导原理得

$$\varphi'(\alpha)=\frac{\mathrm{d}f(\boldsymbol{x}^{k+1})}{\mathrm{d}(\boldsymbol{x}^{k+1})}\bullet\frac{\mathrm{d}[\boldsymbol{x}^k-\alpha\nabla f(\boldsymbol{x}^k)]}{\mathrm{d}\alpha}=-[\nabla f(\boldsymbol{x}^{k+1})]^{\mathrm{T}}\nabla f(\boldsymbol{x}^k)=0 \qquad (3\text{-}1)$$

可见，相继两个迭代点函数的梯度方向是互相正交（垂直）的，这也就解释了图 3-1 中的锯齿现象，因而最速下降法的收敛并不如想象中的快速。

例 3-1 用最速下降法求解下式，并取 $\varepsilon=0.1$。

$$\min f(\boldsymbol{x})=x_1^2+x_2^2-2x_1-2x_2+2$$

解： 该函数的梯度表达式为

$$\nabla f(\boldsymbol{x})=[2x_1-2,2x_2-2]^{\mathrm{T}}$$

取 $\boldsymbol{x}^0=[\mu_1,\mu_2]^{\mathrm{T}}$， μ_1、 μ_2 为两个任意实数，则有

$$\nabla f(\boldsymbol{x}^0)=[2\mu_1-2,2\mu_2-2]^{\mathrm{T}}$$

假设 $\boldsymbol{x}^0$ 不是最优点，那么有

$$\boldsymbol{x}^1=\boldsymbol{x}^0-\alpha_0\nabla f(\boldsymbol{x}^0)=\begin{bmatrix}\mu_1-2\alpha_0(\mu_1-1)\\ \mu_1-2\alpha_0(\mu_1-1)\end{bmatrix}$$

代入目标函数求最优步长 α_0。

$$f(\boldsymbol{x}^1)=\{[\mu_1-2\alpha_0(\mu_1-1)]^2+[\mu_2-2\alpha_0(\mu_2-1)]^2-2[\mu_1-2\alpha_0(\mu_1-1)]-2[\mu_2-2\alpha_0(\mu_2-1)]+2\}$$

令 $\dfrac{\mathrm{d}f(\boldsymbol{x}^1)}{\mathrm{d}\alpha_0}=0$，解得 $\alpha_0=\alpha^*=\dfrac{1}{2}$，因此有

$$\boldsymbol{x}^1=\boldsymbol{x}^0-\frac{1}{2}\nabla f(\boldsymbol{x}^0)=[1,1]^{\mathrm{T}}$$

而

$$\nabla f(\boldsymbol{x}^1)=(0,0)^{\mathrm{T}},\ \|\nabla f(\boldsymbol{x}^1)\|=0<\varepsilon$$

可见该问题的最优解 $\boldsymbol{x}^*=\boldsymbol{x}^1=[1,1]^{\mathrm{T}}$，最优解 $f(\boldsymbol{x}^*)=0$。

以上求解过程中，初始点 $\boldsymbol{x}^0$ 是任意取的，而且仅迭代了一次，就得到了最优解。该函数可以改写成

$$f(x)=(x_1-1)^2+(x_2-1)^2$$

可以看出，在三维空间中该函数是一个旋转体，等值线是一组同心圆，而圆心即为极值点。由此看来，对于目标函数的等值线为圆的问题来说，不管其初始点 $\boldsymbol{x}^0$ 选在何处，负梯度方向总是直指圆心（极值点），所以一次迭代就可以达到最优点。

3.2.2 共轭梯度法

为分析简便起见，我们考虑目标函数 f 为由对称正定矩阵 $\boldsymbol{Q}$ 构成的 n 元二次函数：

$$f(\boldsymbol{x})=1/2\boldsymbol{x}^{\mathrm{T}}\boldsymbol{Q}\boldsymbol{x}+\boldsymbol{b}^{\mathrm{T}}\boldsymbol{x}+c \tag{3-2}$$

首先，引入共轭向量的定义及性质。

定义 3.1：$\boldsymbol{Q}$ 是 $n\times n$ 对称正定矩阵，若 n 维向量空间中的非零向量 $\boldsymbol{p}^0$，$\boldsymbol{p}^1$，$\boldsymbol{p}^2$，…，$\boldsymbol{p}^{n-1}$，对于任意 $i\neq j$ 满足：

$$(\boldsymbol{p}^i)^{\mathrm{T}}\boldsymbol{Q}\boldsymbol{p}^j=0 \tag{3-3}$$

则称 $\boldsymbol{p}^0$，$\boldsymbol{p}^1$，$\boldsymbol{p}^2$，…，$\boldsymbol{p}^{n-1}$ 是 $\boldsymbol{Q}$ 共轭向量，或称上述向量是 $\boldsymbol{Q}$ 共轭的（简称共轭），称 $\boldsymbol{p}^0$，$\boldsymbol{p}^1$，$\boldsymbol{p}^2$，…，$\boldsymbol{p}^{n-1}$ 的方向是 $\boldsymbol{Q}$ 共轭方向。

当 $\boldsymbol{Q}=\boldsymbol{I}$（单位矩阵）时，式（3-3）变为

$$(\boldsymbol{p}^i)^{\mathrm{T}}\boldsymbol{I}\boldsymbol{p}^j=(\boldsymbol{p}^i)^{\mathrm{T}}\boldsymbol{p}^j=0 \tag{3-4}$$

即向量 $\boldsymbol{p}^0$，$\boldsymbol{p}^1$，$\boldsymbol{p}^2$，…，$\boldsymbol{p}^{n-1}$ 互相正交。由此可见，正交是共轭的一种特殊情况，共轭是正交的推广。

定理 3.1：若非零向量 $\boldsymbol{p}^0$，$\boldsymbol{p}^1$，$\boldsymbol{p}^2$，…，$\boldsymbol{p}^{n-1}$ 是 $\boldsymbol{Q}$ 共轭的，则它们是线性无关的。

推论 3.1：在 n 维的向量空间中，非零的共轭向量个数不超过 n。

定理 3.2：假设：①$\boldsymbol{Q}$ 为 $n\times n$ 对称正定矩阵；②非零向量 $\boldsymbol{p}^0$，$\boldsymbol{p}^1$，…，$\boldsymbol{p}^{n-1}$ 是 $\boldsymbol{Q}$ 共轭向量；③从任意选定的初始点 $\boldsymbol{x}^0\in R^n$ 出发，对目标函数式（3-2）顺次进行如下式的 n 次直线搜索，则一定收敛于该函数的极小点 $\boldsymbol{x}^*$。

$$\alpha^i=\min_{\alpha} f(\boldsymbol{x}^i+\alpha\boldsymbol{p}^i) \tag{3-5a}$$

$$\boldsymbol{x}^{i+1}=\boldsymbol{x}^i+\alpha^i\boldsymbol{p}^i \tag{3-5b}$$

式中，$i=0$，1，…，$n-1$。定理 3.2 称为共轭类方法的有限步收敛特性，是其最引人关注的优点之一。下面通过例子进行说明：对于二元二次函数，$x=[x_1\ x_2]$。为得到目标函数 $f(x)$的极小值，根据最速下降法的思想，首先选定初始点 $\boldsymbol{x}^0$，然后沿着该点的最速下降方向 $\boldsymbol{p}^0=-\nabla f(\boldsymbol{x}^0)$ 做直线搜索，得到点 $\boldsymbol{x}^1$。由最速下降法的性质可知：

$$\nabla f(\boldsymbol{x}^1)^{\mathrm{T}}\boldsymbol{p}^0=0$$

在第二次迭代过程中，我们不再使用当前负梯度 $-\nabla f(\boldsymbol{x}^1)$ 作为迭代的搜索方向，而是试图直接到达最优点 $\boldsymbol{x}^*$，如图 3-2 所示。

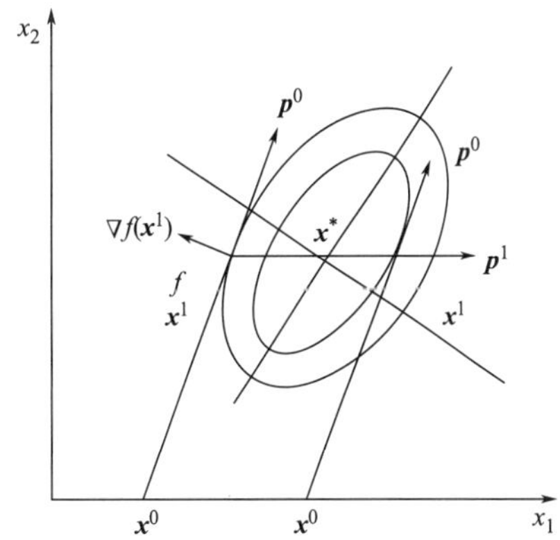

图 3-2　共轭梯度法示意图

根据迭代公式（3-5b）有　$\boldsymbol{x}^*=\boldsymbol{x}^1+\alpha^1\boldsymbol{p}^1$

其中 α^1 是最优步长，显然在未到达最优点 $\boldsymbol{x}^*$ 之前 $\alpha^1\neq0$。对目标函数求梯度可得：

$$\nabla f(x)=Qx+b$$

对于极小点 $\boldsymbol{x}^*$ 有

$$\nabla f(\boldsymbol{x}^*)=Q\boldsymbol{x}^*+b=Q(\boldsymbol{x}^1+\alpha^1\boldsymbol{p}^1)+b=\nabla f(\boldsymbol{x}^1)+\alpha^1Q\boldsymbol{p}^1=0$$

即　$$\nabla f(\boldsymbol{x}^1)+\alpha^1Q\boldsymbol{p}^1=0$$

在上式两边同乘以$(\boldsymbol{p}^0)^{\mathrm{T}}$，可以得到

$$(\boldsymbol{p}^0)^{\mathrm{T}}\nabla f(\boldsymbol{x}^1)+\alpha^1(\boldsymbol{p}^0)^{\mathrm{T}}Q\boldsymbol{p}^1=0$$

由式（3-1）连续两步梯度方向正交，可得上式等号左边第一项为 0，故第二项也为 0，即 $\boldsymbol{p}^0$ 和 $\boldsymbol{p}^1$ 为关于 $\boldsymbol{Q}$ 的共轭向量。受此启发得出，利用一组共轭向量作为搜索方向的优化方法，称为共轭方向法（conjugate direction method)，是一种实用有效的方法。对于本问题维数 $n=2$，仅通过两次一维搜索就得到了优化点。

生成共轭方向构造算法的方式不是唯一的，例如对于矩阵 $\boldsymbol{Q}$，其特征向量是一组满足共轭条件的向量，或者采用 Gram-Schimidt 正交规范化的方法也可以构造共轭向量，但在问题规模增大时两者在计算方面均不经济。共轭梯度法（conjugate gradient method）是一类特殊的共轭方向法，其共轭向量是随迭代过程逐步生成的，新向量 $\boldsymbol{p}^k$ 的计算仅需要上一步搜索向量 $\boldsymbol{p}^{k-1}$ 而非全部已有方向，但可以自动满足与其他向量 $\boldsymbol{p}^0$，$\boldsymbol{p}^1$，…，$\boldsymbol{p}^{k-2}$ 的共轭条件，因而在计算和存储方面都很简省。共轭梯度法中，新向量 $\boldsymbol{p}^k$ 表示为当前负梯度和上一步向量 $\boldsymbol{p}^{k-1}$ 的线性组合：

$$\boldsymbol{p}^k=-\nabla f(\boldsymbol{x}^k)+\beta^k\boldsymbol{p}^{k-1} \tag{3-6}$$

式中，β^k 为标量。在上式两侧同时左乘$(\boldsymbol{p}^{k-1})^{\mathrm{T}}\boldsymbol{Q}$，由共轭要求得到

$$(\boldsymbol{p}^{k-1})^{\mathrm{T}}\boldsymbol{Q}\boldsymbol{p}^k=-(\boldsymbol{p}^{k-1})^{\mathrm{T}}\boldsymbol{Q}\nabla f(\boldsymbol{x}^k)+\beta^k(\boldsymbol{p}^{k-1})^{\mathrm{T}}\boldsymbol{Q}\boldsymbol{p}^{k-1}=0 \tag{3-7}$$

解得
$$\beta^k=\frac{(\nabla f(\boldsymbol{x}^k))^{\mathrm{T}}\boldsymbol{Q}\boldsymbol{p}^{k-1}}{(\boldsymbol{p}^{k-1})^{\mathrm{T}}\boldsymbol{Q}\boldsymbol{p}^{k-1}} \tag{3-8}$$

代入式（3-6）得
$$\boldsymbol{p}^k=-\nabla f(\boldsymbol{x}^k)+\frac{(\nabla f(\boldsymbol{x}^k))^{\mathrm{T}}\boldsymbol{Q}\boldsymbol{p}^{k-1}}{(\boldsymbol{p}^{k-1})^{\mathrm{T}}\boldsymbol{Q}\boldsymbol{p}^{k-1}}\boldsymbol{p}^{k-1} \tag{3-9}$$

注意，共轭方向是借助上一步的搜索方向 $\boldsymbol{p}^{k-1}$ 逐步生成的，而第一个搜索方向 $\boldsymbol{p}^0$ 无法通过这种方式获取。为了满足下降方向的基本条件，一般直接选取负梯度方向作为 $\boldsymbol{p}^0$。由此可以得到共轭梯度法的基本计算步骤为：

① 选定初始点 $\boldsymbol{x}^0$ 和收敛残差 ε，令 k=0；

② 计算 $f(x)$在 $\boldsymbol{x}^k$ 点处的负梯度方向$-f'(\boldsymbol{x}^k)$，通过其范数检验是否收敛，即$\|f'(\boldsymbol{x}^k)\|\leqslant\varepsilon$，若是输出 $\boldsymbol{x}^k$、$f(\boldsymbol{x}^k)$，若否继续；

③ 若 k=0，令 $\boldsymbol{p}^k=-f'(\boldsymbol{x}^k)$，若 k>0，则由式（3-8）计算系数 β^k，由式（3-9）确定共轭方向 $\boldsymbol{p}^k$；

④ 从 $\boldsymbol{x}^k$ 点出发沿 $\boldsymbol{p}^k$ 方向进行精确一维搜索，即确定使 $f(\boldsymbol{x}^k+\alpha^k\boldsymbol{p}^k)$最小的步长 α^k；

⑤ 更新迭代点，$\boldsymbol{x}^{k+1}=\boldsymbol{x}^k+\alpha^k\boldsymbol{p}^k$，以及对应的目标函数值 $f(\boldsymbol{x}^{k+1})$；

⑥ 令 k=k+1，转②继续迭代计算。

需要指出，对于对称正定矩阵 $\boldsymbol{Q}$，求相应的二次函数 $f(x)$的极小值等价于解线性方程组 $\boldsymbol{Q}\boldsymbol{x}=-\boldsymbol{b}$ 的问题。事实上，共轭梯度法最初正是 Hestenes 和 Stiefel 针对大型线性方程组的求解而提出的。不难看出，当前点 $\boldsymbol{x}^k$ 处梯度 $f'(\boldsymbol{x}^k)$方向恰好为方程组的残差，即 $\boldsymbol{r}^k=\boldsymbol{Q}\boldsymbol{x}^k+\boldsymbol{b}$；另外对于二次函数即式（3-2），满足一维最小化条件的步长 α^k 可以写出如下的精确表达式

$$\alpha^k=-\frac{(r^k)^{\mathrm{T}}\boldsymbol{p}^k}{(\boldsymbol{p}^k)^{\mathrm{T}}\boldsymbol{Q}\boldsymbol{p}^k} \tag{3-10}$$

作出这些改动后，上述步骤即可用于从任意初始点 $\boldsymbol{x}^0$ 出发进行线性方程组的迭代求解，称为线性共轭梯度法。

另一方面，方法是针对正定二次函数推导得出的，能否适用于一般非线性函数 $f(x)$的无约束优化呢？答案是肯定的。将函数 $f(\boldsymbol{x})$在 $\boldsymbol{x}^k$ 点处进行二阶泰勒展开，即可转化为式（3-2）的形式，进而可以应用上述共轭梯度法的计算步骤。但需要注意的是，此时的 $\boldsymbol{Q}$ 即为当前点 Hesse 矩阵 $\boldsymbol{H}(\boldsymbol{x}^k)$，一般随着迭代进行而变化，更新计算的负担较大；如果能够在共轭梯度法步骤③、④的系数 β^k 和步长 α^k 计算中避免引入 $\boldsymbol{Q}$ 的表达式，对提升共轭梯度法的效率毫无疑问是有利的。步长 α^k 的计算比较简单，应用 2.2 节中介绍的非精确一维搜索确定即可。对于 β^k，我们仍以正定二次函数为例，对下面的一维搜索迭代式

$$\boldsymbol{x}^k = \boldsymbol{x}^{k-1} + \alpha^{k-1}\boldsymbol{p}^{k-1} \tag{3-11}$$

将等号两侧同时乘以 $\boldsymbol{Q}$ 可得

$$\boldsymbol{Q}\boldsymbol{x}^k = \boldsymbol{Q}\boldsymbol{x}^{k-1} + \alpha^{k-1}\boldsymbol{Q}\boldsymbol{p}^{k-1} \tag{3-12}$$

又有

$$\nabla f(\boldsymbol{x}^k) = \boldsymbol{Q}\boldsymbol{x}^k + b \tag{3-13}$$

因而式（3-12）可以改写为

$$[\nabla f(\boldsymbol{x}^k) - \nabla f(\boldsymbol{x}^{k-1})] / \alpha^{k-1} = \boldsymbol{Q}\boldsymbol{p}^{k-1} \tag{3-14}$$

将式（3-14）代入式（3-8）替换 $\boldsymbol{Q}\boldsymbol{p}^{k-1}$，即可得到不包含矩阵 $\boldsymbol{Q}$ 的 HS（Hestenes-Stiefel）格式 β^k 表达式：

$$\beta^{\mathrm{HS}} = \frac{[\nabla f(\boldsymbol{x}^k)]^{\mathrm{T}}[\nabla f(\boldsymbol{x}^k) - \nabla f(\boldsymbol{x}^{k-1})]}{(\boldsymbol{p}^{k-1})^{\mathrm{T}}[\nabla f(\boldsymbol{x}^k) - \nabla f(\boldsymbol{x}^{k-1})]} \tag{3-15}$$

事实上还可以构造多种不同的计算格式，例如较常用的 FR（Fletcher-Reeves）和 PRP（Polak-Ribicere-Polyok）格式，两者均只需要梯度信息，相应的表达式为

$$\beta^{\mathrm{FR}} = \frac{[\nabla f(\boldsymbol{x}^k)]^{\mathrm{T}}\nabla f(\boldsymbol{x}^k)}{[\nabla f(\boldsymbol{x}^{k-1})]^{\mathrm{T}}\nabla f(\boldsymbol{x}^{k-1})} \tag{3-16a}$$

$$\beta^{\mathrm{PRP}} = \frac{[\nabla f(\boldsymbol{x}^k)]^{\mathrm{T}}[\nabla f(\boldsymbol{x}^k) - \nabla f(\boldsymbol{x}^{k-1})]}{[\nabla f(\boldsymbol{x}^{k-1})]^{\mathrm{T}}\nabla f(\boldsymbol{x}^{k-1})} \tag{3-16b}$$

对于正定二次函数，上述三种格式是等价的，在更一般的非线性函数的最优化实施中则更为复杂，需要考虑以下问题：

① 构造的共轭方向是否为下降方向。若新方向 $\boldsymbol{p}^k$ 为下降方向，则有

$$\nabla f(\boldsymbol{x}^k)^{\mathrm{T}}\boldsymbol{p}^k = -\|\nabla f(\boldsymbol{x}^k)\|^2 + \beta^k\nabla f(\boldsymbol{x}^k)^{\mathrm{T}}\boldsymbol{p}^{k-1} < 0 \tag{3-17}$$

可以证明，对于精确一维搜索得到的步长 α^{k-1} 满足式（3-17）等号右端第二项为 0，因此可以确保共轭方向为下降方向；另一方面，当采用非精确一维搜索时，该项确有可能为正，并导致 $\boldsymbol{p}^k$ 为上升方向。幸运的是，FR 格式以及 PRP 修正格式（$\beta=\max\{0, \beta^{\mathrm{PRP}}\}$，称为 PRP+）的共轭梯度法，配合满足第 2 章提到的强 Wolfe 条件的非精确一维搜索，均能确保共轭方向下降且算法全局收敛。

② 重新启动计算。有限步收敛是共轭梯度法的重要优势，但实际非线性函数特性与正定二次函数存在差异，加之非精确一维搜索等因素，很难做到在 n 步之内收敛到最优解。另外需要指出的是，有限步收敛等共轭梯度法的优异性质只在初始搜索方向为负梯度的条件下成立，在多次迭代过程中可能逐渐弱化甚至失去。因此，每进行 n 次迭代，或考虑相继梯度正交等判定条件将系数 β^k 周期性赋为 0，重新以最速下降的负梯度方向开始一轮计算，就成为共轭梯度法求解优化问题时的常见设置。

例 3-2 用 FR 共轭梯度法求解下列问题：

$$\min\{f(\boldsymbol{x})=x_1^2+2x_2^2\}$$

取初始点 $\boldsymbol{x}^1=\begin{bmatrix}5\\5\end{bmatrix}$。

解：在点 x 处，目标函数的梯度 $\boldsymbol{G}(\boldsymbol{x})=\nabla f(\boldsymbol{x})=\begin{bmatrix}2x_1\\4x_2\end{bmatrix}$，$\nabla^2 f(\boldsymbol{x})=\begin{bmatrix}2&0\\0&4\end{bmatrix}=Q$。

第一次迭代：

$\boldsymbol{p}^1=-\boldsymbol{G}^1=-\begin{bmatrix}2\times5\\4\times5\end{bmatrix}=\begin{bmatrix}-10\\-20\end{bmatrix}$，从 $\boldsymbol{x}^1$ 出发，沿方向 $\boldsymbol{p}^1$ 做一维搜索，求步长 α_1：

$$\alpha_1=-\frac{\boldsymbol{G}^{1^{\mathrm{T}}}\boldsymbol{p}^1}{\boldsymbol{p}^{1^{\mathrm{T}}}\boldsymbol{Q}\boldsymbol{p}^1}=-\frac{[-10\quad -20]\begin{bmatrix}-10\\-20\end{bmatrix}}{[-10\quad -20]\begin{bmatrix}2&0\\0&4\end{bmatrix}\begin{bmatrix}-10\\-20\end{bmatrix}}=\frac{5}{18}$$

$$\boldsymbol{x}^2=\boldsymbol{x}^1+\alpha_1\boldsymbol{p}^1=\begin{bmatrix}5\\5\end{bmatrix}+\frac{5}{18}\begin{bmatrix}-10\\-20\end{bmatrix}=\begin{bmatrix}\frac{20}{9}\\\frac{-5}{9}\end{bmatrix}$$

第二次迭代：

$\boldsymbol{x}^2$ 处的梯度 $\quad \boldsymbol{G}^2=\begin{bmatrix}2\times\frac{20}{9}\\4\times\frac{-5}{9}\end{bmatrix}=\begin{bmatrix}\frac{40}{9}\\\frac{-20}{9}\end{bmatrix}$

构造搜索方向 $\boldsymbol{p}^2$，并令$\boldsymbol{p}^2=-\boldsymbol{G}^2+\beta_1\boldsymbol{p}^1$。其中 $\beta_1=\frac{\|\boldsymbol{G}^2\|^2}{\|\boldsymbol{G}^1\|^2}=\frac{\left(\frac{40}{9}\right)^2+\left(\frac{-20}{9}\right)^2}{10^2+20^2}=\frac{4}{81}$，所以

$\boldsymbol{p}^2=-\boldsymbol{G}^2+\beta_1\boldsymbol{p}^1=-\begin{bmatrix}\frac{40}{9}\\\frac{-20}{9}\end{bmatrix}+\frac{4}{81}\times\begin{bmatrix}-10\\-20\end{bmatrix}=\frac{100}{81}\begin{bmatrix}-4\\1\end{bmatrix}$，从 $\boldsymbol{x}^2$ 出发沿 p^2 做一维搜索，求 α_2：

$$\alpha_2=-\frac{\boldsymbol{G}^{2\mathrm{T}}\boldsymbol{p}^2}{\boldsymbol{p}^{2\mathrm{T}}\boldsymbol{Q}\boldsymbol{p}^2}=-\frac{\begin{bmatrix}\frac{40}{9}&-\frac{20}{9}\end{bmatrix}\times\frac{100}{81}\begin{bmatrix}-4\\1\end{bmatrix}}{\left(\frac{100}{81}\right)^2[-4\quad 1]\begin{bmatrix}2&0\\0&4\end{bmatrix}\begin{bmatrix}-4\\1\end{bmatrix}}=\frac{9}{20}$$

所以 $\boldsymbol{x}^3=\boldsymbol{x}^2+\alpha_2\boldsymbol{p}^2=\begin{bmatrix}\frac{20}{9}\\\frac{-5}{9}\end{bmatrix}+\frac{9}{20}\times\frac{100}{81}\begin{bmatrix}-4\\1\end{bmatrix}=\begin{bmatrix}0\\0\end{bmatrix}$。

显然，$\boldsymbol{x}^3$ 处的目标函数的梯度 $\boldsymbol{G}^3=\begin{bmatrix}0\\0\end{bmatrix}$，已达到极小点 $\boldsymbol{x}^3=\begin{bmatrix}0\\0\end{bmatrix}$。

3.3 二阶导数方法

3.3.1 牛顿法

仿照第 2 章一维搜索中的牛顿法的推导过程，将计算公式由一维扩展到多维，可以得到下面的公式：

$$\boldsymbol{H}(\boldsymbol{x}^k)(\boldsymbol{x}^{k+1}-\boldsymbol{x}^k)=-\nabla f(\boldsymbol{x}^k) \tag{3-18}$$

注意该式为一方程组，包含 n 个方程（n 为向量 $\boldsymbol{x}$ 的维数）。若 Hesse 矩阵 $\boldsymbol{H}$ 的逆存在，则等式两侧同乘 $\boldsymbol{H}^{-1}$，有

$$\boldsymbol{x}^{k+1}-\boldsymbol{x}^k=-\boldsymbol{H}^{-1}(\boldsymbol{x}^k)\nabla f(\boldsymbol{x}^k) \tag{3-19}$$

式（3-19）即为牛顿法的迭代公式，右端项称为牛顿方向，其构造同时利用了函数的一阶（梯度）和二阶导数（Hesse 矩阵）。观察式（3-19）可知，牛顿法的步长 α 为 1。

牛顿法具有局部二阶收敛的特性，对于二次函数甚至可以在一步实现收敛。然而其也具有一些不足：

① 如果具有多个局部极值，可能无法找到全局最优；

② 在初始点远离最优点时可能无法收敛；

③ 需要目标函数满足二阶可导，迭代过程中更新一阶、二阶导数的计算量较大；

④ 需要求解 n 维线性方程组。

例 3-3 对下列问题用牛顿法实施一步迭代优化：

$$\min\{f(\boldsymbol{x})=(1-x_1)^2+2(x_2-x_1^2)^2\}$$

其中 $\boldsymbol{x}=[x_1，x_2]^{\mathrm{T}}$，取初始点 $\boldsymbol{x}^0=[0，0]^{\mathrm{T}}$，$\varepsilon=0.1$。

解：首先写出 $f(x)$的一阶和二阶导数表达式：

$$\nabla f(\boldsymbol{x})=\begin{bmatrix}-2(1-x_1)-8(x_2-x_1^2)x_1\\4(x_2-x_1^2)\end{bmatrix}$$

$$\nabla^2 f(\boldsymbol{x})=\begin{bmatrix}16x_1^2-8(x_2-x_1^2)+2 & -8x_1\\-8x_1 & 4\end{bmatrix}$$

代入初始值得 $\nabla f(\boldsymbol{x}^0)=[-2，0]^{\mathrm{T}}$，$\|\nabla f(\boldsymbol{x}^0)\|=2>\varepsilon$，

$$\nabla^2 f(\boldsymbol{x}^0)=\begin{bmatrix}2 & 0\\0 & 4\end{bmatrix}，\ [\nabla^2 f(\boldsymbol{x}^0)]^{-1}=\begin{bmatrix}\frac{1}{2} & 0\\0 & \frac{1}{4}\end{bmatrix}.$$

于是，当前的牛顿方向可计算为

$$\boldsymbol{p}^0=-[\nabla^2 f(\boldsymbol{x}^0)]^{-1}\nabla f(\boldsymbol{x}^0)=[1，0]^{\mathrm{T}}$$

$$\boldsymbol{x}^1=\boldsymbol{x}^0+\boldsymbol{p}^0=[1，0]^{\mathrm{T}}$$

但 $f(\boldsymbol{x}^0)=1$， $f(\boldsymbol{x}^1)=2>f(\boldsymbol{x}^0)$，即迭代后未使目标函数值下降，反而使其上升，显示了牛顿法的局限性。针对牛顿法的这些不足可以进行针对性的修正，从而改善其某些方面的特性。

（1）阻尼牛顿法

从牛顿法的推导过程可见，牛顿方向 $-\boldsymbol{H}^{-1}\nabla f(\boldsymbol{x})$ 能使得更新后函数处于极值点，但是它不一定是极小点，也就是说牛顿方向可能是下降方向，也可能是上升方向，以至于当初始点远离极小点时，牛顿法有可能不收敛。因此提出阻尼牛顿法，每次迭代除了计算更新方向（牛顿方向），还要根据第 2 章介绍的一维搜索方法确定每一步的步长 α，其值可能大于 1 也可能小于 1。具体计算步骤归纳如下：

① 给定初始点 $\boldsymbol{x}^0$，允许误差 ϵ，迭代步数 k=0；

② 计算点 $\boldsymbol{x}^k$ 处梯度 $\nabla f(\boldsymbol{x}^k)$ 和 Hesse 矩阵 $\boldsymbol{H}(\boldsymbol{x}^k)$，若前者的范数达到允许误差 $|G^k|<\epsilon$ 则停止迭代，否则继续下一步；

③ 计算点 $\boldsymbol{x}^k$ 处的牛顿方向作为搜索方向：

$$\boldsymbol{p}^k=-\boldsymbol{H}^{-1}(\boldsymbol{x}^k)\nabla f(\boldsymbol{x}^k)$$

④ 从点 $\boldsymbol{x}^k$ 出发，沿着牛顿方向 $\boldsymbol{p}^k$ 做一维搜索，获得最优步长：

$$\alpha=\arg\min_{\alpha}\{f(\boldsymbol{x}^k+\alpha\boldsymbol{p}^k)\}$$

⑤ 更新参数，$\boldsymbol{x}^{k+1}=\boldsymbol{x}^k+\alpha\cdot\boldsymbol{p}^k$，$k=k+1$，转②继续计算。

应用阻尼牛顿法于例 3-3，可得其最优步长 α 为 0.5，此时代入得 $f(\boldsymbol{x}^1)=0.375$，使得目标函数下降。

（2）非精确牛顿法

前文已经指出，牛顿法计算搜索方向需要求解如式（3-18）的线性方程组。固然我们可采用著名的高斯消去法获得精确解，但由于这种搜索的迭代特征，近似的搜索方向（应为下降方向）及恰当的步长设置（见本书第 2.2 节）可能已经足以满足收敛的需求，同时计算量相对较小。遵循这种思路，学者们发展了所谓的非精确牛顿法，或称牛顿-共轭梯度法，其实质是利用本书 3.2.2 节中介绍的线性共轭梯度法作为计算内核处理线性方程组，获得近似的牛顿方向，从而降低整个牛顿法迭代寻优的计算工作量。

（3）修正牛顿法

如前所述，牛顿法构造的搜索方向无法保证每步迭代都是下降的。然而能够证明，牛顿方向在函数 Hesse 矩阵 $\boldsymbol{H}$ 正定的条件下一定为下降方向。下降方向从数学上要求：

$$\exists\alpha^k>0\text{，使得 } f(\boldsymbol{x}^k+\alpha^k\boldsymbol{p}^k)<f(\boldsymbol{x}^k)$$

假设 $g(\alpha)=f(\boldsymbol{x}^k+\alpha\boldsymbol{p}^k)$，于是有

$$g'(\alpha)=\nabla f(\boldsymbol{x}^k+\alpha\boldsymbol{p}^k)^{\mathrm{T}}\cdot\boldsymbol{p}^k$$

因此， $g'(0)=\nabla f(\boldsymbol{x}^k)^{\mathrm{T}}\cdot\boldsymbol{p}^k=-\nabla f(\boldsymbol{x}^k)^{\mathrm{T}}\cdot\boldsymbol{H}(\boldsymbol{x}^k)\cdot\nabla f(\boldsymbol{x}^k)^{\mathrm{T}}$。

当 $\boldsymbol{H}$ 正定时，可得 $g'(0)<0$。

根据 $f(x)$导数的连续性可知，$\exists\alpha^k>0$，使得 $g(\alpha^k)<g(0)$，即 $f(\boldsymbol{x}^k+\alpha^k\boldsymbol{p}^k)<f(\boldsymbol{x}^k)$，得证。

因此，通过牛顿法构造的搜索方向 $\boldsymbol{p}$［如式（3-19）］是下降方向的前提是目标函数 $f(x)$ 的 Hesse 矩阵 $\boldsymbol{H}$ 正定（注意：即使搜索方向是下降方向，仍需要配合步长适当选取，确保

迭代中函数值下降，如例 3-3)。然而，由于函数自身性态以及数值误差等原因，在实际优化迭代中这一条件很难始终满足。因此，在迭代过程中对矩阵 $\boldsymbol{H}$ 进行必要的修正以使之满足正定条件，就成为构造稳定收敛算法的一种思路，典型如后面介绍的 Levenberg-Marquart 方法。

3.3.2 最小二乘拟合及解法

3.3.2.1 最小二乘拟合问题

最小二乘（least squares）问题的目的是求解平方和函数最小值，是曲线拟合最常用的主要手段。其一般形式为：

$$\min_{x\in R^n}\left\{f(x)=\sum_{i=1}^{m}r_i^2(x)\right\} \tag{3-20}$$

其中，$r_i(x)$为实值函数。如果所有的 $r_i(x)$都为线性函数，则称其为线性最小二乘问题，否则即为非线性最小二乘问题。另一方面，求解线性（非线性）方程组常常无法获得精确的解，此时转化为相应的最小二乘问题是常用的处理手段。此外，当观测带噪声时，一般基于该线性系统建立最小二乘模型。特别地，如果噪声服从高斯分布，则最小二乘问题的解对应于原问题的最大似然解。除了最小二乘问题，多个领域（如 BP 人工神经网络、粒子追踪测速 PTV 算法）中的误差函数、费用函数也常体现为类似的平方和形式，因此这一类问题的优化解法具有显著的实际意义。前面章节所介绍的优化算法尤其是牛顿法都可以用来求解式（3-20）所示的最小二乘最优化问题。

3.3.2.2 高斯-牛顿法

对于最小二乘拟合问题这类平方和形式的目标函数 f，若用牛顿法求解，则迭代公式如式（3-19）所示。进一步地，其梯度和 Hesse 矩阵元素 H_{jk} 可以分别表示为

$$\nabla f=2\sum_{i=1}^{m}r_i\frac{\delta r_i}{\delta x_j} \tag{3-21}$$

$$H_{jk}=2\sum_{i=1}^{m}\left(\frac{\delta r_i}{\delta x_j}\frac{\delta r_i}{\delta x_k}+r_i\frac{\partial^2 r_i}{\partial x_j\partial x_k}\right) \tag{3-22}$$

另一方面，将式（3-20）中的函数 r 写成向量的形式，$\boldsymbol{r}=[r_1,\ r_2,\ \cdots,\ r_m]$，则可将 $\boldsymbol{r}$ 函数向量的 Jacobi 矩阵表示为

$$\boldsymbol{J}=\begin{bmatrix}\dfrac{\delta r_1}{\delta x_1} & \dfrac{\delta r_1}{\delta x_2} & \cdots & \dfrac{\delta r_1}{\delta x_n}\\ \dfrac{\delta r_2}{\delta x_1} & \dfrac{\delta r_2}{\delta x_2} & \cdots & \vdots\\ \vdots & & & \vdots\\ \dfrac{\delta r_m}{\delta x_1} & \cdots & \cdots & \dfrac{\delta r_m}{\delta x_n}\end{bmatrix} \tag{3-23}$$

观察式（3-22）、式（3-23），舍弃式（3-22）中的二阶导数项 $\frac{\partial^2 r_i}{\partial x_j \partial x_k}$ ，可写出如下的近似式：

$$H_{jk} \approx 2\sum_{i=1}^{m} J_{ij} J_{ik} \tag{3-24}$$

式（3-21）、式（3-22）分别转化成矩阵形式有

$$\nabla f = 2\boldsymbol{J}^{\mathrm{T}}\boldsymbol{r} \tag{3-25}$$

$$\boldsymbol{H} \approx 2\boldsymbol{J}^{\mathrm{T}}\boldsymbol{J} \tag{3-26}$$

故代入牛顿法的迭代公式（3-19），可得其公式为

$$\boldsymbol{x}^{k+1} - \boldsymbol{x}^{k} = -(\boldsymbol{J}^{\mathrm{T}}\boldsymbol{J})^{-1}\boldsymbol{J}^{\mathrm{T}}\boldsymbol{r} \tag{3-27}$$

例 3-4 求解线性最小二乘问题：

$$\min \|\boldsymbol{A}x - \boldsymbol{b}\|^2$$

其中

$$\boldsymbol{A} = \begin{bmatrix} 3 & 2 \\ 2 & -3 \\ -1 & -1 \end{bmatrix}, \quad \boldsymbol{b} = \begin{bmatrix} 2 \\ -3 \\ -1 \end{bmatrix}$$

解： 易见 $r_i = A_i x - b_i (i = 1,2,3)$ ，故有 $\boldsymbol{J} = \boldsymbol{A}$，$\boldsymbol{A}^{\mathrm{T}}\boldsymbol{A} = \begin{bmatrix} 14 & -7 \\ -7 & 26 \end{bmatrix}$，$(\boldsymbol{A}^{\mathrm{T}}\boldsymbol{A})^{-1} = \frac{1}{350}\begin{bmatrix} 14 & -7 \\ -7 & 26 \end{bmatrix}$，取初始点为(0, 0)，代入式（3-27）有

$$\boldsymbol{x}^* = \frac{1}{350}\begin{bmatrix} 26 & -7 \\ -7 & 14 \end{bmatrix}\begin{bmatrix} 3 & 2 & -1 \\ 1 & -3 & 4 \end{bmatrix}\begin{bmatrix} 2 \\ -3 \\ -1 \end{bmatrix} = \begin{bmatrix} \frac{3}{14} \\ \frac{3}{10} \end{bmatrix}$$

代入得目标函数最优值为

$$(\boldsymbol{A}\boldsymbol{x}^* - \boldsymbol{b})^{\mathrm{T}}(\boldsymbol{A}\boldsymbol{x}^* - \boldsymbol{b}) = 11.454285 \neq 0$$

可见，上述最小二乘问题对应的线性方程组 $\begin{cases} 3x_1 + x_2 = 2 \\ 2x_1 - 3x_2 = -3 \\ -x_1 + 4x_2 = -1 \end{cases}$ 无解。

与牛顿法相似，经典高斯-牛顿法迭代步长 α 为 1。不难看出，若采用经典牛顿法，Hesse 矩阵的二阶信息项计算工作量巨大，而我们在计算梯度时已经得到函数 $\boldsymbol{r}$ 的 Jacobi 矩阵，$\boldsymbol{H}$ 中的一阶信息项 $\boldsymbol{J}^{\mathrm{T}}\boldsymbol{J}$ 易于获得。鉴于此，在二阶信息项充分小、可以近似忽略时，通过高斯-牛顿法可以简化计算，且同样达到优化收敛的目的。

3.3.2.3 Levenberg-Marquart 法

为了对矩阵 $\boldsymbol{H}$ 进行修正，使之满足正定条件从而确保 Newton 类优化计算收敛，Levenberg 和 Marquart 各自提出了较有代表性的方法，且在最小二乘拟合等问题处理方面取得了很好的效果，称为 Levenberg-Marquart 方法（简称 L-M 法）。

（1）Levenberg 的贡献

Levenberg 提出的修正方式是通过引入单位矩阵 $\boldsymbol{I}$ 强化 Hesse 矩阵的正定性，并通过非负的系数 λ 调节修正项的大小，如式（3-28）所示。

$$\boldsymbol{H}' = \boldsymbol{H} + \lambda \boldsymbol{I} \tag{3-28}$$

可见，矩阵修正前后的对角元满足：

$$\alpha'_{jj} = \alpha_{jj} + \lambda \tag{3-29}$$

因此，这种修正方式又称为加和阻尼。显然，当 $\lambda \to 0$ 时，对 Hesse 矩阵的修正不明显，方法接近牛顿法；而当 $\lambda \to \infty$时，修正后的矩阵接近单位矩阵，搜索方向接近负梯度方向，方法接近最速下降法，如图 3-3 所示。Levenberg 提出的方法中，系数 λ 是以相同的速度（即系数）增加或降低的。

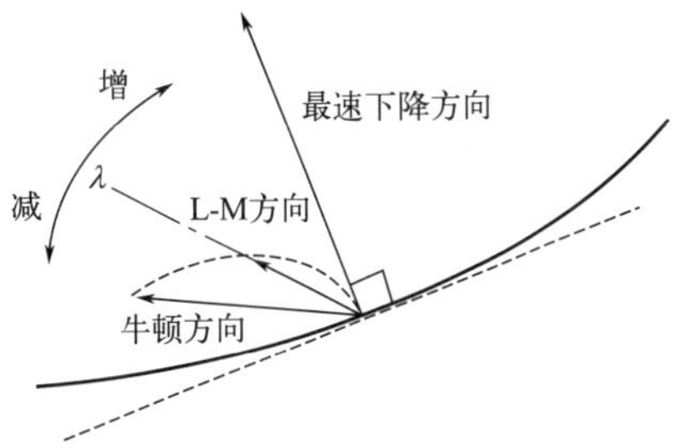

图 3-3　L-M 方法搜索方向示意图

（2）Marquart 的贡献

另一方面，Marquart 提出基于 Hesse 矩阵的对角元修正的思路，如式（3-30）所示。

$$\boldsymbol{H}' = \boldsymbol{H} + \lambda \mathrm{diag}(\boldsymbol{H}) \tag{3-30}$$

此时，矩阵修正前后的对角元满足：

$$\alpha'_{jj} = \alpha_{jj}(1+\lambda) \tag{3-31}$$

因此，这种方式又称为相乘阻尼。此外，Marquart 提供了一种系数 λ 的更新方式，步骤如下：

① 初始化 $\lambda_0>1$，变化系数 μ 为大于 1 的常数。

② 比较 λ 与 λ/μ 迭代下的目标函数值：

- 如果两者都导致目标函数值增加，则 $\lambda=\lambda\times\mu$，重复这一步骤，直到目标值减少。
- 如果 λ 导致目标函数减少，而 λ/μ 导致目标函数增加，则取系数为 λ；如果 λ/μ 也导致目标函数减少，则取系数为 λ/μ。

需要指出，现代的 Levenberg-Marquart 方法允许系数 λ 的增加和减少以不同的速度进行。实践表明，搜索方向满足函数值降低时以较快的速度减少 λ，反之以较慢的速度增加 λ，有利于优化计算的快速收敛。

3.3.3　拟牛顿法

值得指出，牛顿法以及在此基础上发展的高斯-牛顿法、Levenberg-Marquart 方法均需要在迭代过程中不断更新 Hesse 矩阵的计算，相应的存储和计算负担较大。是否有可能通过更简便的方式更新 Hesse 矩阵以及搜索方向 $\boldsymbol{p}$ 呢？答案是肯定的。

3.3.3.1　基本思路

牛顿法的搜索方向表示为：

$$\boldsymbol{p}^{(k)} = -\boldsymbol{H}(\boldsymbol{x}^k)^{-1}\nabla f(\boldsymbol{x}^k) = -\tilde{\boldsymbol{H}}^k \nabla f(\boldsymbol{x}^k) \tag{3-32}$$

其中 $\tilde{\boldsymbol{H}}^k$ 称为尺度矩阵（metric matrix）。对 Hesse 矩阵的逆矩阵即尺度矩阵进行修正，

可以表示为：

$$\tilde{\boldsymbol{H}}^{k+1}=\tilde{\boldsymbol{H}}^{k}+\Delta\tilde{\boldsymbol{H}}^{k} \tag{3-33}$$

其中等式右端第二项称为修正矩阵。

对目标函数在 $\boldsymbol{x}^{k+1}$ 附近进行二阶泰勒展开，得

$$f(x)=f(\boldsymbol{x}^{k+1})+\nabla f(\boldsymbol{x}^{k+1})(x-\boldsymbol{x}^{k+1})+\frac{1}{2}(x-\boldsymbol{x}^{k+1})^{\mathrm{T}}\boldsymbol{H}(\boldsymbol{x}^{k+1})(x-\boldsymbol{x}^{k+1}) \tag{3-34}$$

对其求导，得 $\boldsymbol{x}^{k}$ 处的梯度为

$$\nabla f(\boldsymbol{x}^{k})=\nabla f(\boldsymbol{x}^{k+1})+\boldsymbol{H}(\boldsymbol{x}^{k+1})(\boldsymbol{x}^{k}-\boldsymbol{x}^{k+1}) \tag{3-35}$$

定义变量及函数梯度的增量分别为 Δx、$\Delta\boldsymbol{G}$：

$$\Delta\boldsymbol{x}^{k}=\boldsymbol{x}^{k}-\boldsymbol{x}^{k+1} \tag{3-36a}$$

$$\Delta\boldsymbol{G}^{k}=\nabla f(\boldsymbol{x}^{k})-\nabla f(\boldsymbol{x}^{k+1}) \tag{3-36b}$$

将式（3-35）代入，可得 $$\Delta\boldsymbol{x}^{k}=(\tilde{\boldsymbol{H}}^{k}+\Delta\tilde{\boldsymbol{H}}^{k})\Delta\boldsymbol{G}^{k} \tag{3-37}$$

这个方程是尺度矩阵实施修正所需满足的拟牛顿（Quasi-Newton）条件，也称为割线方程，故相应优化算法称为拟牛顿法。该方法因为围绕尺度矩阵的修正进行，又称变尺度法。需要指出的是，满足拟牛顿条件的修正方法并不是唯一的。

（1）秩一更新

修正矩阵的秩为一，可表示为

$$\Delta\tilde{\boldsymbol{H}}^{k}=c\boldsymbol{z}\boldsymbol{z}^{\mathrm{T}} \tag{3-38}$$

代入割线方程，得 $$\Delta\boldsymbol{x}^{k}=\left(\tilde{\boldsymbol{H}}^{(k)}+c\boldsymbol{z}\boldsymbol{z}^{\mathrm{T}}\right)\Delta\boldsymbol{G}^{k}=\tilde{\boldsymbol{H}}^{(k)}\Delta\boldsymbol{G}^{k}+c\boldsymbol{z}(\boldsymbol{z}^{\mathrm{T}}\Delta\boldsymbol{G}^{k}) \tag{3-39}$$

由于 $\boldsymbol{z}^{\mathrm{T}}\Delta\boldsymbol{G}^{k}$ 为标量，故有 $$c\boldsymbol{z}=\frac{\Delta\boldsymbol{x}^{k}-\tilde{\boldsymbol{H}}^{(k)}\Delta\boldsymbol{G}^{k}}{\boldsymbol{z}^{\mathrm{T}}\Delta\boldsymbol{G}^{k}} \tag{3-40}$$

令

$$c=\frac{1}{\boldsymbol{z}^{\mathrm{T}}\Delta\boldsymbol{G}^{k}} \tag{3-41a}$$

$$\boldsymbol{z}=\Delta\boldsymbol{x}^{k}-\tilde{\boldsymbol{H}}^{k}\Delta\boldsymbol{G}^{k} \tag{3-41b}$$

则可得修正公式为 $$\tilde{\boldsymbol{H}}^{k+1}=\tilde{\boldsymbol{H}}^{k}+\frac{(\Delta\boldsymbol{x}^{k}-\tilde{\boldsymbol{H}}^{k}\Delta\boldsymbol{G}^{k})(\Delta\boldsymbol{x}^{k}-\tilde{\boldsymbol{H}}^{k}\Delta\boldsymbol{G}^{k})^{\mathrm{T}}}{\boldsymbol{z}^{\mathrm{T}}\Delta\boldsymbol{G}^{k}} \tag{3-42}$$

（2）秩二更新

相应的修正矩阵可以写为 $$\Delta\tilde{\boldsymbol{H}}^{k}=c_1\boldsymbol{z}_1\boldsymbol{z}_1^{\mathrm{T}}+c_2\boldsymbol{z}_2\boldsymbol{z}_2^{\mathrm{T}} \tag{3-43}$$

代入割线方程得 $$\Delta\boldsymbol{x}^{k}=\tilde{\boldsymbol{H}}^{(k)}\Delta\boldsymbol{G}^{k}+c_1\boldsymbol{z}_1(\boldsymbol{z}_1^{\mathrm{T}}\Delta\boldsymbol{G}^{k})+c_2\boldsymbol{z}_2(\boldsymbol{z}_2^{\mathrm{T}}\Delta\boldsymbol{G}^{k}) \tag{3-44}$$

观察式中各项，显然如下设置满足拟牛顿条件：

$$z_1=\Delta\boldsymbol{x}^{k} \tag{3-45a}$$

$$z_2=\tilde{\boldsymbol{H}}^{k}\Delta\boldsymbol{G}^{k} \tag{3-45b}$$

$$c_1 = \frac{1}{\boldsymbol{z}_1^{\mathrm{T}} \Delta \boldsymbol{G}^k} \tag{3-45c}$$

$$c_2 = -\frac{1}{\boldsymbol{z}_2^{\mathrm{T}} \Delta \boldsymbol{G}^k} \tag{3-45d}$$

由此可得到修正矩阵的表达式为

$$\tilde{\boldsymbol{H}}^{(k+1)} = \tilde{\boldsymbol{H}}^{(k)} + \frac{(\Delta \boldsymbol{x}^k)(\Delta \boldsymbol{x}^k)^{\mathrm{T}}}{(\Delta \boldsymbol{x}^k)^{\mathrm{T}} \Delta \boldsymbol{G}^k} - \frac{(\tilde{\boldsymbol{H}}^k \Delta \boldsymbol{G}^k)(\tilde{\boldsymbol{H}}^{(k)} \Delta \boldsymbol{G}^k)^{\mathrm{T}}}{(\tilde{\boldsymbol{H}}^k \Delta \boldsymbol{G}^k)^{\mathrm{T}} \Delta \boldsymbol{G}^k} \tag{3-46}$$

可以证明，当初始矩阵满足对称正定的条件时，根据上式更新后的矩阵仍将保持该特性，这对于算法的收敛性具有重要意义。

延伸阅读 3　Davidon 与拟牛顿法

3.3.3.2　DFP 法

其最早由 Davidon 于 1959 年提出，后来 Fletcher 和 Powell 在实践中显示了其相对其他优化算法的优势，因此称为 DFP 方法。

DFP 法的思路是令 Hesse 矩阵的修正最小，其公式为

$$\boldsymbol{H}^{k+1} = \left(I - \frac{\Delta \boldsymbol{G}^k (\Delta \boldsymbol{x}^k)^{\mathrm{T}}}{(\Delta \boldsymbol{G}^k)^{\mathrm{T}} \Delta \boldsymbol{x}^k} \right) \boldsymbol{H}^k \left(I - \frac{\Delta \boldsymbol{x}^k (\Delta \boldsymbol{G}^k)^{\mathrm{T}}}{(\Delta \boldsymbol{G}^k)^{\mathrm{T}} \Delta \boldsymbol{x}^k} \right) + \frac{\Delta \boldsymbol{G}^k (\Delta \boldsymbol{G}^k)^{\mathrm{T}}}{(\Delta \boldsymbol{G}^k)^{\mathrm{T}} \Delta \boldsymbol{x}^k} \tag{3-47a}$$

$$\tilde{\boldsymbol{H}}^{k+1} = \tilde{\boldsymbol{H}}^k + \frac{\Delta \boldsymbol{x}^k (\Delta \boldsymbol{x}^k)^{\mathrm{T}}}{(\Delta \boldsymbol{G}^k)^{\mathrm{T}} \Delta \boldsymbol{x}^k} - \frac{(\tilde{\boldsymbol{H}}^k \Delta \boldsymbol{G}^k)(\tilde{\boldsymbol{H}}^k \Delta \boldsymbol{G}^k)^{\mathrm{T}}}{(\Delta \boldsymbol{G}^k)^{\mathrm{T}} \tilde{\boldsymbol{H}}^k \Delta \boldsymbol{G}^k} \tag{3-47b}$$

例 3-5　用 DFP 法求 $\min f(\boldsymbol{x}) = x_1^2 + 2x_2^2 - 4x_1 - 2x_1 x_2$，给定初始值 $\boldsymbol{x}^0 = [1，1]^{\mathrm{T}}$。

解：求出梯度函数

$$\nabla f(\boldsymbol{x}) = [2x_1 - 2x_2 - 4, 4x_2 - 2x_1]^{\mathrm{T}}$$

取

$$\boldsymbol{H}_0 = \boldsymbol{I} = \begin{bmatrix} 1 & 0 \\ 0 & 1 \end{bmatrix}$$

于是

$$\boldsymbol{G}_0 = [2\times1 - 2\times1 - 4, 4\times1 - 2\times1]^{\mathrm{T}} = [-4，2]^{\mathrm{T}}$$

由 $\boldsymbol{p}_0 = -\boldsymbol{H}_0 \boldsymbol{G}_0$ 得出

$$\boldsymbol{p}_0 = -\begin{bmatrix} 1 & 0 \\ 0 & 1 \end{bmatrix} \begin{bmatrix} -4 \\ 2 \end{bmatrix} = \begin{bmatrix} 4 \\ -2 \end{bmatrix}$$

求得

$$\boldsymbol{x}^1 = \left[2, \frac{1}{2} \right]^{\mathrm{T}}$$

至此完成一次迭代，由于 $\boldsymbol{G}_0 = \nabla f(\boldsymbol{x}^1) = [-1，2]^{\mathrm{T}} \neq 0$，所以不是一个稳定点，须继续迭代。

为求 H_1，求出

$$\Delta \boldsymbol{x}^0 = \boldsymbol{x}^1 - \boldsymbol{x}^0 = \left[1，-\frac{1}{2} \right]^{\mathrm{T}}$$

$$\boldsymbol{y}_0 = \boldsymbol{G}_1 - \boldsymbol{G}_0 = [3，-4]^{\mathrm{T}}$$

由

$$\Delta \boldsymbol{H}_0 = \frac{\Delta \boldsymbol{x}^0 \Delta \boldsymbol{x}^{1^{\mathrm{T}}}}{\Delta \boldsymbol{x}^{0^{\mathrm{T}}} \boldsymbol{y}_0} - \frac{\boldsymbol{H}_0 \boldsymbol{y}_0 (\boldsymbol{H}_0 \boldsymbol{y}_0)^{\mathrm{T}}}{\boldsymbol{y}_0^{\mathrm{T}} \boldsymbol{H} \boldsymbol{y}_0}$$

得
$$\Delta\boldsymbol{H}_0=\frac{1}{25}\begin{bmatrix}-4 & 9.5\\ 9.5 & -14.75\end{bmatrix}$$

代入 $\boldsymbol{H}_1=\boldsymbol{H}_0+\Delta\boldsymbol{H}_0$ 得到
$$\boldsymbol{H}_1=\begin{bmatrix}\frac{21}{25} & \frac{19}{50}\\ \frac{19}{50} & \frac{41}{100}\end{bmatrix}$$

求新的搜索方向 $\boldsymbol{p}_1=-\boldsymbol{H}_1\boldsymbol{G}_1$
$$\boldsymbol{p}_1=-\begin{bmatrix}\frac{21}{25} & \frac{19}{50}\\ \frac{19}{50} & \frac{41}{100}\end{bmatrix}\begin{bmatrix}-1\\ -2\end{bmatrix}=\begin{bmatrix}\frac{8}{5}\\ \frac{6}{5}\end{bmatrix}$$

由 $\boldsymbol{x}^1$ 出发沿方向 $\boldsymbol{p}_1$ 用一维搜索求 $f(\boldsymbol{x})$ 的极小点，即求 $\varphi(\alpha)=f(\boldsymbol{x}^1+\alpha\boldsymbol{p}_1)=\frac{40}{25}\alpha^2-4\alpha-\frac{11}{2}$ 的极小点，由 $\varphi'(\alpha)=\frac{80}{25}\alpha-4=0$ 求得 $\alpha_1=\frac{5}{4}$，故
$$\boldsymbol{x}^2=\boldsymbol{x}^1+\alpha_1\boldsymbol{p}_1=\left[2,\ \frac{1}{2}\right]^{\mathrm{T}}+\frac{5}{4}\left[\frac{8}{4},\ \frac{6}{5}\right]^{\mathrm{T}}=[4,\ 2]^{\mathrm{T}}$$

由于 $\nabla f(\boldsymbol{x}^2)=[0,0]^{\mathrm{T}}$，故求得稳定点，也是函数 $f(\boldsymbol{x})$ 的极小点，其对应的函数值为
$$f[\boldsymbol{x}^2]=-8$$

3.3.3.3 BFGS 法

1970 年，Broyden、Fletcher、Goldfarb 和 Shanno 等人提出了 BFGS 的修正方法，是目前最为成功的拟牛顿法。

其思路是令尺度矩阵 $\tilde{\boldsymbol{H}}^{(k)}$ 的修正最小，相应的公式为：
$$\tilde{\boldsymbol{H}}^{k+1}=\left(I-\frac{\Delta\boldsymbol{x}^k(\Delta\boldsymbol{G}^k)^{\mathrm{T}}}{\left(\Delta\boldsymbol{G}^k\right)^{\mathrm{T}}\Delta\boldsymbol{x}^k}\right)\tilde{\boldsymbol{H}}^k\left(I-\frac{\Delta\boldsymbol{G}^k(\Delta\boldsymbol{x}^k)^{\mathrm{T}}}{(\Delta\boldsymbol{G}^k)^{\mathrm{T}}\Delta\boldsymbol{x}^k}\right)+\frac{\Delta\boldsymbol{x}^k(\Delta\boldsymbol{x}^k)^{\mathrm{T}}}{(\Delta\boldsymbol{G}^k)^{\mathrm{T}}\Delta\boldsymbol{x}^k} \tag{3-48a}$$
$$\boldsymbol{H}^{k+1}=\boldsymbol{H}^k+\frac{\Delta\boldsymbol{G}^k(\Delta\boldsymbol{G}^k)^{\mathrm{T}}}{(\Delta\boldsymbol{G}^k)^{\mathrm{T}}\Delta\boldsymbol{x}^k}-\frac{(\boldsymbol{H}^k\Delta\boldsymbol{x}^k)(\boldsymbol{H}^k\Delta\boldsymbol{x}^k)^{\mathrm{T}}}{(\Delta\boldsymbol{x}^k)^{\mathrm{T}}\boldsymbol{H}^k\Delta\boldsymbol{x}^k} \tag{3-48b}$$

上述 DFP 法、BFGS 法虽然避免了 Hesse 矩阵（或其逆矩阵）的重复计算，但相应的矩阵属于稠密矩阵，需要消耗 O（n^2）的内存，应用于大规模优化问题仍然受到较大局限。为此有学者提出了有限内存 BFGS 方法（简称 L-BFGS）。

L-BFGS 的主要思路是，并不显式地存储第 k 步的尺度矩阵 $\tilde{\boldsymbol{H}}^{(k)}$，而是存储 m 个最近的增量 Δx、$\Delta\boldsymbol{G}$，从而以递归的方式完成搜索方向 $\boldsymbol{p}$ 的计算。

令
$$\rho^k=\frac{1}{(\Delta\boldsymbol{G}^k)^{\mathrm{T}}\Delta\boldsymbol{x}^k}$$
$$\boldsymbol{V}^k=\boldsymbol{I}-\rho^k\Delta\boldsymbol{G}^k(\Delta\boldsymbol{x}^k)^{\mathrm{T}}$$

则可将更新公式表示为

$$\tilde{\boldsymbol{H}}^{k+1}=(\boldsymbol{V}^{k})^{\mathrm{T}}\tilde{\boldsymbol{H}}^{k}V^{k}+\rho^{k}\Delta\boldsymbol{x}^{k}(\Delta\boldsymbol{x}^{k})^{\mathrm{T}}$$

$$\tilde{\boldsymbol{H}}^{k}=(\boldsymbol{V}^{k-m}\cdots\boldsymbol{V}^{k-1})^{\mathrm{T}}\boldsymbol{H}^{k-m}(\boldsymbol{V}^{k-m}\cdots\boldsymbol{V}^{k-1})+\rho^{k-m}(\boldsymbol{V}^{k-m+1}\cdots\boldsymbol{V}^{k-1})^{\mathrm{T}}$$

可以证明，这样处理后计算和存储负担由 O（n^2）降低到了 O（mn），在处理大规模问题时优势明显。

3.4 无导数方法

上述基于目标函数 $f(x)$的一阶导数（梯度）、二阶导数（Hesse 矩阵）构造的方法充分利用了目标函数的微分特性，在 $f(x)$具有解析表达式、可精确求导时往往非常高效，收敛速度快；然而需要看到，实际优化问题并不总能确保写出目标函数导数的显式表达式，虽然可利用差分的手段加以近似（Matlab 等软件上用户可以自行设置输入导数表达式或由软件自行近似，即采用数值差分），但相应的数值偏差和对数据噪声的敏感性都会影响算法的收敛效果。因此，不依赖于导数信息，只根据目标函数值本身实施迭代运算的无导数方法（derivative free method），也在优化理论中占有重要的一席之地。

3.4.1 Nelder-Mead 法

单纯形（simplex）指由 n 维空间中的 n+1 个点 z_1，z_2，…，z_{n+1} 构成的最简单图形，我们可以定义图形中由 z_1 出发与其他各点连线的矩阵 $\boldsymbol{V}=[z_2-z_1,\ z_3-z_1,\ \cdots,\ z_{n+1}-z_1]$，如果矩阵 $\boldsymbol{V}$ 满足非奇异条件，则称单纯形为非退化或非奇异的。一维空间单纯形为线段，二维空间非退化单纯形为三角形（三点不共线），三维空间非退化单纯形为四面体（四点不共平面），以此类推。

通过在变量空间内构造单纯形，并依据某种规则使之更新、改进，最终逼近优化解的方法就称为单纯形法。Nelder-Mead 方法又称为下山单纯形法，其优化思路是从当前单纯形的各点中取函数值最差的一个剔除掉，并用相对改善的一点加以取代，构成新的单纯形。

延伸阅读 4　Nelder-Mead 下山单纯形法

获得改善的点的方式包括反射（reflection）、扩张（expansion）、外压缩（outside contraction）、内压缩（inside contraction）等，如果上述方式均不奏效，则仅保留原单纯形顶点中最好的一点，与其他各点的连线等比例缩减，称为收缩（shrink）。上述五种操作在二维空间、单纯形为三角形条件下如图 3-4 所示（假设原单纯形左侧为最好的一点，顶部是最差的一点），阴影为不同操作后得到的更新单纯形。

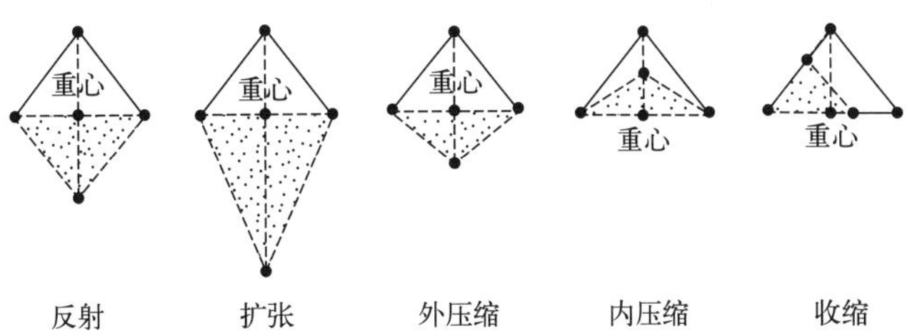

图 3-4　二维空间 Nelder-Mead 方法典型操作示意

针对 $f(x), x\in R^n$ 的最小化问题，首先选择 $n+1$ 个点，使其构成一个非退化的初始单纯形。具体方式为确定初始点 x_0，接下来可以按照不同的方式生成初始单纯形：

（1）正规单纯形

即 $n+1$ 个点任意两点距离均相等，假定为 $h>0$，则可知各点 $\boldsymbol{x}^i(i=1，2，\cdots，n+1)$坐标满足：

$$
\begin{array}{ccccccc}
\boldsymbol{x}^1 & \boldsymbol{x}^2 & \boldsymbol{x}^3 & & \boldsymbol{x}^k & & \boldsymbol{x}^{n+1} \\
\boldsymbol{x}_1^1 & \boldsymbol{x}_1^1+p & \boldsymbol{x}_1^1+q & \cdots & \boldsymbol{x}_1^1+q & \cdots & \boldsymbol{x}_1^1+q \\
\boldsymbol{x}_2^1 & \boldsymbol{x}_2^1+q & \boldsymbol{x}_1^1+p & \cdots & \boldsymbol{x}_2^1+q & \cdots & \boldsymbol{x}_2^1+q \\
 & & & & \vdots & & \\
\vdots & \vdots & \vdots & & \boldsymbol{x}_k^1+p & & \vdots \\
 & & & & \vdots & & \\
\boldsymbol{x}_n^1 & \boldsymbol{x}_n^1+q & \boldsymbol{x}_n^1+q & & \boldsymbol{x}_n^1+q & & \boldsymbol{x}_n^1+p
\end{array}
$$

（2）直角单纯形

$$
\begin{array}{ccccccc}
\boldsymbol{x}^1 & \boldsymbol{x}^2 & \boldsymbol{x}^3 & & \boldsymbol{x}^k & & \boldsymbol{x}^{n+1} \\
\boldsymbol{x}_1^1 & \boldsymbol{x}_1^1+h & \boldsymbol{x}_1^1 & \cdots & \boldsymbol{x}_1^1 & \cdots & \boldsymbol{x}_1^1 \\
\boldsymbol{x}_2^1 & \boldsymbol{x}_2^1 & \boldsymbol{x}_1^1+h & \cdots & \boldsymbol{x}_2^1 & \cdots & \boldsymbol{x}_2^1 \\
 & & & & \vdots & & \\
\vdots & \vdots & \vdots & & \boldsymbol{x}_k^1+h & & \vdots \\
 & & & & \vdots & & \\
\boldsymbol{x}_n^1 & \boldsymbol{x}_n^1 & \boldsymbol{x}_n^1 & & \boldsymbol{x}_n^1 & & \boldsymbol{x}_n^1+h
\end{array}
$$

（3）等比单纯形

$$
\begin{array}{ccccccc}
\boldsymbol{x}^1 & \boldsymbol{x}^2 & \boldsymbol{x}^3 & & \boldsymbol{x}^k & & \boldsymbol{x}^{n+1} \\
\boldsymbol{x}_1^1 & \delta\cdot\boldsymbol{x}_1^1 & \boldsymbol{x}_1^1 & \cdots & \boldsymbol{x}_1^1 & \cdots & \boldsymbol{x}_1^1 \\
\boldsymbol{x}_2^1 & \boldsymbol{x}_2^1 & \delta\cdot\boldsymbol{x}_1^1 & \cdots & \boldsymbol{x}_2^1 & \cdots & \boldsymbol{x}_2^1 \\
 & & & & \vdots & & \\
\vdots & \vdots & \vdots & & \delta\cdot\boldsymbol{x}_k^1 & & \vdots \\
 & & & & \vdots & & \\
\boldsymbol{x}_n^1 & \boldsymbol{x}_n^1 & \boldsymbol{x}_n^1 & & \boldsymbol{x}_n^1 & & \delta\cdot\boldsymbol{x}_n^1
\end{array}
$$

接下来，对单纯形的 $n+1$ 个点按目标函数值由小到大排序：$f(\boldsymbol{x}_0)\leqslant f(\boldsymbol{x}_1)\leqslant\cdots\leqslant f(\boldsymbol{x}_n)$。排除最差的点 $\boldsymbol{x}_n$，通过其他各点计算重心 $\boldsymbol{x}_c$：

$$\boldsymbol{x}_c=\sum_{i=0}^{n-1}\boldsymbol{x}_i$$

然后，利用反射系数 $\rho>0$ 对最差点 $\boldsymbol{x}_n$ 进行反射：

$$\boldsymbol{x}_r=\boldsymbol{x}_c+\rho(\boldsymbol{x}_c-\boldsymbol{x}_n)$$

其中的 ρ 一般取为 1。

如果 $f(\boldsymbol{x}_0)\leqslant f(\boldsymbol{x}_r)<f(\boldsymbol{x}_{n-1})$，即反射点与排除最差点的单纯形其他顶点相比，既不是最好，也不是最差，则利用反射点 $\boldsymbol{x}_r$ 替代 $\boldsymbol{x}_n$，构成新的单纯形。

如果 $f(\boldsymbol{x}_r)<f(\boldsymbol{x}_0)$，即反射点对应的目标函数值比单纯形所有顶点都小，反射方向是有利于函数值下降的方向，则继续尝试在该方向上进行扩张：

$$\boldsymbol{x}_e=\boldsymbol{x}_c+\alpha(\boldsymbol{x}_r-\boldsymbol{x}_c)$$

$\alpha>1$ 表示扩张系数，常取 $\alpha=2$，如果 $f(\boldsymbol{x}_e)<f(\boldsymbol{x}_r)$ 说明扩张成功，用 $\boldsymbol{x}_e$ 代替 $\boldsymbol{x}_n$，否则扩张失败，仍采用反射点 $\boldsymbol{x}_r$ 代替 $\boldsymbol{x}_n$。

如果 $f(\boldsymbol{x}_r)\geqslant f(\boldsymbol{x}_{n-1})$，则反射点仍然是单纯形各顶点（除 $\boldsymbol{x}_n$ 外）中最差的点，此时需要进行压缩操作，又可分为两种情况：

- 如果 $f(\boldsymbol{x}_n)>f(\boldsymbol{x}_r)\geqslant f(\boldsymbol{x}_{n-1})$，即反射点较原最差点仍有改善，则计算外压缩点：

$$\boldsymbol{x}_{ec}=\boldsymbol{x}_c+\beta(\boldsymbol{x}_r-\boldsymbol{x}_c)$$

其中，β 为压缩系数，$0<\beta<1$，可取 0.5。如果 $f(\boldsymbol{x}_{ec})\leqslant f(\boldsymbol{x}_r)$，则用 $\boldsymbol{x}_{ec}$ 代替 $\boldsymbol{x}_n$；否则压缩失败，仍执行反射点 $\boldsymbol{x}_r$ 代替最差点 $\boldsymbol{x}_n$ 的操作。

- 另一方面，如果 $f(\boldsymbol{x}_r)\geqslant f(\boldsymbol{x}_n)$，即反射点较原最差点更差，则

$$\boldsymbol{x}_{ic}=\boldsymbol{x}_c+\beta(\boldsymbol{x}_c-\boldsymbol{x}_r)$$

称为内压缩。如果 $f(\boldsymbol{x}_{ic})\leqslant f(\boldsymbol{x}_n)$ 则压缩成功，用 $\boldsymbol{x}_{ic}$ 代替 $\boldsymbol{x}_n$；否则压缩失败，需要构造新的单纯形：

$$\boldsymbol{x}_i=\boldsymbol{x}_0+\gamma(\boldsymbol{x}_i-\boldsymbol{x}_0)$$

其中 $i=1$，2，…，n。保留 $\boldsymbol{x}_0$，其余各点与 $\boldsymbol{x}_0$ 间距按照系数 $0<\gamma<1$（一般取 0.5）等比缩减，构造新的单纯形，称为收缩。在上述过程中若出现目标函数值相等的情况，则默认新点函数值大于已有点。可以看出，除收缩操作外，单纯形引入的新点均在通过最差点和重心的直线上取得，且考虑更新点对最差点的替代，单纯形各点在平均意义上均实现了解的改善。

观察上述过程可以发现，当采用内压缩操作更新时，单纯形将变得更扁平，且下一步更新仍有很大可能持续这种扁平化的趋势，即单纯形趋于退化（奇异），这对迭代收敛是不利的。事实上，1996 年 McKinnon 等人提出了如下形式的特殊函数：

$$f(\boldsymbol{x},\boldsymbol{y})=\boldsymbol{y}+\boldsymbol{y}^2+c\boldsymbol{x}^3\begin{cases}c=-1200,\boldsymbol{x}<0\\c=6,\boldsymbol{x}\geqslant 0\end{cases}\tag{3-49}$$

对于该目标函数采用 Nelder-Mead 法，当初始单纯形在特定位置取点时，由于算法的局限将收敛到并非其最优点的原点。尽管如此，Nelder-Mead 方法在处理实际问题时往往能取得令人满意的效果。

3.4.2 Powell 法

首先观察如图 3-5 所示的具有极小点的二元二次函数 $f(\boldsymbol{x})$，表达式如式（3-2）所示。该函数的等值线 $f(\boldsymbol{x})=c$ 是一组同心的椭圆，中心是函数的极小点 $\boldsymbol{x}^*$。由同心椭圆的性质可知，若从不同的两点 $\boldsymbol{x}^0$、$\boldsymbol{x}^1$ 出发，按照相同的搜索方向 $\boldsymbol{p}^0$（图中为 $\boldsymbol{x}_2$ 坐标轴方向）进行精确一维搜索，将与两同心椭圆等值线相切，设对应切点分别为 $\boldsymbol{x}^a$、$\boldsymbol{x}^b$，则将两点相连构成的方向 $\boldsymbol{p}^1$ 将直指椭圆中心，即最

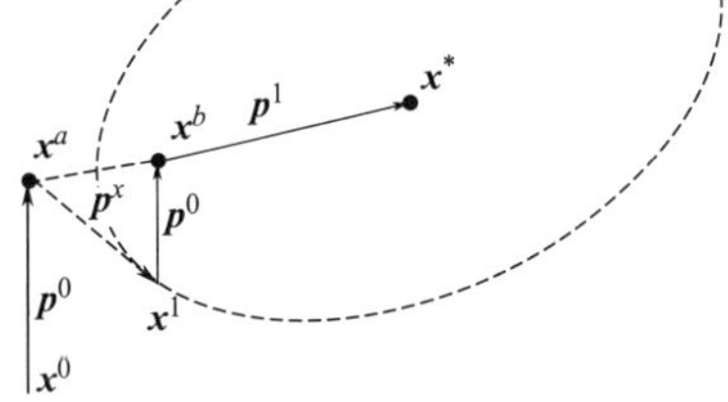

图 3-5　二元二次函数共轭方向构建

优点 $\boldsymbol{x}^*$。可以证明，$\boldsymbol{p}^0$ 和 $\boldsymbol{p}^1$ 满足 $\boldsymbol{Q}$ 共轭的条件，是一组共轭方向。考虑二维空间最多有两个线性无关的搜索方向，且 $\boldsymbol{x}^b$ 切点只与 $\boldsymbol{x}^1$ 横坐标有关，总可以找到一个搜索方向 $\boldsymbol{p}^x$，使得点 $\boldsymbol{x}^b$ 为由 $\boldsymbol{x}^a$ 出发，沿方向 $\boldsymbol{p}^x$ 和 $\boldsymbol{p}^0$ 顺次通过精确一维搜索求极小（$\boldsymbol{x}^a \to \boldsymbol{x}^1 \to \boldsymbol{x}^b$）的一轮迭代的终点。显然，搜索方向 $\boldsymbol{p}^1$ "好于" $\boldsymbol{p}^x$，其替代后者与 $\boldsymbol{p}^0$ 构成的满足共轭条件的搜索方向集有利于加速收敛。

将上述观察结论在 n 维空间、一般形式函数中推广，可得到以下计算步骤：

① 对于 n 维函数 $f(x)$，给定初始点 $\boldsymbol{x}^0$，收敛精度 ε，k=1，$\boldsymbol{x}^{k,0}=\boldsymbol{x}^0$。

② 令 $\boldsymbol{p}^{k,j}=e^j$（j=1，2，…，n），即取 n 个线性独立的单位向量作为第一轮的搜索方向。注意，此处取法仅为方便，原则上只要其满足线性独立条件均可。

③ 沿本轮各个搜索方向顺次进行精确一维搜索：

$$\min_{\alpha^j}\{f(\boldsymbol{x}^{k,j-1}+\alpha^j \boldsymbol{p}^{k,j})\}$$

相应可得到 n 个点为

$$\boldsymbol{x}^{k,j}=\boldsymbol{x}^{k,j-1}+\alpha^j \boldsymbol{p}^{k,j}$$

一般地，应有 $f(\boldsymbol{x}^{k,n})<f(\boldsymbol{x}^{k,0})$。

④ 通过 $\|\boldsymbol{x}^{k,n}-\boldsymbol{x}^{k,0}\| \leqslant \varepsilon$ 或其他类似判据检验是否收敛，若是则输出当前 $\boldsymbol{x}^{k,n}$ 为 $\boldsymbol{x}^*$、$f(\boldsymbol{x}^{k,n})$ 为 $f(\boldsymbol{x}^*)$，若否则继续。

⑤ 利用本轮初始点 $\boldsymbol{x}^{k,0}$、终点 $\boldsymbol{x}^{k,n}$ 构造新的搜索方向 $\boldsymbol{p}^{k,n+1}=\boldsymbol{x}^{k,n}-\boldsymbol{x}^{k,0}$，再进行一次一维精确搜索得到 $\boldsymbol{x}^{k,n+1}$。由于 n 维函数仅需要 n 个线性独立的向量作为搜索方向，且 $\boldsymbol{p}^{k,n+1}$ 与已有搜索方向共轭，令其替换原有搜索方向集中目标函数下降最小的方向 $\boldsymbol{p}^{k,m}$，从而构成下一轮迭代的搜索方向集。

⑥ 令 $\boldsymbol{x}^{k+1,0}=\boldsymbol{x}^{k,n+1}$，$k=k+1$，返回第③步继续计算。

通过步骤⑤引入的搜索方向 $\boldsymbol{p}^{k,n+1}$ 与已有方向共轭，对收敛具有加速作用，因此称为方向加速法。但另一方面，我们回顾 3.2.2 节共轭方向法的相关理论，要确保迭代收敛还应满足搜索方向之间线性独立的条件，仅凭上述步骤是无法实现的。因此 Powell 对基本算法进行了改进，提出了如下判据：

$$f(\boldsymbol{x}^{k,r})=f(2\boldsymbol{x}^{k,n}-\boldsymbol{x}^{k,1}) \geqslant f(\boldsymbol{x}^{k,1})$$

$$[f(\boldsymbol{x}^{k,r})+f(\boldsymbol{x}^{k,1})-2f(\boldsymbol{x}^{k,n})][f(\boldsymbol{x}^{k,1})-f(\boldsymbol{x}^{k,r})-\Delta^k]^2 \geqslant \frac{1}{2}\Delta^k[f(\boldsymbol{x}^{k,1})-f(\boldsymbol{x}^{k,r})]^2$$

其中，$\boldsymbol{x}^{k,r}$ 是 $\boldsymbol{x}^{k,1}$ 关于 $\boldsymbol{x}^{k,n}$ 的反射点，即沿着 $\boldsymbol{p}^{k,n+1}$ 方向、步长为 1 搜索得到的点。Δ^k 为本轮迭代中各个方向一维搜索中出现的最大函数差值 $\|f(\boldsymbol{x}^{k,j})-f(\boldsymbol{x}^{k,j-1})\|$，需要在上述第③步中进行计算、比较。上述两条判据中任意一条成立，则新搜索方向不是下降方向，或与原搜索方向线性相关，可能导致搜索退化，因此均沿用原搜索方向集而不作更新；若均不成立，则沿 $\boldsymbol{p}^{k,n+1}$ 方向再进行一次精确一维搜索获得 $\boldsymbol{x}^{k,n+1}$，以其作为下一轮迭代的起点，并通过 $\boldsymbol{p}^{k,n+1}$ 替代原搜索方向集中对应于 Δ^k 的搜索方向，构成更新的搜索方向集。Powell 算法的主要优点是不需要 Hesse 矩阵，另外通过使用基于线搜索的一维算法，梯度也不需要。

例 3-6 用 Powell 法求：

$$\min\ f(x)=x_1^2+x_2^2-3x_1-2x_1x_2$$

给定初始值 $\boldsymbol{x}^0=[0,\ 0]^{\mathrm{T}}$，允许误差 $\varepsilon=0.1$，初始搜索方向集 $\boldsymbol{p}_0=[0,\ 1]^{\mathrm{T}}$，$\boldsymbol{p}_1=[1,\ 0]^{\mathrm{T}}$。

解：

① 第一次迭代

令 $\boldsymbol{y}_0=\boldsymbol{x}^0=[0,\ 0]^{\mathrm{T}}$，从点 $\boldsymbol{y}_0$ 出发沿 $\boldsymbol{p}_0$ 进行一维搜索，易得

$$\lambda_0=0,\quad \boldsymbol{y}_1=\boldsymbol{y}_0+\lambda_0\boldsymbol{p}_0=[0,\ 0]^{\mathrm{T}}$$

接着从 y_1 出发沿 p_1 进行一维搜索，得

$$\alpha_1=\frac{3}{2},\quad \boldsymbol{y}_2=\boldsymbol{y}_1+\lambda_1\boldsymbol{p}_1=\left[\frac{3}{2},\ 0\right]^{\mathrm{T}}$$

再从点 y_2 出发沿加速方向 $\boldsymbol{d}_2=y_2-y_0=\left(\frac{3}{2},\ 0\right)^{\mathrm{T}}$ 进行一维搜索，得

$$\lambda_2=0,\quad \boldsymbol{x}^1=\boldsymbol{y}_2+\lambda_2\boldsymbol{d}_2=\left[\frac{3}{2},\ 0\right]^{\mathrm{T}}$$

因为 $\|\boldsymbol{d}_2\|=\frac{3}{2}>\varepsilon$，所以要确定调整方向。由于 $f(\boldsymbol{y}_0)=0$，$f(\boldsymbol{y}_1)=0$，$f(\boldsymbol{y}_2)=-\frac{9}{4}$，由公式得 $f(\boldsymbol{y}_1)-f(\boldsymbol{y}_2)=\max\{f(\boldsymbol{y}_j)-f(\boldsymbol{y}_{j+1})\big|j=0,\ 1\}$

因此变化最大的方向 $\boldsymbol{p}_m$ 为 $\boldsymbol{p}_1$，并且

$$f(\boldsymbol{y}_m)-f(\boldsymbol{y}_{m+1})=f(\boldsymbol{y}_1)-f(\boldsymbol{y}_2)=\frac{9}{4}$$

又因 $f(2\boldsymbol{y}_2-\boldsymbol{y}_0)=0$，于是，不调整搜索方向组，并令 $\boldsymbol{x}^1=\boldsymbol{y}_2=\left[\frac{3}{2},\ 0\right]^{\mathrm{T}}$。

② 第二次迭代

取 $\boldsymbol{y}_0=\boldsymbol{x}^1=\left[\frac{3}{2},\ 0\right]^{\mathrm{T}}$，从点 $\boldsymbol{y}_0$ 出发沿 $\boldsymbol{p}_0$ 进行一维搜索，得

$$\lambda_0=\frac{3}{4},\quad \boldsymbol{y}_1=\boldsymbol{y}_0+\lambda_0\boldsymbol{p}_0=\left[\frac{3}{2},\ \frac{3}{4}\right]^{\mathrm{T}}$$

接着从点 $\boldsymbol{y}_1$ 出发沿 $\boldsymbol{p}_1$ 进行一维搜索，得

$$\lambda_1=\frac{3}{8},\quad \boldsymbol{y}_2=\boldsymbol{y}_1+\lambda_1\boldsymbol{p}_1=\left[\frac{15}{8},\ \frac{3}{4}\right]^{\mathrm{T}}$$

由此有加速方向：

$$\boldsymbol{d}_2=\boldsymbol{y}_2-\boldsymbol{y}_0=\left(\frac{3}{8},\ \frac{3}{4}\right)^{\mathrm{T}}$$

因为 $\|\boldsymbol{d}_2\|=\frac{3\sqrt{5}}{8}>\varepsilon$，所以要确定调整方向。因 $f(\boldsymbol{y}_0)=-\frac{9}{4}$，$f(\boldsymbol{y}_1)=-\frac{45}{16}$，$f(\boldsymbol{y}_2)=-\frac{189}{64}$，易知 $m=0$，并且 $f(\boldsymbol{y}_m)-f(\boldsymbol{y}_{m+1})=f(\boldsymbol{y}_0)-f(\boldsymbol{y}_1)=\frac{9}{16}$。

由于 $f(2\boldsymbol{y}_2-\boldsymbol{y}_0)=-\dfrac{45}{16}$，因此 Powell 判据成立。于是，从点 $\boldsymbol{y}_2$ 出发沿 $\boldsymbol{d}_2$ 进行一维搜索，得

$$\lambda_2=\frac{1}{3}，\quad \boldsymbol{x}^2=\boldsymbol{y}_2+\lambda_2\boldsymbol{d}_2=[2，1]^{\mathrm{T}}$$

同时，以 $\boldsymbol{d}_2$ 替换 $\boldsymbol{p}_0$，即下一次迭代的搜索方向组取为：

$$\boldsymbol{p}_0=(1，0)^{\mathrm{T}}，\ \boldsymbol{p}_1=\left(\frac{3}{8}，\frac{3}{4}\right)^{\mathrm{T}}$$

③ 第三次迭代

取 $\boldsymbol{y}_0=\boldsymbol{x}^2=[2，1]^{\mathrm{T}}$，类似地可求得

$$\boldsymbol{y}_1=[2，1]^{\mathrm{T}}，\ \boldsymbol{y}_2=[2，1]^{\mathrm{T}}$$

$$\boldsymbol{d}_2=\boldsymbol{y}_2-\boldsymbol{y}_0=[0，0]^{\mathrm{T}}$$

因为 $\|\boldsymbol{d}_2\|=0<\varepsilon$，所以迭代终止，得问题的最优解为 $\boldsymbol{x}^3=\boldsymbol{y}_2=[2，1]^{\mathrm{T}}$。

3.4.3 遗传算法

遗传算法（genetic algorithm，GA）的思想来自于自然选择的生物进化，是一种模仿生物进化过程的随机方法。遗传算法是从问题的可能解集开始，称为一个“种群”，而“种群”则由一定数目的“个体”即单个解组成，每个“个体”实际上是带有“染色体”特征的实体，“染色体”作为遗传物质的主要载体，即多个“基因”的集合，决定了“个体”的表现，或者说对于环境的适应程度。初代种群产生之后，按照适者生存和优胜劣汰的原理，逐代演化产生出越来越好的解。

GA 具有操作简单、原理易懂的特点，是一些其他优化算法的理论基石，为其提供了基本框架。GA 的算法流程大致如下：

① 初始化。令进化代数 g=0，设置最大进化代数为 G，随机生成 NP 个个体作为初始群体 $P(0)$。

② 个体评价。计算本代群体 $P(t)$中各个个体的适应度。

③ 选择运算。根据个体的适应度，按照一定规则选择本代群体的部分优良个体遗传到下一代群体。

④ 交叉运算。对选中的成对个体，以某一概率交换它们之间的部分染色体，产生新的个体。

⑤ 变异运算。对选中的个体，以某一概率改变某一个或某一些基因值。群体经过选择、交叉和变异运算之后得到下一代群体 $P(t+1)$，准备进行下一次遗传操作。

⑥ 终止条件判断：若 $g\leqslant G$，则 $g=g+1$，转到步骤②继续迭代；若 $g>G$，则此进化过程中所得到的具有最大适应度的个体作为最优解输出，终止计算。

GA 的遗传机制和独特的并行搜索策略，使其极适用于复杂非线性系统的优化计算。应用 GA 解决优化问题，关键的环节包括编码、选择、交叉、变异及适应度函数设计等，下面分别进行介绍。

3.4.3.1 编码

在问题求解之前，需要先将问题的可行解表示或转换成不同基因构成的染色体，这个过程就是编码。种群中的个体实质上是负载基因信息的染色体，不同的基因编码代表了相异的个体。最常见的编码方式有两种，即二进制编码和实数编码。

（1）二进制编码

二进制编码就是用二进制字符串表示种群个体对应的染色体，其中字符串长度与变量的定义域和优化要求的计算精度有关。假定变量的取值范围为$[a, b]$，要求的计算精度为ε，则二进制编码长度N应为满足$(b-a)/2^N<\varepsilon$的最小整数。二进制编码具有如下优点：

① 自然且易于实现。二进制编码方法模拟染色体的组合方式，便于结合GA的原理进行描述，并且这种进化操作较易实现。

② 能处理的模式数最多。所谓的模式，即能够解释不同个体之间相似性的模型。由于这种模型中的“位”既可以为1，也可以为0，所以这种方式下GA能处理的模式数最多。

虽然二进制编码有诸多优点，但是它也存在某些缺点，比如：

① 存在汉明悬崖。对于要表示的某些数，其二进制数编码的汉明距离可能就会很大。例如，实数1和14的二进制编码分别为0001和1110，如果算法从0001改进到1110，显然所有位都要作出改变，此时算法的效率明显降低。

② 不能调整基因位长度。二进制编码需要根据目标解的精度来确定基因位长度，而在实际的遗传操作过程中，基因位过长会降低算法效率，基因位过短会降低最优解的精度，即基因位长与精度的要求是相互矛盾的。

（2）实数编码

实数编码，也可称为十进制浮点数编码，就是用实数（或浮点数）来表示与种群中的个体对应的染色体，其编码的长度就是对应问题中所有变量和约束数目之和。由于实数编码使用变量的真实值，其目标搜索空间较大，适用于目标维度较高或者精度要求较高的连续非线性优化问题，可以扩大搜索空间，使算法简易化，提升效率。

3.4.3.2 选择

选择是从当前群体中挑选出适应度较大的个体构成新子代种群的过程。常用的方法主要有：轮盘赌法、繁殖池法和锦标赛法等。

（1）轮盘赌法

轮盘赌法通过轮盘赌的概率选取方式，保证每次都能挑选出适应度较大的个体，它是一种回放式的随机选择方法。种群中某一个体遗传至下一代的概率等于其适应度与全部个体的适应度之和的比。这种方法本质还是随机操作，因此误差较大。

（2）繁殖池法

繁殖池法是比例选择中常用的一种方法，其原理是：首先统计种群中每个个体的繁殖数N，再将各个个体以倍数$N-1$复制合并为一个新的种群，这个新的种群就是一个繁殖池；再从中以随机方式选择成对的个体执行交叉操作，以生成的新一代个体代替之前的个体。种群中第i个个体的繁殖数N_i可表示为$N_i=round(rel_i \cdot N)$。其中，$round(x)$表示与x距离最近的整数；N表示种群规模；rel_i表示种群中第i个个体的相对适应度，其计算方法为

$$rel_i = \frac{f(x_i)}{\sum_{j=1}^{N} f(x_j)} \tag{3-50}$$

式中，$f(x_i)$是种群中第 i 个个体的适应度。可以看出，个体的适应度越高，它在繁殖池中被选中的概率也就相应越大。

（3）锦标赛法

锦标赛法从全体种群中随机选择 k（通常取 2）个个体，按照锦标赛规则进行适应度大小的比较，适应度较大的个体将会胜出进入下一代。重复以上过程，直到生成的下一代种群个体的数目与种群规模一致。该方法的实质是在遗传选择过程中引入局部竞争，不仅使较优个体获得更大的生存几率，还可以限制某些适应度太大的个体繁殖过剩。

3.4.3.3 交叉

交叉是指在进化计算时对父代染色体基因进行部分重组，生成性能更加优良的新一代的过程。基于二进制或实数编码的交叉方法原理大致相近，常用的交叉方法主要有：单点交叉、两点交叉、多点交叉和均匀交叉。

（1）单点交叉

先在两条父代染色体的基因中随机选中一个交叉点，然后分别互换这两个交叉点之前或后面部分的基因。表 3-1 所示为单点交叉。

表 3-1　交叉点在第五个基因位的单点交叉

2	3	2	4	1	1	3	2	4	3	2	1	父代 1
2	1	1	4	4	3	2	3	2	1	4	2	父代 2
2	3	2	4	4	3	2	3	2	1	4	2	子代 1
2	1	1	4	1	1	3	2	4	3	2	1	子代 2

（2）两点交叉

先在两条父代染色体基因中随机设定两个交叉点，然后再按规则将这两个交叉点之间的部分基因进行交换。表 3-2 所示为两点交叉。

表 3-2　交叉点在第五个和第九个基因位的两点交叉

2	3	2	4	1	1	3	2	4	3	2	1	父代 1
2	1	1	4	4	3	2	3	2	1	4	2	父代 2
2	3	2	4	4	3	2	3	4	3	2	1	子代 1
2	1	1	4	1	1	3	2	2	1	4	2	子代 2

（3）多点交叉

先在两条父代染色体基因中随机选择多个交叉点，然后再按这些选定的基因交叉点分段地进行基因交换。

（4）均匀交叉

两条父代染色体各点以一定概率 p（通常取 0.5）进行交叉操作。

3.4.3.4 变异

变异是指进化过程中个体的部分染色体基因发生突变的现象。通过个体的变异，种群的多样性得以提高，其实施方式因个体编码方式而异。

（1）二进制变异

方法是先在染色体中随机选择一个基因变异位，然后将该基因值由“0”变为“1”，或由“1”变为“0”，从而产生一个新个体。

（2）实值变异

方法是在随机选择基因变异位后，用另一个随机实数替换原基因位的值，产生一条新的染色体。实值变异主要有以下几种：

① 均匀变异，指在个体的某一个分量区间，将某一范围内均匀分布的随机数，以某一较小的概率来替换原来的基因。

② 非均匀变异，其搜索步长在进化的不同时期根据需要进行自主调整。比如，前期它能在整个规定的空间搜索；后期由于算法进程的推进，搜索空间会逐步变小。这种变异方式提高了搜索效率，能够在最优空间范围内精确地找到局部最优解。

③ 高斯变异，主要用以改进算法在重点搜索区域的搜索性能。这种方式用均值与方差符合正态分布的随机数取代初始基因值，搜索范围是对象个体附近的某一空间。

④ 柯西变异，由于柯西分布的密度函数类似于高斯分布，故其变异过程也接近于高斯变异。只是柯西分布更容易产生离原始个体较远的点，从而能够使算法摆脱陷入局部最优的困扰，其数学表达式为

$$v_k' = v_k + C(0,\sigma) \tag{3-51}$$

式中，$C(0,\sigma)$表示以 0 为中心，尺度参数为 σ 的随机数。

⑤ 多项式变异，是一种解决多目标优化问题时应用最为广泛的变异算子，其数学表达式为：

$$v_k' = v_k + \delta\times(u_k - l_k) \tag{3-52}$$

$$\delta = \begin{cases} 2u + (1-2u)(1-\delta_1)^{\frac{1}{\eta_m+1}}, & u \leqslant 0.5 \\ 1-\left[2(1-u) + 2(u-0.5)(1-\delta_2)^{\eta_m+1}\right]^{\frac{1}{\eta_m+1}}, & u > 0.5 \end{cases} \tag{3-53}$$

式中，$\delta_1=(v_k-l_k)/(u_k-l_k)$；$\delta_2=(u_k-v_k)/(u_k-l_k)$；$u$ 是[0,1]区间内的随机数；η_m 是由决策者选取的分布指数。

3.4.3.5 适应度函数

适应度函数主要用以评估个体对种群适应性的大小。通常情况下，若某个体的适应度函数值越大，那么相应地，它保留至下一代的概率越高。传统 GA 的适应度函数可分为两类：原始适应度函数和标准适应度函数。

（1）原始适应度函数

该方法直接将待求解问题的目标函数 $f(x)$作为 GA 的适应度评价函数。例如，在解决极大值问题 $\max\{f(x)\}$，$x\in[a,b]$时，$f(x)$就是 x 的原始适应度函数。在 GA 中采用原始适应度函数作为评价函数，优点是能够很直观地反映出所求问题的本质目标；缺点是可能会出现适应值为负数的问题。例如，在求解极小值问题 $\min\{f(x)\}$，$x\in[a,b]$时，目标函数 $f(x)$的值就为负数。

（2）标准适应度函数

GA 中通常要求适应度函数值为非负，值越大说明生存能力越强。换言之，如遇到极小

值寻优，则需将目标函数变成标准度量函数 $f_{\text{normal}}(x)$，以满足遗传操作的需求。在多数场合下，需将目标函数表达式转换成求极大值的形式，进行求解和优化计算。

另外，当采用遗传算法处理后文介绍的多目标优化问题时，由于其复杂性、非线性，上述两种适应度函数的构造方法就显得力不能及，学者们经过大量研究提出了构建评价模型替代传统适应度函数的方法，其作用和价值也在实际应用中得到了实现和验证。

① 关键参数说明。

a. 群体规模 *NP*。群体规模将影响遗传算法优化的执行效率以及最终结果。当群体规模 *NP* 太小时，遗传算法性能一般不会太好。采用较大的群体规模可以减小遗传算法陷入局部最优解的概率，但也意味着计算复杂度高。一般 *NP* 取 10～200。

b. 交叉概率（Crossover rate）P_c。交叉概率 P_c 控制着交叉操作使用的频度。较大的交叉概率可以增强遗传算法开辟新搜索区域的能力，但高性能的模式遭到破坏的可能性增大；若交叉概率太低，遗传算法搜索可能陷入迟钝状态。其一般取 0.4～1.0。

c. 变异概率（Mutation rate）P_m。变异在遗传算法中属于辅助性的搜索操作，它的主要目的是保持群体的多样性。一般低频度的变异可防止群体中重要基因的丢失，高频度变异则将使遗传算法趋于随机搜索。其通常取 0.001～0.1。

d. 遗传运算的终止进化代数 *G*。终止进化代数 *G* 是表示遗传算法运行结束条件的一个参数，它表示遗传算法运行到指定的进化代数之后就停止运行，并将当前群体中的最佳个体作为所求问题的最优解输出。*G* 取值可在 100～1000 之间，一般视具体问题而定。

② 遗传算法的 Matlab 实现。

遗传算法的主函数为 ga，该函数功能为利用遗传算法求函数的极小点。调用方法为：

[x,fval,exitflag,output,population,scores]=ga(fun,nvars,A,b,Aeq,beq,lb,ub,nonlcon,options)

a. 遗传算法工具箱中 ga 的输入参数分别代表的意义为：

fun—计算适应度函数的 M 文件的函数句柄；

nvars—适应度函数中的变量个数；

A, b—优化须满足“Ax≤b”的线性不等式约束；

Aeq, beq—优化须满足“Aeq×x=beq”的线性等式约束；

lb, ub—变量值的下限与上限；

nonlcon—优化须满足的非线性约束；

options—优化参数设置。

显然，对于无约束最优化问题，A、b、Aeq、beq、lb、ub、nonlcon 均缺省设置为空。

b. 输出参数主要有 x、fval、exitflag、output、population 和 scores，分别代表的意义为：

x—返回的最终点；

fval—适应度函数在 x 点的值；

exitflag—优化终止时的状态指示结构变量，说明优化停止的原因；

output—每一代的性能；

population—最后种群；

scores—最后评价得分值。

若想利用设定的优化参数对最优化问题进行求解，则添加 options 选项，这些具体参数值可以通过 gaoptimset 设定。设置参数和调用遗传算法的程序的主体部分如下：

```
options = gaoptimset;     %设置需要更改的参数结构体，不更改就采用缺省值
options = gaoptimset(options,'PopInitRange',[-5.12 ;5.12 ]);   %设置初始范围
```

```
options = gaoptimset(options,'PopulationSize',150);     %设置种群大小为150
options = gaoptimset(options,'CrossoverFraction',0.9);   %设置交叉概率为0.9
options = gaoptimset(options,'Generations',1000);     %最大遗传代数设置为1000
options = gaoptimset(options, 'CrossoverFcn',{@crossoverheuristic,ratio); %交叉方式设置为线性重组
options = gaoptimset(options, 'MutationFcn',{@mutationuniform,0.02}); %变异方式设置为均匀变异
```

例 3-7 利用遗传算法求解如下非线性规划问题:

问题（1）

$$\begin{cases} \min f(x) = 0.5x_1^2 + x_2^2 - x_1x_2 - 2x_1 - 6x_2 \\ x_1 + x_2 \leqslant 2 \\ -x_1 + 2x_2 \leqslant 2 \\ 2x_1 + x_2 \leqslant 3 \\ x_{1,2} \geqslant 0 \end{cases}$$

问题（2）

$$\begin{cases} \min f(x) = (x_1-2)^2 + (x_2-1)^2 + (x_3-7)^2 + (x_4-9)^2 \\ x_1 - 2x_2 + x_3 - x_4 + 1 \geqslant 0 \\ 2x_1 + x_2 - 2x_3 + x_4 + 5 \geqslant 0 \\ \dfrac{x_1^2}{4} - x_2^2 + x_3 - x_4^2 + 1 \geqslant 0 \\ x_1^2 + x_2 - x_3 + x_4 = 99 \\ -100 \leqslant x_1, x_2 \leqslant 100 \\ 0 \leqslant x_3, x_4 \leqslant 10 \end{cases}$$

解：问题（1）采用 Matlab 程序解决的步骤如下：

```
fun=@(x) 0.5*x(1).^2 + x(2).^2 -x(1)*x(2)-2*x(1) - 6.0*x(2);  %定义函数
A=[1 1;-1 2;2 1];   %不等式约束系数矩阵
b=[2;2;3];
lb=zeros(2,1)   %自变量下限
ub=[inf;inf]   %自变量上限
Aeq=[];   %等式约束
Beq=[];
[x,fval,exitflag]=ga(fun,2,A,b,[],[],lb,ub)
```

输出结果：

```
x = 0.6670   1.3340
fval = -8.2258
exitflag = 1
```

问题（2）类似的处理如下：

```
fun=@(x) (x(1)-2).^2+(x(2)-1).^2+(x(3)-7).^2+(x(4)-9).^2;   %建立目标函数
```

```
%化为标准形式，建立线性不等式约束
A=[-1 2 -1 1;-2 -1 2 -1];
b=[1;5];
%无线性等式约束，故为[]
Aeq=[];
beq=[];
%设置上下限
lb=[-100 -100 0 0];
ub=[100 100 10 10];

%非线性约束，新建 M-函数文件 demo_01，建立非线性约束
function [c,ceq] = demo_01(x)
c =-x(1).^2/4+x(2).^2-x(3)+x(4).^2-1;
ceq = x(1).^2+x(2) - x(3)+x(4)-99;
end
%用函数句读取该函数文件
nonlcon=@demo_01;
[x,fval,exitflag]=ga(fun,4,A,b,Aeq,beq,lb,ub,nonlcon)
```

输出结果：

```
x =
    9.9812    0.7713    7.0857    5.6912
fval =74.7067
exitflag =1
```

由于遗传算法随机性的特点，采用同样的参数设置也有可能求出相异的结果，因此遗传算法主要用来估计极值点的大致位置。

同样的，遗传算法（GA）还可以通过 Matlab 工具箱来进行调用，Matlab 遗传算法工具箱(GAOT)实现遗传算法的步骤和其他编程语言实现遗传算法的流程一样，也需解决编码方式、初始群体的建立、选择算子、交叉算子、变异算子、评价函数及终止标准等问题。其具体过程如下所示：

首先在 Matlab 的 App 选项中找到 Optimization 工具箱，在 Solver 中选择 ga-Genetic Algorithm，在编辑界面编写适应度函数，一般是目标函数，保存为 m 函数文件；之后在工具箱界面输入相关参数，在 Fitness function（适应度函数）处输入@目标函数名，Number of Variables 是指待求变量的个数；接下来就是输入约束条件，包括等式约束、不等式约束相关参数；然后点击 Start 即可求出结果。

例 3-8 600MW 燃煤发电机组运行数据显示，当锅炉排烟温度升高 5℃，锅炉效率将下降 0.27%～0.28%，机组供电煤耗将上升 0.2g/kWh。按照机组年运行 5500h，每年多消耗标准煤量达 660t，不仅造成了煤炭资源的浪费，增加了 CO_2、NO_x 等排放，而且加剧尾部受热面磨损、降低其寿命，给锅炉安全运行带来隐患。目前，加装低压省煤器是有效回收锅炉排烟余热、降低锅炉排烟温度的措施之一。试采用遗传算法求解获得省煤器布置的最佳方案。

根据等效焓降基本原理，利用最优化方法分析 600MW 燃煤锅炉低压省煤器系统设计的约束条件、决策变量，并依据资金动态指标——社会纯收入的净现值 N_P 构造目标函数，建立 600MW 煤粉锅炉低压省煤器设计数学模型。图 3-6 所示为该省煤器的系统布置，分别从 6、7 号低压加热器出口部分引凝结水混合后进入低压省煤器，吸热升温后从 5 号低压加热器出口引入汽轮机回热系统中。

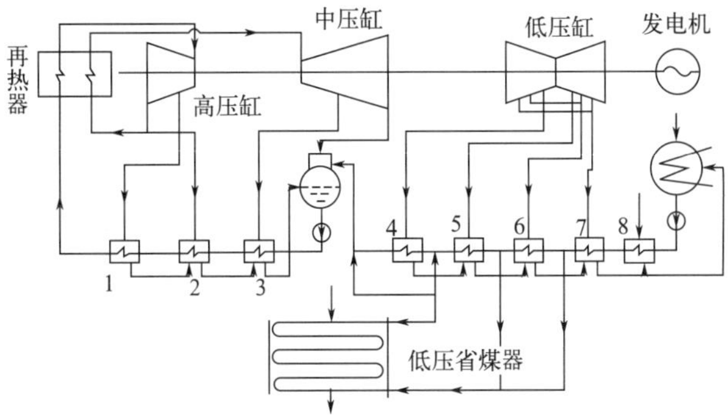

图 3-6　低压省煤器系统布置

① 决策变量的确定。对于 600MW 燃煤锅炉低压省煤器系统，主要是由低压省煤器和汽轮机主凝结水两部分组成。低压省煤器换热元件采用零缝阻钎焊渗层螺旋肋片管，通过分析低压省煤器部分结构、热工状态参数，凝结水部分结构、热工、位置状态参数，最终得出系统优化设计的决策变量为

$$X = X\{d, \delta, \delta_f, h_f, s_f, s_1, s_2, t_{py}, \beta_d\}$$

式中，d 为螺旋肋片管外径，mm；δ 为蛇形管壁厚，mm；δ_f 为螺旋肋片管厚度，mm；h_f 为螺旋肋片管高度，mm；s_f 为螺旋肋片间距，mm；s_1 为螺旋肋片管横向节距，mm；s_2 为螺旋肋片管纵向节距，mm；t_{py} 为排烟温度，℃；β_d 为分水流量系数，%。

在这 9 个独立变量中，d、δ 为离散变量，其他为连续变量。螺旋肋片管外径 d 及蛇形管壁厚度 δ 是影响螺旋肋片管磨损的重要影响因素，选定 d、δ 分别为 38mm、4mm，不参加优化过程。求解相关目标函数和约束条件下的 X，即可在多种方案中获得最优方案，即低压省煤器最佳结构。

② 目标函数的确定。将动态指标——纯收入的净现值 N_p 作为目标函数，有

$$N_p = (T_H - T_c)(1+x)^{-1} + \sum T_H (1+x)^{-n}$$

$$T_H = C_b \Delta B - E_y$$

式中，T_H 为运行年收入，万元；T_c 为优化改造项目投资，万元；x 为低压省煤器改造效益系数，根据规定取 x=0.12；n 为运行年限，取 10 年；C_b 为标准煤单价，万元/t，取为 0.08 万元/t；ΔB 为优化改造后运行年节省标煤量，t/年；E_y 为改造后引风机、凝结水泵运行成本增加值，万元/年。

a. 节省标煤量 ΔB：

$$\Delta B = \frac{q \times \Delta H \times d}{29270 \times \eta_g (3600 + \Delta H \times d)} \times P \times n \times 0.01$$

式中，q 为机组热耗率，kJ/kWh；ΔH 为新蒸汽增加导致的等效焓降，kJ/kg；d 为机组汽耗率，kJ/kWh；η_g 为管道效率，%；P 为机组额定负荷，kW；n 为机组额定功率年工作时间，小时，取 5500。

b. 凝结水泵运行成本增加值 E_y：

$$E_y = V_y \Delta p_y \omega C_h / (1000\eta_p)$$

式中，V_y 为烟气体积流量，m^3/s；Δp_y 为低压省煤器烟气侧流动阻力，Pa；ω 为引风机年运行时间，小时；C_h 为发电厂规定上网电价，取 0.0003 万元/kWh；η_p 为引风机效率，取 82%。

c. 低压省煤器加装投资费用 T_c：

$$T_c = C_r N_0 + [r_P(1-r_P) + r_k C_k]G_0$$

式中，C_r 为单位发电机组容量的固定费用系数，万元/kW；N_0 为机组额定负荷，kW；r_P 为低压省煤器系统非承压部分的单价，万元/t；r_k 为低压省煤器系统承压部分的单价，万元/t；C_k 为承压部件质量系数；G_0 为低压省煤器本体质量，t。

③ 约束条件的确定。

a. 烟气流速 W_y 约束：依据某电厂锅炉实际磨损及堵灰状况分析，得出烟气流速上限值为 12.5m/s，下限值为 5.6m/s。

b. 投资改造成本约束：此次改造费用包括固定费用和低压省煤器本体费用组成，除去固定费用，低压省煤器本体改造费用上限 450 万元，该约束条件主要是通过限制低压省煤器螺旋肋片管改造质量，继而限制锅炉排烟温度的改变量。

$$r_p G_0 \leqslant 450$$

式中，r_p 螺旋肋片管单位受热面的工程价格，0.786 万元/t；G_0 为低压省煤器螺旋肋片管质量，t。

c. 肋片厚度约束 δ_f：受到高温钎焊、镍铬渗层等制造工艺的限制，下限厚度为 1.2mm。

d. 低压省煤器凝结水流量约束 β_d：为保证低压加热器传热安全可靠、流动稳定，因此必须对流经低压省煤器系统凝结水流量进行限制，取值[0, 0.6]。

④ 低压省煤器数学模型求解。600MW 低压省煤器数学模型为不等式约束非线性的混合规划问题，根据所需优化目标函数及相关约束，可利用基于遗传算法 Matlab 优化工具箱来进行编程寻优求解。

遗传算法相关参数设定如下：种群大小设定为 180，变异率设定为 0.2，交叉率设定为 0.85，最大代数设定为 100，其他参数均使用系统默认值。经过迭代，600MW 燃煤锅炉低压省煤器优化计算目标函数值及决策变量优化运行结果为：

$$X = \{d, \delta, \delta_f, h_f, s_f, s_1, s_2, t_{py}, \beta_d\} = \{38, 4, 1.6, 28, 1.2, 118, 69, 130.4, 0.323\}$$

目标函数值最大为 3343.01。图 3-7 为迭代寻优结果图，表 3-3 为设计后相关参数与未优化设计前的各项参数对比情况。

表 3-3　优化设计结果与未优化前设计值对比

项目	未优化前	优化结果
螺旋肋片管直径 d/mm	38	38
螺旋肋片管壁厚度 δ/mm	4	4
肋片规格($\delta_f/h_f/s_f$)/mm	1.8/26/0.9	1.6/28/1.2

续表

项目	未优化前	优化结果
横向节距 s_1/mm	110	118
纵向节距 s_2/mm	75	69
分水流量系数 β_d/%	0.291	0.323
全年节省标煤量 ΔB/t	6435	7623
低压省煤器总投资 T_c/万元	804.49	781.53
回收投资年限/年	2.07	1.65
10 年社会纯收入净现值 N_p/万元	2788.53	3343.01

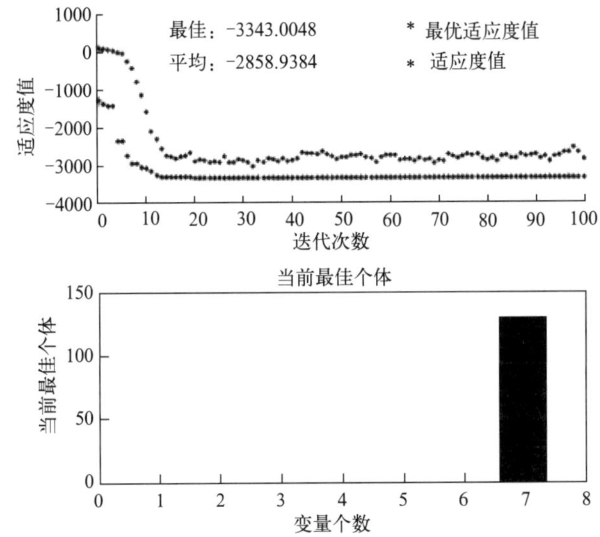

图 3-7　优化寻优结果图

经过优化后，每年多节约标煤量达 1188t，总投资降低 22.96 万元，运行 10 年社会纯收入净现值增加 554.48 万元，回收年限降低 0.42 年，达到了节能增加经济收益的目的。

3.5　本章小结

无约束最优化问题的解法按照求解思路，即先获得搜索方向还是先确定步长（或者说搜索范围），可以分为线搜索方法和信赖域方法。本章重点介绍先确定方向，再在此基础上选择步长进行寻优的前者，步长则通过第 2 章介绍的一维搜索方法获得，因此问题就转化为如何产生有利于优化解快速、稳定收敛的搜索方向。

根据构造搜索方向所需要的目标函数信息，可将其分为基于一阶导数的方法、基于二阶导数的方法和无导数方法。基于一阶导数（对于多元函数即梯度）的方法如最速下降法和共轭梯度法，前者以函数的负梯度为搜索方向，利用精确一维搜索计算步长，理论上单步函数值下降幅度最大，但可能出现锯齿状收敛等问题减缓收敛；相比之下，受二次函数有限步收敛启发，利用当前梯度构造共轭搜索方向的共轭梯度法，往往更为高效和实用。基于二阶导数（对于多元函数即 Hesse 矩阵）的方法以 Newton 法为基础，其一维特例在第 2 章中已有介绍，而将一维搜索 Newton 法近似的割线法原理推广到多元函数，即拟牛顿法或称变尺度法，其中，BFGS 方法应用非常广泛。Newton 法具有快速收敛的优点，但需要保证 Hesse 矩阵正定，另外，迭代中更新该矩阵和求解搜索方向的计算负担较大，为此研究者提出多种修正和变形的算法，例如针对最小二乘拟合问题平方和函数提出的 Gauss-Newton 法，以及 Levenberg-Marquart 法。上述算法中，一阶导数、二阶导数除根据其显式表达式计算，也可以通过数值微分的途径近似，在各类优化软件中也都有采用。另一方面，无导数方法仅通过函数值比较得出搜索方向，因此对于不同类型和复杂度的优化问题有着更宽泛的适用性，本章介绍了 Nelder-Mead 法、Powell 法和元启发算法的代表——遗传算法。其中，Nelder-Mead 法（也称为下山法）简单直观、编程容易，是最为各行业优化实践者所青睐的实用方法之一。遗传算法属于全局优化方法，具有模块化编程、可并行计算等突出优势，也是优化领域的研究和应用热点。

习 题

1. 给定函数

$$f(x)=100(x_2-x_1^2)^2+(1-x_1)^2$$

求在以下各点处的最速下降方向：

$$\boldsymbol{x}^1=\begin{bmatrix}0\\0\end{bmatrix},\ \boldsymbol{x}^2=\begin{bmatrix}1\\1\end{bmatrix},\ \boldsymbol{x}^3=\begin{bmatrix}\dfrac{3}{2}\\1\end{bmatrix}$$

2. 给定函数

$$f(x)=(6+x_1+x_2)^2+(2-3x_1-3x_2-x_1x_2)^2$$

求在点

$$\hat{\boldsymbol{x}}=\begin{bmatrix}-4\\6\end{bmatrix}$$

处的牛顿方向和最速下降方向。

3. 用共轭梯度法求解下列问题：

① $\min\left\{\dfrac{1}{2}x_1^2+x_2^2\right\}$，取初始点 $\boldsymbol{x}^1=\begin{bmatrix}4\\4\end{bmatrix}$。

② $\min\{\min(x_1-2)^2+2(x_2-1)^2\}$，取初始点 $\boldsymbol{x}^1=\begin{bmatrix}1\\3\end{bmatrix}$。

③ $\min\{2x_1^2+2x_1x_2+5x_2^2\}$，取初始点 $\boldsymbol{x}^1=\begin{bmatrix}2\\-2\end{bmatrix}$。

4. 用 DFP 法求解下列问题：

$$\min\{x_1^2+3x_2^2\}$$

取初始点及初始矩阵为

$$\boldsymbol{x}^1=\begin{bmatrix}0\\0\end{bmatrix},\quad \boldsymbol{H}_1=\begin{bmatrix}2&1\\1&1\end{bmatrix}$$

5. 用 Powell 法解下列问题：

$$\min\left\{\frac{3}{2}x_1^2+\frac{1}{2}x_2^2-x_1x_2-2x_1\right\}$$

取初始点和初始搜索方向分别为：

$$\boldsymbol{x}^0=\begin{bmatrix}-2\\4\end{bmatrix},\ \boldsymbol{d}^{(1,1)}=\begin{bmatrix}1\\0\end{bmatrix},\ \boldsymbol{d}^{(1,2)}=\begin{bmatrix}0\\1\end{bmatrix}$$

6. 某化工实验，得到管路摩擦阻力系数λ和雷诺数 Re 的实验数据如表 3-4 所示。已知阻力系数和 Re 之间的函数形式为

$$\lambda=a(Re)^b+c$$

① 试建立该非线性最小二乘问题的数学模型；

② 假设初始点取为$[0.5,-0.1,0.001]^{\mathrm{T}}$，阻尼因子$\lambda_0=0.1$，试确定第一次迭代时的马夸特法搜索方向。

表 3-4　Re - λ 实验数据

Re	λ	Re	λ
4658	0.0399	10350	0.0339
5820	0.0386	11050	0.0341
6525	0.0368	11820	0.0323
7400	0.0362	12850	0.0324
9045	0.0349	13840	0.0321

第 4 章 线性规划

线性规划（linear programming，LP）的目标是确定使某个线性目标函数最大化或最小化的决策变量的值，而这些决策变量服从的约束条件同样是线性的。可见，线性规划是一类特殊的约束最优化问题，尽管其形式相对简单，但在实际生产生活包括过程工业中非常普遍。另外，非线性规划常可近似为线性规划问题，例如化工行业采用的 Delta-Base 方法、分段法，因此，结合背景建立线性规划模型并实施有效求解具有显著的实际意义。

4.1 问题形式及性质

典型的线性规划问题写为

$$\max\{\boldsymbol{c}^{\mathrm{T}}\boldsymbol{x}\} \tag{4-1}$$

$$\text{s.t. } \boldsymbol{A}x=\boldsymbol{b},\ \boldsymbol{x}\geqslant 0 \tag{4-2}$$

这是线性规划问题的标准型，其中 $\boldsymbol{c}$，$\boldsymbol{x}\in R^{\mathrm{n}}$，$\boldsymbol{b}\in R^{\mathrm{m}}$，$\boldsymbol{A}\in R^{\mathrm{m}\times\mathrm{n}}$。后面可以看到，最小化问题以及不等式约束的问题，均可通过一定方法转化为上述的标准型。

4.1.1 标准型及转换

一个 LP 问题总是可以写成以下形式：

$$\max\ \left\{f=\sum_{j=1}^{n}c_j x_j\right\} \tag{4-3}$$

$$\text{s.t. } \sum_{j=1}^{n}a_{ij}x_j=b_i \quad i=1,2,\cdots,m \tag{4-4}$$

$$l_j\leqslant x_j\leqslant u_j \quad j=1,\cdots,n \tag{4-5}$$

式中，c_j 是 n 个目标函数的系数；a_{ij} 和 b_i 是 m 个线性方程的参数；l_j 和 u_j 分别是变量的上、下边界，并且有 $l_j\leqslant u_j$，l_j 和 u_j 都可以取正或负。用矩阵的形式可表示为

$$\max\{f=\boldsymbol{c}^{\mathrm{T}}\boldsymbol{x}\} \tag{4-6}$$

$$\text{s.t. } \boldsymbol{A}x=\boldsymbol{b} \tag{4-7}$$

$$\text{且 } \boldsymbol{l}\leqslant x\leqslant \boldsymbol{u} \tag{4-8}$$

式中，$\boldsymbol{A}$ 是一个 $m \times n$ 阶矩阵，约束系数 a_{ij} 是矩阵的（i，j）元素，$\boldsymbol{c}$、$\boldsymbol{b}$、$\boldsymbol{l}$、$\boldsymbol{u}$ 是向量，各自的元素分别是 c_j、b_j、l_j、u_j。如果方程（4-7）中的任何一项等式是多余的，也就是说和其他等式线性相关，则都可以予以剔除，而不影响体系的结果。如果没有解，或者方程（4-7）只有一个解，就不存在优化问题了。因此，优化问题最感兴趣的情况是方程（4-7）中的未知数比方程数多，此时至少有两个解或可能有无穷多个解。这种情况发生的条件是当且仅当 $n>m$ 且 $r(\boldsymbol{A})=m$ 时成立。因此，线性规划的首要问题是判断解的存在性，如果存在，找出符合最小 f 的那个解。

注意，方程（4-4）中所有约束条件都是等式。为了更容易求解问题，以这种格式表达问题是必要的。如果原始问题不是这种格式，通过人为添加变量的方式可以容易地完成变换。以不等式约束条件为例，如

$$\sum_{j=1}^{n} a_{ij} x_j \leqslant b_i \tag{4-9}$$

此时，通过引入一个松弛变量 $x_{n+i} \geqslant 0$，可以使

$$\sum_{j=1}^{n} a_{ij} x_j + x_{n+i} = b_i \tag{4-10}$$

成立，而不等式就变成了等式。同样，如果不等式是

$$\sum_{j=1}^{n} a_{ij} x_j \geqslant b_i \tag{4-11}$$

将它改写成

$$\sum_{j=1}^{n} a_{ij} x_j - x_{n+i} = b_i \tag{4-12}$$

为了保证满足不等式，此时引入的非负变量 x_{n+i} 称为剩余变量。

例 4.1 将下面线性规划问题转换成标准型。

$$\min\{f = x_1 + x_2\}$$

$$\text{s.t.}\begin{cases} 2x_1 + 5x_2 \leqslant 12 \\ 3x_1 + x_2 \geqslant 5 \\ 2x_1 + x_2 = 6 \end{cases}$$

$x_1 \geqslant 0$，x_2 无正负限制。

解：引入松弛变量 $x_3 \geqslant 0$，剩余变量 $x_4 \geqslant 0$，问题可转化成

$$\max\{f = -x_1 - x_2\}$$

$$\text{s.t.}\begin{cases} 2x_1 + 5x_2 + x_3 = 12 \\ 3x_1 + x_2 - x_4 = 5 \\ 2x_1 + x_2 = 6 \\ x_1, x_3, x_4 \geqslant 0 \end{cases}$$

4.1.2 解的基本概念及理论

（1）可行解、可行域、最优解

如果决策变量 x 满足线性规划问题式（4-2）的约束条件，即 $\boldsymbol{Ax}=\boldsymbol{b}$，$x \geqslant 0$，则称 $\boldsymbol{x}$ 为该

问题的一个可行解，全体可行解的集合构成问题的可行域。使目标函数取得极小值的可行解，称为问题的最优解。

（2）基矩阵、非基矩阵、基变量、非基变量

设 $\boldsymbol{A}$ 是行满秩矩阵（即 $\boldsymbol{A}$ 的秩为 m），如果方阵 $\boldsymbol{B}$ 是 $\boldsymbol{A}$ 中的一个满秩子矩阵，则称 $\boldsymbol{B}$ 为 $\boldsymbol{A}$ 的一个基矩阵，简称基；$\boldsymbol{A}$ 中剩余部分组成的矩阵 $\boldsymbol{N}$ 称为非基矩阵。与基矩阵 $\boldsymbol{B}$ 中的列向量对应的决策变量称为关于 $\boldsymbol{B}$ 的基变量，而与 $\boldsymbol{N}$ 中各列向量对应的决策变量则称为非基变量。不难看出，矩阵 $\boldsymbol{A}$ 中最多有 C_n^m 个基。

（3）基本解、基本可行解、可行基

取 $\boldsymbol{A}$ 中的一个基 $\boldsymbol{B}$，如果令所有非基变量的值为 0，则线性方程组 $\boldsymbol{Ax=b}$ 有唯一解，称为对应于 $\boldsymbol{B}$ 的基本解。满足非负条件 $\boldsymbol{x}\geqslant 0$ 的基本解称为基本可行解，此时对应的 $\boldsymbol{B}$ 称为可行基。矩阵 $\boldsymbol{A}$ 最多有 C_n^m 个基和相应数量的基本解，但并不一定所有的基本解都满足非负条件，因此基本可行解的数量一般小于基本解。线性规划的可行解、基本解、基本可行解的关系如图 4-1 所示。

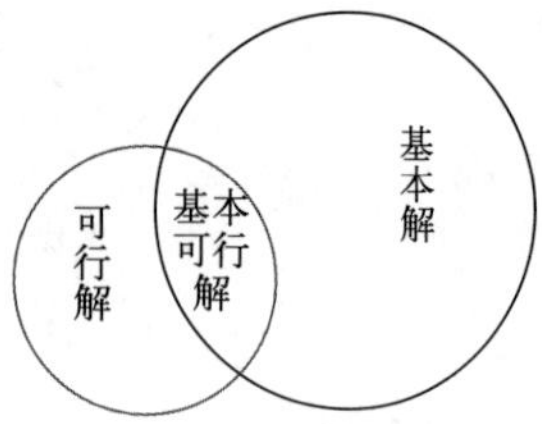

图 4-1　可行解、基本解、基本可行解的关系图

线性规划问题的最优解可能存在以下几种情况：①唯一最优解；②无穷多个最优解；③可行域无界，无最优解；④可行域为空集，无最优解。

定理 4.1：若线性规划问题的可行域非空，则其为凸集。

定理 4.2：线性规划问题的可行解为基本可行解的充要条件是 $\boldsymbol{x}$ 的正分量所对应的系数列向量线性无关。

定理 4.3：线性规划问题的基本可行解对应于可行域的顶点。

定理 4.4：若线性规划问题的最优解存在，则一定是在可行域的某个顶点上达到。

4.1.3　二维 LP 的图解法

对于决策变量向量 $\boldsymbol{x}$ 有两个分量 $[x_1\ x_2]$ 的二维线性规划问题，可以通过作图以直观的方式得到最优解。以下面的问题为例。

例 4.2　用图解法求解以下线性规划问题。

$$\max\{s = x_1 + 2x_2\}$$

$$\text{s.t.}\begin{cases}-x_1 + 2x_2 \leqslant 4\\ 3x_1 + 2x_2 \leqslant 12\\ x_1 \geqslant 0, x_2 \geqslant 0\end{cases}$$

解：如图 4-2 所示，在以 x_1、x_2 为坐标轴的直角坐标系中，非负条件 $x_1\geqslant 0$ 代表包括 x_2 轴和它右侧的半平面；非负条件 $x_2\geqslant 0$ 代表包括 x_1 轴和它以上的半平面。这两个条件同时存在时，是指第一象限。同样，$-x_1+2x_2\leqslant 4$ 代表以直线 $-x_1+2x_2=4$ 为界（包括直线上的点）的右下方半平面；而 $3x_1+2x_2\leqslant 12$ 表示以直线 $3x_1+2x_2=12$ 为界的左下方平面。显然，若有一点同时满足上述约束条件，则该点必然落在这些平面交成的区域 $O\text{-}Q_1\text{-}Q_2\text{-}Q_3$ 内（如图 4-2 中阴影部分）。换句话说，区域 $O\text{-}Q_1\text{-}Q_2\text{-}Q_3$ 内任何一点都是这一线性规划问题的可行解，因此区域 $O\text{-}Q_1\text{-}Q_2\text{-}Q_3$ 称为该线性规划问题的解的集合（或可行域）。考虑目标函数 $s=s_0$ 为一定值时，目标函数在 x_1x_2 平面上是一条直线，即目标函数的等值线：$s_0=x_1+2x_2$。

当 s_0 取不同值时，可以得到互相平行的一组直线。这些直线沿着目标函数的梯度方向移动，其值是上升的。其梯度方向为$(1，2)^T$，图中画出了这个向量。当移动到过 Q_2 点时，不能再沿梯度方向移动，否则，要越过可行域。因而过 Q_2 点的等值线，使目标函数取得最大值，Q_2 点$(2，3)^T$ 就是最优点 $\boldsymbol{x}^*$。

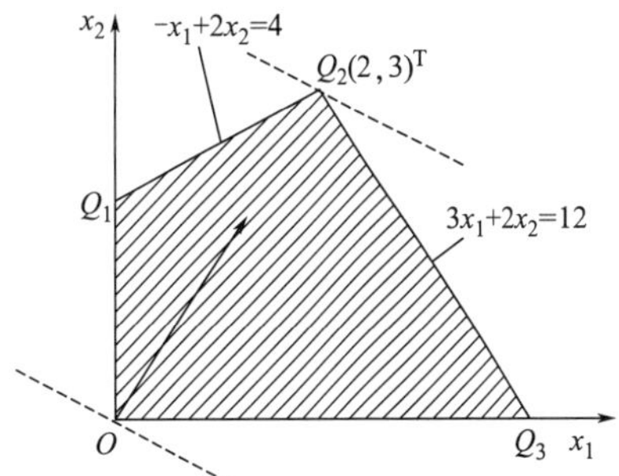

图 4-2　线性规划图解法示意图

因此图解法的步骤如下：

① 画出线性规划问题的可行域；

② 绘制一条目标函数的等值线，使其沿着目标函数梯度方向(求极大)或负梯度方向(求极小)移动，直到与可行域相切，其切点即为最优点，而切线即为目标函数取得最优值时的等值线。

4.2　单纯形法

20 世纪 30 年代末出现了求解线性规划问题的较有效的方法。1939 年，苏联数学家 Kantorovic 求解了一些关于生产和运输规划的问题，第二次世界大战期间美国学者 Koopmans 进一步对运输问题的解法开展了重要研究，Kantorovic 和 Koopmans 因为他们在资源优化配置方面的卓越贡献被授予 1975 年的诺贝尔经济学奖。1947 年，美国的 Dantzig 发展了一种求解线性规划问题的新方法，即著名的单纯形法。单纯形法以其简明有效的特点迅速得到了推广，被评选为 20 世纪对科学和工程产生最深远影响的十种算法之一。

延伸阅读 5　线性规划之父——丹齐格

若线性规划有最优解，则必然存在最优基本可行解，因此求解线性规划问题归结为寻找最优基本可行解。单纯形法的基本思想，就是从某个基本可行解出发，求得下一个使目标函数值有所改善的基本可行解，由此经过有限次迭代计算，最终达到最优基本可行解。

4.2.1　传统单纯形法

关于单纯形法，讨论下述 3 个问题：

① 初始基本可行解的产生；

② 怎样由一个基本可行解迭代出另一个基本可行解；

③ 怎样确定可以使目标函数有较大上升的基本可行解。

（1）初始基本可行解的确定

单纯形法开始于一个基本可行解，因此迭代的关键要先找出一个可行基。若所要求的 LP 问题规范，则初始可行基可以很容易直接观察得到。若不然，则需要人为地依据约束的具体情况，通过一些变量的合理添加来达到目的，再依照单纯形的迭代过程来进一步获取可以使其迭代得以开始的初始基可行解。

实际的线性规划问题经过转化成标准型之后，若约束方程的系数矩阵中出现 m 个线性独立的单位向量，那么，这 m 个单位向量就可以作为一个初始可行基。这种情形不是没有可能出现，比如一个小于等于约束，在转化为标准型时，每增加一个非负的松弛变量，就会产生一个单位向量，如果所有的约束都是小于等于型，那么，产生的单位向量正好为 m 个。

例 4.3 已知约束如下

$$2x_1 - x_2 \leqslant 2$$

$$2x_1 - 2x_2 \leqslant 1$$

$$-2x_1 - 5x_2 \leqslant 3$$

$$x_1, x_2 \geqslant 0$$

求基本可行解。

解：化为标准型

$$2x_1 - x_2 + x_3 = 2$$

$$2x_1 - 2x_2 + x_4 = 1$$

$$-2x_1 - 5x_2 + x_5 = 6$$

$$x_j \geqslant 0(j = 1,2,\cdots,5)$$

其中

$$\boldsymbol{B} = (\boldsymbol{p}^3, \boldsymbol{p}^4, \boldsymbol{p}^5) = \begin{bmatrix} 1 & 0 & 0 \\ 0 & 1 & 0 \\ 0 & 0 & 1 \end{bmatrix}$$

即为一个可行基。

对应于可行基$\boldsymbol{B}$，非基变量为x_1、x_2，假设其值为0，则得到可行基$\boldsymbol{B}$的基本解为[0,0,2,1,6]，由于各元素均非负，所以该基本解为基本可行解。

如果除了小于等于形式的约束之外，还有等于或大于等于形式的约束，那么，转化标准型加松弛变量引入的单位向量就不足 m 个。对于等于形式的约束，可以采用加一个非负的人工变量，也即人为地制造一个单位向量的办法；对于大于形式的约束，在转化标准型时减去非负的剩余变量，再采用等于约束的处理办法，加上一个人工变量，制造一个单位向量。

例 4.4 已知某线性规划问题的约束如下：

$$x_1 + 2x_2 + 3x_3 = 8$$

$$-5x_1 + 12x_2 + 3x_3 \leqslant 15$$

$$5x_1 - 3x_2 + x_3 \geqslant 12$$

$$x_j \geqslant 0(j = 1,2,3)$$

求一初始可行基。

解：先转化为标准型

$$x_1 + 2x_2 + 3x_3 = 8$$

$$-5x_1 + 12x_2 + 3x_3 + x_4 = 15$$

$$5x_1 - 3x_2 + x_3 - x_5 = 12$$

$$x_j \geqslant 0(j = 1,2,\cdots,5)$$

引入人工变量

$$x_1 + 2x_2 + 3x_3 + x_6 = 8$$

$$-5x_1 + 12x_2 + 3x_3 + x_4 = 15$$

$$5x_1 - 3x_2 + x_3 - x_5 + x_7 = 12$$

$$x_j \geqslant 0(j = 1, 2, \cdots, 7)$$

其中 x_6 与 x_7 为两个人工变量。

$$\boldsymbol{B} = (\boldsymbol{p}^4, \boldsymbol{p}^6, \boldsymbol{p}^7) = \begin{bmatrix} 0 & 1 & 0 \\ 1 & 0 & 0 \\ 0 & 0 & 1 \end{bmatrix}$$

或

$$\boldsymbol{B} = (\boldsymbol{p}^6, \boldsymbol{p}^4, \boldsymbol{p}^7) = \begin{bmatrix} 1 & 0 & 0 \\ 0 & 1 & 0 \\ 0 & 0 & 1 \end{bmatrix}$$

即为一初始可行基。

因此，如果标准化后的 LP 问题的系数约束矩阵 $\boldsymbol{A}$ 中不含有单位方阵，那么此时初始可行基的获取就要通过人工变量的引入来构造。获得初始可行解的详细过程如下所示。

第一阶段：添加变量，求解由不含人工变量的目标函数和加入人工变量的约束条件组成的 LP 问题的最小值。根据上述办法，我们总可以找到 m 个线性无关的单位向量，构成初始可行基。假如对约束方程组进行整理，重新对 x_j 及 $a_{ij}(i=1,2,\cdots,m;\ j=1,2,\cdots,n)$进行编号，可以得到下列方程组：

$$\begin{aligned} x_1 + a_{1,m+1}x_{m+1} + \cdots + a_{1n}x_n &= b_1 \\ x_2 + a_{2,m+1}x_{m+1} + \cdots + a_{2n}x_n &= b_2 \\ &\vdots \\ x_m + a_{m,m+1}x_{m+1} + \cdots + a_{mn}x_n &= b_m \end{aligned} \tag{4-13}$$

这样，就得到一个单位（$m \times m$）矩阵：

$$\boldsymbol{B} = (\boldsymbol{p}^1, \boldsymbol{p}^2, \cdots, \boldsymbol{p}^m) = \begin{bmatrix} 1 & 0 & & 0 \\ 0 & 1 & \cdots & 0 \\ \vdots & \vdots & & \vdots \\ 0 & 0 & & 1 \end{bmatrix}$$

其作为初始可行基。将式（4-13）的每一等式移项得：

$$\begin{aligned} x_1 &= b_1 - (a_{1,m+1}x_{m+1} + \cdots + a_{1n}x_n) \\ x_2 &= b_2 - (a_{2,m+1}x_{m+1} + \cdots + a_{2n}x_n) \\ &\vdots \\ x_m &= b_m - (a_{m,m+1}x_{m+1} + \cdots + a_{mn}x_n) \end{aligned} \tag{4-14}$$

令 $x_{m+1}=x_{m+2}=\cdots=x_n=0$，由式（4-14）可得

$$x_i = b_i \quad (i = 1, 2, \cdots, m)$$

根据线性规划标准型的要求 $b_i \geqslant 0$，所以就得到一个初始基本可行解：

$$\boldsymbol{x} = \left[x_1, x_2, \cdots, x_m, \underbrace{0, \cdots, 0}_{(n-m)} \right]^{\mathrm{T}} = \left[b_1, b_2, \cdots, b_m, \underbrace{0, \cdots, 0}_{(n-m)} \right]^{\mathrm{T}}$$

若用单纯形法在此初始基本可行解上开始迭代，求得 min $f(x)$=0，则原 LP 问题的基本可行解存在，结束第一阶段，进入第二阶段。否则计算停止，原 LP 问题无可行解。这是因为若原 LP 问题有一个可行解，则这个可行解在第一阶段也必定可行，这时所有 $x_j=0$ $(j=n+1,\cdots,n+m)$，必然有 $f(x)=0$。假如原 LP 问题是不可行的，要获得可行解的唯一办法是令 x_i 中至少一个 $x_j>0$ $(j=n+1,\cdots,n+m)$，必然 $f(x)>0$。由此可以得出结论：若原 LP 问题的基本可行解存在，必然在第一阶段里求得 min $f(x)$=0。

第二阶段：从前一段求得的初始基本可行解（除去人工变量）开始迭代，即可确定出原 LP 问题解的情况。

（2）解的判别——迭代终止

对 LP 问题的求解结果可能会出现以下几种情况：

① 最优解存在。此时，最优解的个数可能唯一，也可能为无穷多个。虽然 LP 问题最优解可能不唯一，但其最优值必定唯一；并且只要 LP 问题最优解的个数不唯一，必然为无穷多个。

② 不存在最优解。此时可能具有无界解，即要求实现目标函数最大化时无上界，要求实现最小化时无下界；也可能无可行解，即可行域为空集。

对上述初始基本可行解进行迭代，一般地，该式可变为

$$x_i = b_i' - \sum_{j=m+1}^{n} a_{ij}' x_j \quad (i=1,2,\cdots,m)$$

设此时的基本可行解为 $\boldsymbol{x}^{(0)}=[b_1',b_2',\cdots,b_m',0,\cdots,0]^{\mathrm{T}}$，将上式代入整理后可得

$$z=\sum_{i=1}^{m} c_i b_i' + \sum_{j=m+1}^{n}\left(c_j-\sum_{i=1}^{m} c_i a_{ij}'\right)x_j \tag{4-15}$$

于是令

$$z_0=\sum_{i=1}^{m} c_i b_i',\ z_j=\sum_{i=1}^{m} c_i a_{ij}',\ j=m+1,\cdots,n$$

可得

$$z=z_0+\sum_{j=m+1}^{n}(c_j-z_j)x_j \tag{4-16}$$

再令

$$\sigma_j=c_j-z_j \quad (j=m+1,\cdots,n)$$

则原目标函数可表示为

$$z=z_0+\sum_{j=m+1}^{n}\sigma_j x_j \tag{4-17}$$

由以上推导过程可以看出基本可行解对 LP 问题解的影响，根据其中系数所反映的情况，有以下定理。

定理 4.5（最优解判别定理）：若在式（4-17）中所有的 $\sigma_j \leqslant 0\,(j=m+1,\cdots,n)$，则此时的 $\boldsymbol{x}^{(0)}$是原 LP 问题的一个最优解。σ_j 值为判断问题是否达到最优的条件，故被称为检验数。

定理 4.6（无穷多最优解判别定理）：若在式（4-17）中所有 $\sigma_j \leqslant 0\,(j=m+1,\cdots,n)$，但又存在某个 $\sigma_{m+k}=0\,(1\leqslant k\leqslant n-m)$，则此 LP 问题的最优解存在无穷多个。

定理 4.7（无界解判别定理）：若在式（4-17）中，有一个$\sigma_{m+k}>0\,(1\leqslant k\leqslant n-m)$，并且有 $a'_{i,m+k}\leqslant 0(i=1，2，\cdots，m)$，那么此 LP 问题有无界解。

（3）基变换——迭代过程

对一个 LP 问题用单纯形法求解，必然会出现唯一最优解、无穷多最优解、无界解和无可行解这四种情况之一。若一个初始基本可行解 $\boldsymbol{x}^{(0)}$，既不满足定理 4.5，又不符合定理 4.6，说明此时就需要向一个更好的基本可行解迭代。何谓“更好”？从式（4-17）中可以看出，若$\sigma_j>0\,(j=m+1,\cdots,n)$，则增加 x_i 的值，必然可以使 z 值增大。这既说明了当前的目标函数值不是最优的，也说明了其值存在可被增大的空间。由于 LP 问题的基本可行解是由数值为零的非基变量和非负数值的基变量合在一起组成的，所以，选$\sigma_j>0\,(j=m+1,\cdots,n)$中较大者，可以使 z 值增加幅度更大，即 $\max(\sigma_j>0)=\sigma_k$ 所对应的 x_k 作为入基变量。

由上述基矩阵的定义可知：既然有一个非基变量要换入基变量里，就相应地要求有一个基变量被换出来，且换入变量的系数列向量与原基矩阵中剩下的 $m-1$ 个列向量线性无关。

设 $\boldsymbol{P}_1,\boldsymbol{P}_2,\cdots,\boldsymbol{P}_m$ 是对应 $x^{(0)}$的 m 个线性无关的向量组，$\boldsymbol{P}_k\,(m+1\leqslant k\leqslant n)$ 是换入变量 x_k 的系数列向量，则存在 m 个数α_i（α_i不全为 0），使得

$$\boldsymbol{P}_k=\sum_{i=1}^{m}\alpha_i\boldsymbol{P}_i$$

又因为x_k 由 0 变为正数，不妨设 x_k 变成 $\theta(\theta>0)$，则有

$$\theta\boldsymbol{P}_k=\theta\sum_{i=1}^{m}\alpha_i\boldsymbol{P}_i \tag{4-18}$$

再因为

$$\sum_{i=1}^{m}x_i^{(0)}\boldsymbol{P}_i=0 \tag{4-19}$$

整理两式可得

$$\sum_{i=1}^{m}(x_i^{(0)}-\theta\alpha_i)\boldsymbol{P}_i+\theta\boldsymbol{P}_k=0 \tag{4-20}$$

为了保证新解的可行性，应取$\theta=\min\left(\dfrac{x_i^{(0)}}{\alpha_i}|\alpha_i>0\right)=\dfrac{x_i^{(0)}}{\alpha_i}$所对应的第 l 个变量作为换出变量。这时，称 x_k 的系数列向量中第 l 个分量为主元素。

其实，每一次换基迭代只是在原可行基中换一个列向量，当然前提要保证新基中列向量的线性无关性。具体做法就是利用 Gauss 消去法将所确定的主元素化为 1，而主元素所在列里的其他元素化为 0，便可得到一个新的可行基，完成迭代。

综上所述，我们可以归纳出用单纯形法求解 LP 标准型问题的具体步骤如下：

① 寻找初始可行基，列出单纯形表。

② 计算各非基变量检验数：

$$\sigma_j=c_j-\sum_{i=1}^{m}c_ia_{ij}$$

若$\sigma_j\leqslant 0(j=m+1,\cdots,n)$，则计算停止，最优解已经被找到。否则，转入步骤③。

③ 若存在某个$\sigma_j \geqslant 0(m+1 \leqslant k \leqslant n)$，且其对应的$\boldsymbol{P}_k \leqslant 0$，则计算可停止，此问题无界；否则，转入步骤④。

④ 换入变量按$\max(\sigma_j > 0) = \sigma_k$确定为$x_k$，换出变量按$\theta = \min\left(\frac{b_i}{a_{ik}} | a_{ik} > 0\right) = \frac{b_l}{a_{lk}}$确定为$x_l$，执行步骤⑤。

⑤ 换基迭代。以α_{lk}为主元素，用高斯消去法把x_k所对应的系数列向量转换为

$$\boldsymbol{P}_k = \begin{bmatrix} \alpha_{1k} \\ \alpha_{1k} \\ \vdots \\ \alpha_{1k} \\ \vdots \\ \alpha_{1k} \end{bmatrix} \to \begin{bmatrix} 0 \\ 0 \\ \vdots \\ 1 \\ \vdots \\ 0 \end{bmatrix}$$

将原表中X_B列中的x_l换为x_k，可以得到一张新的计算表。

⑥ 重复步骤②～⑤，直至计算终止。

我们知道，退化解是指基本可行解里至少还存在着一个为0的分量。当按θ规则确定换出变量时，若最小比值的个数不止一个，那么在下一次迭代中就会出现数值为0的基变量，此时就发生了退化现象。如果在此退化解上迭代，下一次换出的将是为0的基变量，而目标函数值不会发生改变。迭代持续下去，循环现象便会发生，永远达不到最优解。

当按最大检验数法则选取入基变量，非基变量的非负检验数中最大值不止一个时，又该怎么选?为了解决上述这种情况，很多学者都进行过相关研究，先后提出摄动法、字典序法和Bland法则等，其中以Bland法则最具实用性，规则如下：

① 在所有检验数大于 0 的非基变量中，若最大检验数的存在不止一个，则选取最小下标的x_k换入基变量里，即

$$k = \min\{l \mid \sigma_l = \max(\sigma_j > 0)\}$$

② 当按θ规则确定换入变量时，若最小比值不止一个，则选取最小下标的x_j作为换出变量，即

$$l = \min\left\{r \mid \frac{b_r}{a_{rk}} = \min \frac{b_i}{a_{ik}}(a_{ik} > 0)\right\}$$

例 4.5 已知约束

$$\begin{aligned} & x_1 + 3x_4 - x_5 = 2 \\ & x_2 + 2x_4 - 2x_5 = 1 \\ & x_3 - 2x_4 - x_5 = 3 \\ & x_j \geqslant 0, \ j = 1, 2, \cdots, 5 \end{aligned}$$

试把$\boldsymbol{p}^4$变为基向量，并求相应的基本可行解。

解：把约束方程系数矩阵及右端项列成表。

表 4-1　约束方程系数及右端项

b	$\boldsymbol{p}^1$	$\boldsymbol{p}^2$	$\boldsymbol{p}^3$	$\boldsymbol{p}^4$	$\boldsymbol{p}^5$
2	1	0	0	3	−1
1	0	1	0	[2]	−2
3	0	0	1	−2	−1

由表可知，$\boldsymbol{p}^1$，$\boldsymbol{p}^2$，$\boldsymbol{p}^3$ 构成可行基，与其对应的基本可行解是

$$\boldsymbol{x}=[2,\ 1,\ 3,\ 0,\ 0]^{\mathrm{T}}$$

把 $\boldsymbol{p}^4$ 变为单位向量引入基底。首先，从 $\boldsymbol{p}^4$ 的正分量中按式（4-20）选定主元所在的行。这可在上表中再加 $\theta_i=\dfrac{b_l}{a_{l,4}}$ 列。注意，仅对 $a_{i,4}$>0 的行进行计算，因为 $a_{l,4}$=3>0，所以 $\theta_i=\dfrac{2}{3}$；因为 $a_{2,4}$=2>0，所以 $\theta_2=\dfrac{1}{2}$；因为 $a_{3,4}$=−2<0，所以不进行计算。从计算出来的 θ_i 中选出最小的，它所在的行就是主元所在的行。因此，确定主元为 $a_{2,4}$=2，用方括号括上。$\boldsymbol{p}^2$ 为换出向量。

表 4-2　变换后方程系数及右端项

b	$\boldsymbol{p}^1$	$\boldsymbol{p}^2$	$\boldsymbol{p}^3$	$\boldsymbol{p}^4$	$\boldsymbol{p}^5$	θ_i
1/2	1	−3/2	0	0	2	2/3
1/2	0	1/2	0	1	−1	1/2
4	0	1	1	0	−3	

由表 4-2 可以看到 $\boldsymbol{p}^1$、$\boldsymbol{p}^3$、$\boldsymbol{p}^4$ 都是单位向量，与这组新的可行基所对应的基本可行解为

$$\boldsymbol{x}=\left(\frac{1}{2},\ 0,\ 4,\ \frac{1}{2},\ 0\right)^{\mathrm{T}}$$

需要注意，并不是把任意一个非基向量引入基底后都可以得到新的基本可行解。例如，在表 4-1 的基础上，把 $\boldsymbol{p}^5$ 引入基底就不可能得到新的基本可行解。

4.2.2　对偶单纯形法

线性规划模型有一个很重要的特性，就是它的对偶性。任何一个求极大值的问题都有一个与之对应的求极小值问题。这两个问题具有相同的数据，所对应的约束方程的系数矩阵互为转置，最优解严格对应，因此说这样两个问题是互为对偶的。为了加以区分，一个叫作线性规划的原问题，另一个则叫作对偶问题。

下面将举例说明当原问题给定以后如何形成一个对偶问题：

原问题　$\max\{\max s=c_1x_1+c_2x_2+\cdots+c_mx_m\}$

$$\text{s.t.}\begin{cases} a_{11}x_1+a_{12}x_2+\cdots+a_{1n}x_n\leqslant b_1 \\ a_{21}x_1+a_{22}x_2+\cdots+a_{2n}x_n\leqslant b_2 \\ \vdots \\ a_{m1}x_1+a_{m2}x_2+\cdots+a_{mn}x_n\leqslant b_m \quad x_j\geqslant 0, j=1,2,\cdots,n \end{cases}$$

对偶问题 $\min\{\min w = b_1y_1 + b_2y_2 + \cdots + b_ny_n\}$

$$
\text{s.t.}\begin{cases} a_{11}y_1 + a_{21}y_2 + \cdots + a_{m1}y_m \leqslant c_1 \\ a_{12}y_1 + a_{22}y_2 + \cdots + a_{m2}y_m \leqslant c_2 \\ \vdots \\ a_{1n}y_1 + a_{2n}y_2 + \cdots + a_{mn}y_n \leqslant c_m \quad y_j \geqslant 0, j = 1,2,\cdots,m \end{cases}
$$

以上称为原问题与对偶问题的标准型。

同时给出对偶定理如下：若原问题或者对偶问题有最优解，则另一个问题也有最优解，且原问题和对偶问题的极值相等；对偶问题的对偶问题是原问题。

建立对偶问题的目的如下：其一，原问题不易求解，可通过对偶问题求解。其二，对偶问题也是一个需要解决的具体问题。其三，从数学角度，希望追求更多不同解决问题的方法。其四，它是建立其他数学规划问题的对偶问题的理论依据和方法基础。

对偶单纯形法的思想是从一个对偶可行解出发，在保证其可行性的同时，对原问题的基矩阵进行调整，直至消除原问题基本可行解的不可行性。若用单纯形法求解原线性规划问题比对偶线性规划问题的计算量大，那么可用对偶单纯形法求解。此外，对偶单纯形法不必构建对偶线性规划问题的单纯形表，直接可在原线性规划问题的单纯形表上进行计算（表 4-3）。由原问题与其对偶的关系可以总结出对偶问题的一些结论如下：

定理 4.8（对偶定理）：若原问题和其对偶问题存在可行解，则这两个问题都存在最优解且

$$\max s = \min w$$

定理 4.9（无解定理）：

a. 若原问题存在可行解，但其对偶问题不存在可行解，则原问题存在一些解使得 $s \to \infty$。

b. 若对偶问题存在可行解，但其原问题不存在可行解，则对偶问题存在一些解使得 $w \to \infty$。

定理 4.10（不可行性定理）：

a. 若一个非负变量的线性方程组是无解的，则一定存在一个由这些方程构成的线性组合，这个组合是不可行的。

b. 若一个线性不等式组是无解的，则一定存在一个由这些不等式构成的非负线性组合，这个组合是不可行的。

定理 4.11：若原问题存在可行解且 s 有有限下界，则原问题存在最优可行解。

定理 4.12：若原问题存在最优可行解，则其对偶问题也存在最优可行解。

定理 4.13（松弛互补定理）：

a. 如果原问题的最优解中，某一松弛变量 $x_{n+j}(j=1,2,\cdots,m)$的值为非零，则对偶问题的最优解中第 j 个变量 $y_j(j=1,2,\cdots,m)$的值为零。反之，若对偶问题的最优解中，某一剩余变量 $y_{m+j}(j=1,2,\cdots,n)$的值不为零，则原问题的最优解中第 j 个变量 $x_j(j=1,2,\cdots,n)$的值为零。

b. 如果原问题中（或对偶问题中）第 j 个变量为正，则对偶问题中（或原问题中）的第 j 个约束应取等式。

对偶单纯形法的操作过程：

① 生成初始单纯形表。

② 如果单纯形表中所有的 b 列非负，且所有检验数 σ 非正，则结束计算，获得最优解；否则进入下一步。

③ 确定基本解向量中最小的元素为移出变量 x_1。

④ 检查移出变量 x_1 所在行的所有系数，如果全部非负，则无可行解；否则进入下一步。

⑤ 计算非基变量的检验数与其对应的 x_1 所在行的非负系数的比值 σ_j/a_{lj}，最小值为 σ_k/a_{lk} 并确定其所对应的变量为移入变量。

⑥ 将 a_{lk} 作为主元素执行行变换，返回步骤②～⑦，直到收敛。

例 4.6 求下列线性规划问题的对偶问题

$$\max\{s = 3x_1 + 2x_2\}$$

$$\text{s.t.}\begin{cases} 2x_1 - 2x_2 \leqslant 7 \\ x_1 + 2x_2 \leqslant 8 \\ x_2 \leqslant 8 \\ x_1, x_2 \geqslant 0 \end{cases}$$

解：其对偶问题为：

$$\min\{w = 7y_1 + 8y_2 + 8y_3\}$$

$$\text{s.t.}\begin{cases} 2y_1 + 2y_2 \geqslant 3 \\ -2y_1 + 2y_2 \geqslant 2 \\ y_1, y_2 \geqslant 0 \end{cases}$$

需要注意的是，如果原问题的目标函数为求极小，其目标函数的系数需乘−1 变成求极大；如果某些约束为“⩾”，则这些约束需乘−1，变成“⩽”，才能产生相应的对偶问题。

例 4.7 求下列线性规划问题：

$$\min\{z = 9x_1 + 12x_2 + 15x_3\}$$

$$\begin{cases} 2x_1 + 2x_2 + x_3 \geqslant 10 \\ 2x_1 + 3x_2 + x_3 \geqslant 12 \\ x_1 + x_2 + 5x_3 \geqslant 14 \\ x_j \geqslant 0\ (j = 1, 2, 3) \end{cases}$$

解：化为标准型，并添加人工变量：

$$\max\{z = -9x_1 - 12x_2 - 15x_3\}$$

$$\begin{cases} -2x_1 - 2x_2 - x_3 + x_4 = -10 \\ -2x_1 - 3x_2 - x_3 + x_5 = -12 \\ -x_1 - x_2 - 5x_3 + x_6 = -14 \\ x_j \geqslant 0\ (j = 1, 2, \cdots, 6) \end{cases}$$

表 4-3 对偶单纯形法计算过程

c_j			−9	−12	−15	0	0	0	θ
c_B	x_B	b	x_1	x_2	x_3	x_4	x_5	x_6	
0	x_4	−10	−2	−2	−1	1	0	0	
0	x_5	−12	−2	−3	−1	0	1	0	
0	x_6	−14	−1	−1	[−5]	0	0	1	
z		0	−9	−12	−15	0	0	0	

续表

c_j			−9	−12	−15	0	0	0	θ
c_B	x_B	b	x_1	x_2	x_3	x_4	x_5	x_6	
0	x_4	−36/5	−9/5	−9/5	0	1	0	−1/5	
0	x_5	−46/5	−9/5	[−14/5]	0	0	1	−1/5	
−15	x_3	14/5	1/5	1/5	1	0	0	−1/5	
z		−42	−6	−9	0	0	0	−3	
0	x_4	−9/7	[−9/14]	0	0	1	−9/14	−1/14	
−12	x_2	23/7	9/14	1	0	0	−5/14	1/14	
−15	x_3	15/7	1/14	0	1	0	1/14	−3/14	
z		−501/7	−3/14	0	0	0	−15/14	−33/14	
−9	x_1	2	1	0	0	−14/9	1	1/9	
−12	x_2	2	0	1	0	1	−1	0	
−15	x_3	2	0	0	1	1/9	0	−2/9	
z		−72	0	0	0	−1/3	−3	−7/3	

因此，原问题可行解为 x'=(2,2,2,0,0,0)，对偶问题的解为(1/3,3,7/3)，最优值为 72。

4.2.3 线性规划 Matlab 实现

在 Matlab 优化工具箱中，求解线性规划的命令为 linprog，其调用有以下几种格式：

```
x = linprog(f,A,b)
x = linprog(f,A,b,Aeq,beq)
x = linprog(f,A,b,Aeq,beq,lb,ub)
x = linprog(f,A,b,Aeq,beq,lb,ub,options)
x = linprog(problem)
[x,fval] = linprog(___)
[x,fval,exitflag,output] = linprog(___)
[x,fval,exitflag,output,lambda] = linprog(___)
```

其一般格式是

$$\min \boldsymbol{f}^{\mathrm{T}} x$$

$$\text{s.t.}\begin{cases} A\cdot x \leqslant b \\ A_{\text{eq}}\cdot x = b_{\text{eq}} \\ lb \leqslant x \leqslant ub \end{cases}$$

输入参数：

参数 $\boldsymbol{f}$ 表示目标函数中的常向量；x_0 表示的是优化的初始值；参数 $\boldsymbol{A}$，$\boldsymbol{b}$ 表示的是满足线性关系式 $\boldsymbol{A}x\leqslant\boldsymbol{b}$ 的系数矩阵和结果矩阵；参数 $\boldsymbol{A}_{\text{eq}}$，$\boldsymbol{b}_{\text{eq}}$ 表示满足线性等式 $\boldsymbol{A}_{\text{eq}}\cdot x=\boldsymbol{b}_{\text{eq}}$ 的矩阵；参数 lb 和 ub 则表示满足参数取值范围 $lb\leqslant x\leqslant ub$ 的上限和下限；参数 options 就是进行优化的属性设置，一些选项适用于所有算法，其他选项则与特定算法相关。示例：

```
options = optimoptions('linprog','Algorithm','interior-point','Display','iter')
```

Algorithm 包含三种优化算法：dual-simplex（对偶单纯形法，默认算法，不设置 options 的值时，自动用对偶单纯形法处理问题）、interior-point-legacy（内点传统算法）、interior-point（内点法）。其中，interior-point 算法类似于 interior-point-legacy，但具有更高效的分解例程和不同的预处理。Display 表示显示级别：final（默认值）仅显示最终输出；off 或 none 不显示输出；iter 在每次迭代时显示输出。

输出参数：

exitflag 表示程序退出优化运算的类型，其中取值为 1 表示已收敛到解 x；

output 参数包含多种关于优化的信息，包含 iterations 等；

参数 lambda 则表示各种约束问题的 Lagrange 参数数值，参考第 5 章描述。

例 4.8 求解线性规划，其中目标函数为 $f(x)=-3x_1-2x_2$，参数满足 $0\leqslant x_1$，$x_2\leqslant 10$，同时，该目标函数满足下面的约束条件：

$$\begin{cases} 3x_1+4x_2\leqslant 7 \\ 2x_1+x_2\leqslant 3 \\ -3x_1+2x_2=2 \end{cases}$$

解：在 Matlab 的命令窗口中输入下面的程序代码。

```
x0= [0 0]';
c= [-3 -2]';
A= [3 4;2 1];
b= [7 3]';
Aeq= [-3 2];
beq= 2;
lb= [0 0]';
ub=[10 10]';
[x,fval]=linprog(c,A,b,Aeq,beq,lb,ub)
```

可以得出线性规划求解的最优解为（0.3333，1.500），对应的函数值为−4。

例 4.9 用 Matlab 编程求解以下线性规划：

问题①：

$$\min z=-x_1-4x_2$$

$$\text{s.t.}\begin{cases} 3x_1+2x_2\leqslant 12 \\ x_1+4x_2\leqslant 8 \\ 4x_1\leqslant 16 \\ x_1,x_2\geqslant 0 \end{cases}$$

解：在 Matlab 的命令窗口中输入下面的程序代码。

```
%目标函数系数
c=[-1;-4];
%线性不等式约束
A=[3 2;1 4;4 0];
b=[12;8;16]
%设计变量的边界约束，由于无上界，故设置 ub=[Inf;Inf]
```

```
lb=[0;0]
ub=[Inf;Inf];
%求解最优解和目标函数值，由于无等式约束，故设置 Aeq=[],beq=[]
Aeq=[];
beq=[]
[x,fval]=linprog(c,A,b,Aeq,beq,lb,ub)
Optimal solution found.

x =
    0.0000
    2.0000

fval =
   -8.0000
```

问题②：

$$\max z = 4x_1 + 3x_2$$
$$\text{s.t.}\begin{cases} 2x_1 + x_2 \leqslant 10 \\ x_1 + x_2 \leqslant 8 \\ x_2 \leqslant 7 \\ x_1, x_2 \geqslant 0 \end{cases}$$

解：在 Matlab 的命令窗口中输入下面的程序代码。

```
%目标函数，为转化为极小，取目标函数中设计变量的相反数
c=[-4;-3];
%线性不等式约束
A=[2 1;1 1;0 1];
b=[10;8;7]
%设计变量的边界约束，由于无上界，故设置 ub=[Inf;Inf]
lb=[0;0]
ub=[Inf;Inf];
%求解最优解和目标函数值，由于无等式约束，故设置 Aeq=[],beq=[]
Aeq=[];
beq=[]
[x,fval]=linprog(c,A,b,Aeq,beq,lb,ub)
Optimal solution found.

x =
    2.0000
    6.0000

fval =
```

```
-26
```

对偶单纯形法 Matlab 编程：对于对偶单纯形法，在线性规划 Matlab 编程中，可通过设置 options 选项来进行计算。

例 4.10 通过 Matlab 求解下列线性规划问题

$$\min\{s = 4x_1 + 2x_2\}$$

$$\text{s.t.}\begin{cases} x_1 + x_2 - x_3 \geqslant 5 \\ x_1 - 2x_2 + 4x_3 \geqslant 8 \\ x_1, x_2, x_3 \geqslant 0 \end{cases}$$

解：先转化为 Matlab 求解标准格式。

$$\min\{s = 4x_1 + 2x_2\}$$

$$\text{s.t.}\begin{cases} -x_1 - x_2 + x_3 \leqslant -5 \\ -x_1 + 2x_2 - 4x_3 \leqslant -8 \\ x_1, x_2, x_3 \geqslant 0 \end{cases}$$

编写程序：

```
%目标函数
c=[4;0;2];
%线性不等式约束
A=[-1 -1 1;-1 2 -4];
b=[-5;-8]
%设计变量的边界约束，由于无上界，故设置 ub=[Inf;Inf]
lb=[0;0]
ub=[Inf;Inf];
%求解最优解和目标函数值，由于无等式约束，故设置 Aeq=[],beq=[]
Aeq=[];
beq=[]
options=optimoptions('linprog','Algorithm','dual-simplex','Display','iter') %
采用对偶单纯形法
[x,fval,exitflag,output]=linprog(c,A,b,Aeq,beq,lb,ub,options)
```

得到结果

```
Optimal solution found.

x =
    0.0000
   14.0000
    9.0000

fval =
   18.0000
exitflag =
```

```
     1
output =
        iterations: 2
         algorithm: 'dual-simplex'
           message: 'Optimal solution found.'
```

上述问题中，若不指定具体算法，Matlab 会默认选择迭代次数最少的算法。同样，也可在 options 选项中采用 4.3 节中介绍的内点法：

```
c=[4;0;2];
%线性不等式约束
A=[-1  -1  1;-1  2  -4];
b=[-5;-8]
%设计变量的边界约束，由于无上界，故设置 ub=[Inf;Inf]
lb=[0;0]
ub=[Inf;Inf];
%求解最优解和目标函数值，由于无等式约束，故设置 Aeq=[],beq=[]
Aeq=[];
beq=[]
options=optimoptions('linprog','Algorithm','interior-point','Display','iter')
[x,fval,exitflag,output]=linprog(c,A,b,Aeq,beq,lb,ub,options)
```

得到如下结果：

```
iterations: 4
algorithm: 'interior-point'
message: 'Minimum found that satisfies the constraints.
```

显然迭代次数较对偶单纯形法多，运算速度较慢，因此在计算过程中，选择合适的线性规划方法也是十分重要的。

4.3 内点法

单纯形法缺陷在于其迭代次数会随约束条件和变量数的增多而显著增多，在最坏的情况下甚至呈指数增长。1984 年，美籍印度学者 Narendra Karmarkar 提出了一种具有多项式时间复杂性的线性规划算法，并宣称其计算速度比单纯形法快 50 倍，这一重大创新揭开了内点理论革命的序幕。

与单纯形法沿边界寻优不同，Karmarkar 方法是从可行域内部点开始，按照最速下降方向寻找最优解，故又将 Karmarkar 方法称为内点法。由于是在可行域内部寻优，故对于大规模问题当约束条件增多、变量数目增大时，内点法的迭代次数变化较少，计算速度和收敛性常优于单纯形法。

4.3.1 Karmarkar 内点法的原理和基本观点

内点法与单纯形法如图 4-3 所示。为了减少单纯形法中总的迭代步数，内点法希望在可行域的内部沿着“最短路径”移动，在为下一次移动寻找较好的方向时，试图置现行解为整体的中心，按照正确选择的步长，经过多次迭代之后最终达到最优解。

不难理解，迭代算法的性能主要取决于两个因素，即迭代步数和每步迭代的计算量。单纯形法沿着可行域的边搜索相邻顶点，每步迭代的计算量很小；但是大型应用问题的可行域可能会有非常多的顶点，单纯形法要沿着边界持续迭代大量步数，从而耗费巨大的计算量。为了减少总的迭代步数，替代的方法是在可行域的内部沿着“最短路径”移动。然而，这种内点法在每步迭代中为了找到最好的移动方向通常要考虑所有的可行方向。换言之，新的思想是要以每步迭代较大的计算量为代价来换取迭代步数的减少。

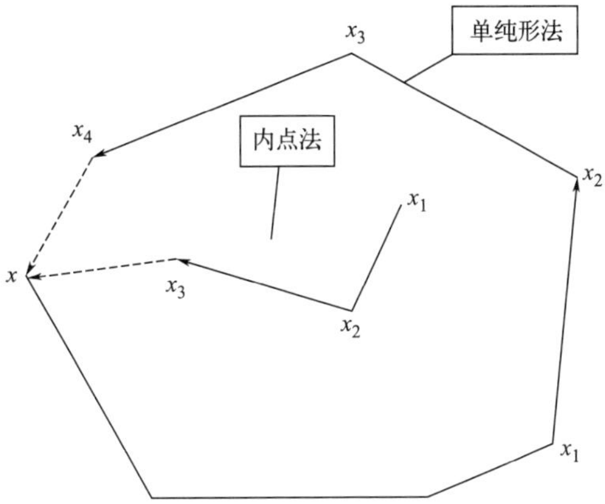

图 4-3　单纯形法和内点法图解

内点法的两个基本观点:

① 如果现行内点解靠近多胞形的中心，那么它应该移向使目标函数值取得最小值的最速下降方向。

② 不改变问题的任何基本特性，对解空间作一适当变换，可以将现行内点解置于变换后的解空间的中心附近。

通过这两个基本观点，内点法的基本原理就十分明确了。对于一个内点解，对解空间进行变换使得现行解位于变换空间的多胞形的中心附近，然后使它沿着最速下降方向移动，但是为了保持解是内点，算法总是不能达到可行域的边界。然后进行逆变换将改进的解映射回原来的解空间中的一个新的内点。重复以上过程直到以需要的精度取得最优解。

4.3.2 Karmarkar 内点法的基本步骤

Karmarkar 算法采用了一个适用的线性规划的标准型:

$$\min\{z=\boldsymbol{c}^{\mathrm{T}}\boldsymbol{x}\}$$

$$\text{s.t.}\begin{cases}\boldsymbol{Ax}=0\\ e^{\mathrm{T}}x=1,\boldsymbol{x}\geqslant 0\end{cases}$$

这里，$\boldsymbol{A}$ 是 $m\times n$ 的行满秩矩阵。

如果其可行解向量 $\boldsymbol{x}$ 的每一个变量 x_i 都是严格大于 0 的，则定义 x 为内点解。注意该标准型的约束条件使得其可行域是一个有界集，因此它是一个多胞形。显然，与 Karmarkar 标准型一致的问题必定有一个有限的下界。Karmarkar 为他的算法做了两个假设:

① Ae=0，则 $\boldsymbol{x}^0=\dfrac{e}{n}=\left[\dfrac{1}{n},\cdots,\dfrac{1}{n}\right]^{\mathrm{T}}$ 是一个初始内点解。

② 该问题的最优解是零值。

Karmarkar 算法是一种迭代算法，它的基本思想是：从几何意义上看，它不像单纯形法是从一个顶点出发，通过可行区域多面体的顶点转移搜索最优顶点，而是从多面体的一个内点 $x^0\in S_0$ 出发，依据一定的迭代转移规则产生一个直接穿过多面体 S_0 内部的点而到达最优顶点 $\{x^k=(x_1^k,x_2^k,\cdots,x_n^k)^{\mathrm{T}}\in S_0\mid k=0,1,\cdots,n,\cdots\}$。假设 $x^k\in S_0$ 是第 k 次迭代所得到的内点，现在我们

要寻找 x^k 的可行下降方向 $d_k \in R^n$ 和沿该下降方向出发的步长 $\lambda_k \in R$，则 $x^{k+1} = x^k + \lambda_k d_k \in S_0$，需使目标函数值获得一定程度的减小，以确保搜索具有多项式的时间复杂性。相应地，该算法需要有下列两个基本构件：一是为了使每步迭代均有一个足够大的"活动空间"，因而在每次迭代开始时先做一个投影变换 $T(x)$；二是为了获得有效的可行下降方向构造了势函数 $V(x)$。下面是 $T(x)$与 $V(x)$的简单介绍。

首先，假设 $\boldsymbol{x}^k = [x_1^k, x_2^k, \cdots, x_n^k]^{\mathrm{T}} > 0$ 为第 k 次迭代所得的点，令 $D=\mathrm{diag}(x_1^k, x_2^k, \cdots, x_n^k)$，即 $\boldsymbol{D}$ 是一个以 x^k 的分量为其主对角线元素的对角形方阵。投影变换 $T(x)$定义如下

$$T(x): S \to \overline{S^{(k)}} \tag{4-21}$$

其中 $S = \{x \in R^n \mid Ax = 0, \boldsymbol{e}^{\mathrm{T}} x = 1, x \geqslant 0\}$ 为上述问题的可行区域，对于任意的 $x \in S$，则有

$$\overline{x} = T(x) = \boldsymbol{D}^{-1} x (\boldsymbol{e}^{\mathrm{T}} \boldsymbol{D}^{-1} x)^{-1} \tag{4-22}$$

易得其逆变换为

$$x = T^{-1}(\overline{x}) = \boldsymbol{D}\overline{x}(\boldsymbol{e}^{\mathrm{T}} \boldsymbol{D}\overline{x})^{-1} \tag{4-23}$$

而 $\overline{S^{(k)}} = \{\overline{x} \in R^n \mid \boldsymbol{AD}\overline{x} = 0, \boldsymbol{e}^{\mathrm{T}}\overline{x} = 1, \overline{x} \geqslant 0\}$，这样，投影变换将线性规划问题转化为关于变量 $\overline{x}$ 的如下问题：

$$\begin{aligned} &\min\{z = \boldsymbol{c}^{\mathrm{T}} \boldsymbol{D}\overline{x}(\boldsymbol{e}^{\mathrm{T}} \boldsymbol{D}\overline{x})^{-1}\} \\ &\text{s.t.} \begin{cases} \boldsymbol{AD}\overline{x} = 0 \\ \boldsymbol{e}^{\mathrm{T}}\overline{x} = 1, \overline{x} \geqslant 0 \end{cases} \end{aligned} \tag{4-24}$$

由于假设了目标函数的最优值是零，故可考虑与分式线性规划等价的线性规划问题：

$$\begin{aligned} &\min\{z = \boldsymbol{c}^{\mathrm{T}} \boldsymbol{D}\overline{x}\} \\ &\text{s.t.} \begin{cases} \boldsymbol{AD}\overline{x} = 0 \\ \boldsymbol{e}^{\mathrm{T}}\overline{x} = 1, \overline{x} \geqslant 0 \end{cases} \end{aligned} \tag{4-25}$$

容易验证，$T(x^k) = \dfrac{1}{n}\boldsymbol{e} = \left(\dfrac{1}{n}, \cdots, \dfrac{1}{n}\right)^{\mathrm{T}}$，这正是获得足够大"活动空间"所希望的。因为 x^k 可能很靠近可行区域 S 的某个边界，也就是 x^k 可能有某些分量是很小的正数。但 $T(x^k)$ 却是单纯形 $\{\overline{x} \in R^n \mid \boldsymbol{e}^{\mathrm{T}}\overline{x} = 1, \overline{x} \geqslant 0\}$ 的中心，远离边界。容易算出该单纯形的内切球半径为 $r = \dfrac{1}{\sqrt{n(n-1)}}$。

为了获得多项式的算法复杂性，Karmarkar 利用非线性规划中障碍函数（见第 5 章罚函数法）的思想，构造了以下势函数用以控制收敛。

$$V(x) = n\ln c^{\mathrm{T}} x - \sum_{j=1}^{n} \ln x_j \quad x \in S_0 \tag{4-26}$$

具体操作方法是：每次迭代，在投影变换后的 $\overline{x}$-空间中，将势函数在点 $T(x^k)$的负梯度向量正交投影到该问题的可行区域上获得搜索方向 $\overline{d}^k$。可以证明，$\overline{d}^k$ 的计算公式为

$$\overline{d}^k = -(\boldsymbol{I} - \boldsymbol{B}^{\mathrm{T}}(\boldsymbol{BB}^{\mathrm{T}})^{-1}\boldsymbol{B})\boldsymbol{Dc} \tag{4-27}$$

其中 $\boldsymbol{B}=\begin{pmatrix}\boldsymbol{AD}\\ \boldsymbol{e}^{\mathrm{T}}\end{pmatrix}$ 是一个$(m+1)\times n$ 的矩阵，$\boldsymbol{I}$ 是 n 阶单位矩阵。由于 $\boldsymbol{A}$ 是行满秩矩阵，可以证明 $\boldsymbol{BB}^{\mathrm{T}}$ 为对称正定阵，所以其可逆。从当前点 $T(x^k)=\frac{1}{n}\boldsymbol{e}$ 沿方向 $\overline{d}^k$ 取一个适合的步长，得到一个点 $\overline{x}^k$，然后将 $\overline{x}^k$ 利用 $T(x)$的逆变换返回到原来的 x 空间中，得到点 x^{k+1}，这就完成了一次迭代。很容易证明，只要步长取得适当，仍有 $x^{k+1}\in S_0$

下面为 Karmarkar 算法的基本步骤：

① 取 $x^0=\frac{1}{n}\boldsymbol{e}$，令 k=0；

② 若 $V(x^k)\leqslant -nL$，其中 L 是原问题的输入规模，计算停止，输出 x^k；

③ 令 $\boldsymbol{D}$=diag$(x_1^k,x_2^k,\cdots,x_n^k)$，$\boldsymbol{B}=\begin{pmatrix}\boldsymbol{AD}\\ \boldsymbol{e}^{\mathrm{T}}\end{pmatrix}$，按式（4-27）计算投影方向 $\overline{d}^k$；

④ 计算 $\overline{x}^k=\frac{1}{n}\boldsymbol{e}+\lambda r\frac{\overline{d}^k}{\|\overline{d}^k\|}$，其中 $r=\frac{1}{\sqrt{n(n-1)}}$ 为单纯形内切球半径，λ 为某个小于 $\sqrt{\frac{n-1}{n}}$ 的正数。

⑤ 取 $x^{k+1}=T^{-1}(\overline{x}^k)$，令 k=k+1，返回到步骤②。

依据上述计算方法，Karmarkar 证明了该算法每次迭代使势函数至少减少一个正常量。

例 4.11 有三种含有两种有用金属元素 A、B 的原料。就金属 A 而言，至少想购进 5 个单位；就金属 B 而言，想购进 4 个单位以上。各种原料中的金属含有量和各原料的价格，列于表 4-4 中。试考虑用最少的费用购进原料的方案。

表 4-4 原料数据

项目		原料 1	原料 2	原料 3
1kg 原料中的单位数	金属 A	1	4	2
	金属 B	3	1	2
原料价格/(千元/kg)		2	9	1

解：设购进原料 1、2 和 3 的质量为 x_1、x_2、x_3，则所求问题如下。

$$\min\{z=2x_1+9x_2+x_3\}$$

$$\text{s.t.}\begin{cases}x_1+4x_2+2x_3\geqslant 5\\ 3x_1+x_2+2x_3\geqslant 4\\ x_{1,2,3}\geqslant 0\end{cases}$$

Matlab 编程为：

```
c=[2;9;1];
A=[-1 -4 -2;-3 -1 -2
b=[-5;4]
lb=[0;0;0]
ub=[inf;inf;inf];
```

```
options=optimoptions('linprog','Algorithm','dual-simplex','Display','iter') %
采用对偶单纯形法
[x,fval,exitflag,output]=linprog(c,A,b,Aeq,beq,lb,ub,options)
```

解得 x=(0,0,2.5)，z=2.5 千元，故最优方案为仅考虑购进原料 3，总花费 2500 元。

例 4.12 某公司下属三家工厂，由于利润下降，决定腾出部分能量用于两种具有获利潜力的产品。现已知道各厂生产这两种产品的能耗与可用能量（每分钟的百分率）以及各产品的单位利润，如表 4-5 所示。问：怎样安排生产，公司的总利润最高？

表 4-5 某公司产品能耗与利润

工厂	每单位生产率所需能量		可用能量/%
	产品 1	产品 2	
1	1	0	4
2	0	2	12
3	3	2	18
单位利润	3	5	

解：设 x_1 和 x_2 为产品 1 和产品 2 的产量，z 为总利润，则用公式表示上述问题如下。

$$\max\{z = 3x_1 + 5x_2\}$$

$$\text{s.t.}\begin{cases} 3x_1 + 2x_2 \leqslant 18 \\ x_1 \leqslant 4 \\ 2x_2 \leqslant 12 \\ x_{1,2} \geqslant 0 \end{cases}$$

Matlab 编程为：

```
c=[-3;-5];
A=[3 2];
b=[18]
lb=[0;0]
ub=[4;6];
Aeq=[];
beq=[]
options=optimoptions('linprog','Algorithm','interior-point','Display','iter')
%采用内点法
[x,fval,exitflag,output]=linprog(c,A,b,Aeq,beq,lb,ub,options)
```

解得 x_1=2，x_2=6，最大利润为 36。

例 4.13 现某材料厂需用 4 种原材料生产 5 种产品，其中每种产品的原材料用量及利润等参数如表 4-6 所示。

为达到最大利润的目标，请设计一个生产方案。

解：设 5 种产品的生产量依次为 x_1，x_2，x_3，x_4，x_5，根据题意，目标函数为：

$$\max\{z = 0.5x_1 + 0.4x_2 + 0.8x_3 + 0.6x_4 + 0.7x_5\}$$

表 4-6　生产资料

原料	产品					原材料总拥有量
	1	2	3	4	5	
1	6	2	1	0	4	250
2	2	3	5	1	1	400
3	0	2	4	2	1	350
4	1	0	3	3	2	500
单位利润	0.5	0.4	0.8	0.6	0.7	
需求上下限	（15,60）	（10,50）	（30,100）	（10,80）	（20,60）	

由于每种原材料的总量有限制，因此有

$$6x_1+2x_2+x_3+4x_5 \leqslant 250$$

$$2x_1+3x_2+5x_3+x_4+x_5 \leqslant 400$$

$$2x_2+4x_3+2x_4+x_5 \leqslant 350$$

$$x_1+3x_3+3x_4+2x_5 \leqslant 500$$

然后再考虑到市场需求的上下限：

$$15 \leqslant x_1 \leqslant 60$$

$$10 \leqslant x_2 \leqslant 50$$

$$30 \leqslant x_3 \leqslant 100$$

$$10 \leqslant x_4 \leqslant 80$$

$$20 \leqslant x_5 \leqslant 60$$

可得到本问题的优化模型，由于目标函数为最大值的形式，因此首先要将其转换为最小值的形式。

在 Matlab 中用 linprog 求解如下：

```
c=[-0.5;-0.4;-0.8;-0.6;-0.7];
A=[6 2 1 0 4;2 3 5 1 1;0 2 4 2 1;1 0 3 3 2];
b=[250 400 350 500];
lb=[15;10;30;10;20]
ub=[60;50;100;80;60];
Aeq=[]; beq=[]
options=optimoptions('linprog','Algorithm','interior-point','Display','iter')
[x,fval,exitflag,output]=linprog(c,A,b,Aeq,beq,lb,ub,options)
```

解得 x=(15,10,36,80,26)，可获得的最大利润为 106.5。

4.4　整数规划

在一些实际应用场合，例如旅行售货员问题、投资决策问题、生产进度表问题、工厂选址问题、背包问题等，要求所得最优解变量全部或者部分为整数形式，这一类规划问题称为整数规划（integer programming，IP）。变量取整的要求一方面来源于问题本身的特殊性，另一方面来源于引入逻辑变量的要求，其可行域是离散变量的集合。整数规划按照约束条件和目标函数是否为线性函数，分为整数线性规划和整数非线性规划；根据是否对全部变量要求取整，又可以分为纯（完全）整数规划和混合整数规划。本章仅介绍整数线性规划。

求解整数规划问题最直接的方式是穷举法，即对各取整变量所有可行解的排列组合进行计算，直接比较函数值的大小。其缺点是显而易见的：计算量将随着取整变量个数呈指数型增长，因此只能用于规模较小的整数规划问题。

首先应该意识到，整数规划是在线性规划问题的基础上增加了对于部分或全部变量取整的约束而构成的，因此其可行解集必定是原线性规划问题（称为整数规划问题的松弛问题）可行解集的子集。可能发生的情况包括：

① 松弛问题最优解恰好为整数，即整数规划最优解。

② 整数规划无可行解。

③ 整数规划有可行解，但最优解值较松弛问题变差。

松弛问题的解集可通过 4.2 节中介绍的单纯形法等方法获得，则整数规划问题的一般处理思路可以概括为，以某种方式对松弛问题的解集进行“改进”，使之不断适应整数约束的要求。

4.4.1 切平面法

切平面法求解整数规划问题的思路为：先不考虑约束条件中对于变量的整数约束，采用单纯形法求解相应的松弛问题。首先将原问题转换为标准线性规划模型，所有的不等式约束写成等式约束的形式，以便采用单纯形表进行求解，另外将目标函数和约束条件中的系数转换成整数形式，以便于构造“切割不等式”。

切平面法求解松弛问题可分为以下情形：

① 如果松弛问题（P_0）无解，则（P）无解；

② 如果（P_0）的最优解为整数向量，则也是（P）的最优解；

③ 如果（P_0）的解含有非整数分量，则对（P_0）增加割平面条件，即对（P_0）增加一个线性约束，将（P_0）的可行域割掉一块，使得非整数解恰好在割掉的一块中，但又没有割掉原问题（P）的可行解，得到问题（P_1），重复上述的过程。

例 4-14 通过切平面法求解问题：

$$\max\{z = 21x_1 + 11x_2\}$$
$$\text{s.t.}\begin{cases} 7x_1 + 4x_2 \leqslant 13 \\ x_1, x_2 \geqslant 0\text{，且为整数} \end{cases}$$

解：引入松弛变量 x_3，转化为标准型。

首先，我们不考虑变量取整数这一要求，用单纯形法进行求解，其初始单纯形表和最后一张单纯形表如下。

其最优解为 z^*=39，x_1^*=13/7。因为 x_1^*=13/7 为一非整数，现在引入一个切平面。这一切平面应该包括非基变量(x_2,x_3)和它们系数的小数部分。这样，该切平面方程为

$$-\frac{4}{7}x_2 - \frac{1}{7}x_3 + x_4 = -\frac{6}{7}$$

将这个新的约束加到表 4-7 的单纯形表中，得到表 4-8。

表 4-7　不考虑整数时的求解结果

c_j			21	11	0	θ_i
c_B	x_B	b	x_1	x_2	x_3	
0	x_3	13	[7]	4	1	13
	$-z$	0	21	11	0	
21	x_1	13/7	1	4/7	1/7	
	$-z$	−39	0	−1	−3	

表 4-8　加入切平面后的单纯形表

c_j			21	11	0	0	θ_i
c_B	x_B	b	x_1	x_2	x_3	x_4	
21	x_1	13/7	1	4/7	1/7	0	13
0	x_4	−6/7	0	−4/7	−1/7	1	
	$-z$	−39	0	−1	−3		

根据检验数和相应系数比值，确定 x_2 为换入向量，得到表 4-9。

表 4-9　迭代后的单纯形表

c_j			21	11	0	0	θ_i
c_B	x_B	b	x_1	x_2	x_3	x_4	
21	x_1	1	1	0	0	1	
0	x_2	3/2	0	1	1/4	−7/4	
	$-z$	$-37\frac{1}{2}$	0	0	−11/4	−7/4	

表 4-9 中最优解为 $x_1^*=1$，$x_2^*=3/2$，$z^*=37\dfrac{1}{2}$，但基变量 $x_2=3/2$ 为一非整数。这样，下一个切平面方程应包含非基变量(x_3,x_4)和它们系数的小数部分，即 i。

$$-\frac{1}{4}x_3-\frac{1}{4}x_4+x_5=-\frac{1}{2}$$

将这一方程加入表 4-9 中，于是得到表 4-10。

表 4-10　再次加入切平面方程后的单纯形表

c_j			21	11	0	0	0	θ_i
c_B	x_B	b	x_1	x_2	x_3	x_4	x_5	
21	x_1	1	1	0	0	1	0	
11	x_2	3/2	0	1	1/4	−7/4	0	
0	x_5	−1/2	0	0	−1/4	[−1/4]	1	
	$-z$	$-37\frac{1}{2}$	0	0	−11/4	−7/4	0	

利用对偶单纯形法迭代确定换入变量，将基变量x_5从基底中换出，确定x_4应为换入变量。经运算得到单纯形表 4-11。

表 4-11 迭代后的结果

c_j			21	11	0	0	0	θ_i
c_B	x_B	b	x_1	x_2	x_3	x_4	x_5	
21	x_1	−1	1	0	−1	0	4	
11	x_2	5	0	1	2	0	−7	
0	x_4	2	0	0	1	1	−4	
	$-z$	−34	0	0	−1	0	−7	

继续利用对偶单纯形法迭代，确定换入变量为x_3，得到表 4-12。

表 4-12 得到的最优解

c_j			21	11	0	0	0	θ_i
c_B	x_B	b	x_1	x_2	x_3	x_4	x_5	
21	x_3	1	−1	0	1	0	−4	
11	x_2	3	2	1	0	0	1	
0	x_4	1	1	0	0	1	0	
	$-z$	−33	−1	0	0	0	−11	

所有基变量均为非负整数，所以最优解为

$$\boldsymbol{x}^* = (0,3)^{\mathrm{T}}, \ z^* = 33$$

通过前一例题的求解过程说明，切平面法的求解步骤如下：

① 不考虑变量取值的整数要求，求线性规划的最优解。

② 若步骤①得到的最优解，其基变量均为整数，则迭代终止；否则选一个值为小数的基变量（如果有多个值为小数的基变量，则选其中小数部分最大的基变量），构造一个新的约束方程（或称切平面方程），加入步骤①的最后一张单纯形表中。

③ 回到步骤①。

4.4.2 分支定界法

分支定界法（branch and bound method）是用于解纯整数或混合整数规划问题的另一种方法。和切平面法一样，求解时先不考虑整数约束，用单纯形法求其最优解，如果这个解不符合整数约束条件，就将原问题分解成几部分，每一部分增加约束条件，这样就缩小了原来的可行域。考虑到整数规划是在相应的线性规划中增加了变量为整数的条件，所以可行解的范围要缩小，这就说明整数规划的最优解不会更优于相应的线性规划的最优解。对于极大化问题，相应的线性规划的目标函数的最大值就成为整数规划目标函数值的上界。分支定界法就是利用这个性质的一种解法。

不考虑整数约束，先求出相应松弛问题的最优解，此时可能出现三种情况：

① 若松弛问题无可行解，则 ILP（integer linear programming，整数线性规划）无可行解；

② 若求得的松弛问题最优解符合整数要求，则该解是 ILP 的最优解；

③ 若不满足整数条件，则任选一个不满足整数条件的变量来构造新的约束添加到松弛问题中形成两个子问题（x_i 向下取整或向上取整作为上下界，添加约束），依次在缩小的可行域中求解新构造的线性规划的最优解，并重复上述过程，直到子问题无解或有整数最优解。

例 4-15 采用分支定界法求解该线性规划问题：

$$\max\{s = 5x_1 + 8x_2\}$$

$$\begin{cases} x_1 + x_2 \leqslant 6 \\ 5x_1 + 9x_2 \leqslant 45 \\ x_1, x_2 \geqslant 0\text{且为整数} \end{cases}$$

解：首先通过单纯形法得到最优解为

$$\boldsymbol{x}^* = (2.25, 3.75)^{\mathrm{T}},\ s^* = 41.25$$

因为 x_1 和 x_2 都为小数，因此我们可以任选一个进行分支，也就是运用解必须是整数这一条件加以约束。这里选用 x_2（先选目标函数中系数较大的那个变量）进行分支，即分别添加 $x_2 \leqslant 3$ 和 $x_2 \geqslant 4$，这是因为不确定整数解到底在哪个方向能取到最优值，因此需要考虑两种情况。因此有如下两式：

$$\max\{s = 5x_1 + 8x_2\} \qquad \max\{s = 5x_1 + 8x_2\}$$

$$\begin{cases} x_1 + x_2 \leqslant 6 \\ 5x_1 + 9x_2 \leqslant 45 \\ x_2 \leqslant 3 \\ x_1, x_2 \geqslant 0 \end{cases} \qquad \begin{cases} x_1 + x_2 \leqslant 6 \\ 5x_1 + 9x_2 \leqslant 45 \\ x_2 \geqslant 4 \\ x_1, x_2 \geqslant 0 \end{cases}$$

分别对两式用单纯形法进行求解得

左式：$x_1=3$，$x_2=3$ 且 $s_1=39$；

右式：$x_1=1.8$，$x_2=4$ 且 $s_2=41$。

可以看到，左式的解为 39，并且可行解为整数解，因此原式的下界暂时为 39，而 41<41.25 作为原式的新上界。但是右式的解中仍然有小数，所以我们要继续对右式中的 x_1 进行分支，即 $x_1 \leqslant 1$ 和 $x_1 \geqslant 2$。将其代入式子条件中进一步进行求解，这里要特别注意不要忘记将之前分支的条件也加进来，如下式，仍然要加入 $x_2 \geqslant 4$ 这一前提条件：

$$\max\{s = 5x_1 + 8x_2\} \qquad \max\{s = 5x_1 + 8x_2\}$$

$$\begin{cases} x_1 + x_2 \leqslant 6 \\ 5x_1 + 9x_2 \leqslant 45 \\ x_2 \geqslant 4 \\ x_1 \leqslant 1 \\ x_1, x_2 \geqslant 0 \end{cases} \qquad \begin{cases} x_1 + x_2 \leqslant 6 \\ 5x_1 + 9x_2 \leqslant 45 \\ x_2 \geqslant 4 \\ x_1 \geqslant 2 \\ x_1, x_2 \geqslant 0 \end{cases}$$

仍然对其使用单纯形法求解，得出如下解：

左式：$x_1=1$，$x_2=40/9$，$s_3=365/9$；

右式：无可行解。

因为解中仍然有分数，所以不能作为新的下界，但由于 365/9<41，所以可以将其作为新的上界。然后按照之前的方法依旧将 x_2 进行分支并代入原式中得：

$$\max\{s=5x_1+8x_2\} \qquad \max\{s=5x_1+8x_2\}$$

$$\begin{cases} x_1+x_2\leqslant 6 \\ 5x_1+9x_2\leqslant 45 \\ x_2\geqslant 4 \\ x_1\leqslant 1 \\ x_2\leqslant 4 \\ x_1,x_2\geqslant 0 \end{cases} \qquad \begin{cases} x_1+x_2\leqslant 6 \\ 5x_1+9x_2\leqslant 45 \\ x_2\geqslant 4 \\ x_1\geqslant 2 \\ x_2\geqslant 5 \\ x_1,x_2\geqslant 0 \end{cases}$$

仍然对其使用单纯形法求解，得出如下解：

左式：x_1=1，x_2=4，s_4=37；

右式：x_1=0，x_2=5，s_5=40。

对比上界 365/9 和下界 39，故最优解为 40。

4.4.3 整数规划 Matlab 实现

在 Matlab 优化工具箱中，求解整数规划的命令为 intlinprog，有以下几种调用格式：

```
x = intlinprog(f,intcon,A,b)
x = intlinprog(f,intcon,A,b,Aeq,beq)
x = intlinprog(f,intcon,A,b,Aeq,beq,lb,ub)
[x,fval,exitflag,output] = intlinprog(___)
```

其中，f、x、intcon、b、beq、lb 和 ub 是向量，A 和 Aeq 是矩阵。intcon 表示使得 intcon 中的 x 分量是整数，且 A*x⩽b。

例 4-16 用 Matlab 求解下列整数规划问题：

问题①：

$$\min\{s=8x_1+x_2\}$$

$$\begin{cases} x_1+2x_2\geqslant -14 \\ -4x_1-x_2\leqslant -33 \\ 2x_1+x_2\leqslant 20 \\ x_1,x_2\geqslant 0\text{且为整数} \end{cases}$$

解：将问题转化为 Matlab 求解标准型。

$$\min\{s=8x_1+x_2\}$$

$$\begin{cases} -x_1-2x_2\leqslant 14 \\ -4x_1-x_2\leqslant -33 \\ 2x_1+x_2\leqslant 20 \\ x_1,x_2\geqslant 0\text{且为整数} \end{cases}$$

建立 Matlab 求解模型：

```
f=[8;1];   %目标函数系数向量
intcon=[1;2];   %规定变量 x1,x2 为整数
A=[-1,-2;-4,-1;2,1];
b=[14;-33;20];
x=intlinprog(f,intcon,A,b)   %无等式约束

Optimal solution found.
x =
    7.0000
    5.0000
fval =
    61.0000
```

所以最优解为 $x^*=(7,5)^T$，最优值为 61。

问题②：

$$\min\{s=-3x_1-2x_2-x_3\}$$

$$\begin{cases} x_1+x_2+x_3\leqslant 7 \\ 4x_1+2x_2+x_3=12 \\ x_1,x_2,x_3\geqslant 0\text{且为整数} \end{cases}$$

解：建立 Matlab 求解模型。

```
f=[-3;-2;-1];
intcon=[1;2;3]
A=[1,1,1];
b=7;
Aeq=[4,2,1];
beq=12;
lb=zeros(3,1);
ub=[Inf;Inf;Inf];
[x,fval]=intlinprog(f,intcon,A,b,Aeq,beq,lb,ub)

Optimal solution found.
x =
    0.0000
    5.0000
    2.0000
fval =
    -12.0000
```

所以最优解为 $x^*=(0,5,2)^T$，最优值为−12。

4.5 线性规划解决实际问题

4.5.1 生产计划优化问题

例 4-17 某炼化企业在其生产过程中会产生大量难以液化且氢碳比较高的烃类气体，由于其成分不尽相同，内部结算价格各异，同时受实际生产条件和制氢装置气体原料压机负荷的限制，不可能将所有的烃类气体都作为制氢原料，必须按其产氢率和价格进行综合对比，做最优化组合。炼油厂氢气来源为炼厂制氢装置和公司新区来氢。制氢装置有两套，负荷为40000m³/h，原设计原料为石脑油，后经技术改造，制氢原料变为以炼厂气、甲烷气、天然气为主，石脑油为辅。炼厂干气是炼油装置产生的瓦斯气，其甲烷含量在50%以上，氢碳比高；甲烷气是乙烯裂解装置的不凝气；甲烷气中 94.5%是甲烷，几乎不含其他杂质；天然气中甲烷含量为 88.5%，是优质的制氢原料。由于这些烃类气体的组成不同，其单位原料的产氢率也不同；另外由于这些烃类气体来自不同的生产厂或公司，其价格也存在差异，如表4-13 所示。这些制氢原料的产氢率和价格以及公司氢气的价格直接决定了氢气的生产成本及使用成本。

表 4-13 制氢原料价格和性质

项目	石脑油	炼厂气	甲烷气	天然气	公司氢气
原料价格	2500 元/t	0.86 元/m³	1.94 元/m³	0.8 元/m³	5739 元/t
单位原料产氢量	4200m³H₂/t 原料	2m³H₂/m³ 原料	3.75m³H₂/m³ 原料	3.7m³H₂/m³ 原料	

解：由题确定目标函数：

$$\min C = 2500x_1 + 0.86x_2 + 1.94x_3 + 0.8x_4 + 5739x_5 + A$$

式中，C 为氢气生产成本；$x_i(i=1,2,3,4,5)$为目标函数决策变量，分别为所需石脑油、炼厂气、甲烷气、天然气、公司氢气的量；常数 A 为辅助生产成本，2003 年制氢装置的平均每吨氢气辅助生产成本（包括员工工资及水、电、气消耗等）为 2198 元。目标函数约束条件如下所示：

$$\begin{cases} 46000 \leqslant 4200x_1 + 2x_2 + 3.75x_3 + 3.7x_4 \leqslant 80000 \\ x_2 + x_3 + x_4 \leqslant 21000 \\ x_2 \leqslant 6000 \\ x_3 \leqslant 3000 \\ x_4 \leqslant 16000 \\ 0.7 \leqslant x_5 \leqslant 2.4 \\ 4200x_1 + 2x_2 + 3.75x_3 + 3.7x_4 + 11200x_5 = 84000 \\ x_i > 0, i = 1,2,3,4,5 \end{cases}$$

分别对应：两套制氢装置总设计生产能力为 80000 m³/h；考虑装置对运行负荷的限制，两套制氢装置的总负荷不能低于 46000 m³/h；三台制氢瓦斯压机最大负荷为 21000 m³/h；可用于制氢的炼厂最大干气流量为 6000 m³/h；甲烷气可外送的最大流量为 3000 m³/h；油田气进厂量一般不超过 16000 m³/h，电解氢产量 0.7 t/h 只能全部外送，裂解氢外送最大量为 1.7 t/h；加氢装置氢气损耗为 7%，所以取制氢总量为氢气需要量的 1.07 倍；各制氢原料的用量为非负值。

将约束条件转变为标准型：

$$\begin{cases} 4200x_1+2x_2+3.75x_3+3.7x_4 \leqslant 80000 \\ -4200x_1-2x_2-3.75x_3-3.7x_4 \leqslant -46000 \\ x_2+x_3+x_4 \leqslant 21000 \\ x_2 \leqslant 6000 \\ x_3 \leqslant 3000 \\ x_4 \leqslant 16000 \\ x_5 \leqslant 2.4 \\ -x_5 \leqslant -0.7 \\ 4200x_1+2x_2+3.75x_3+3.7x_4+11200x_5=84000 \\ x_i>0, i=1,2,3,4,5 \end{cases}$$

建立 Matlab 求解模型：

```
[x,fval,exitflag,output]=linprog(c,A,b,Aeq,beq,lb,ub)
```

得到最优解和最优值：

```
x=
   0.1600
 6000.0000
 3000.0000
10500.0000
   2.4000
fval=
33553.6
```

故其氢气生产成本最优值为 33553.6 元。

例 4-18 湿法磷酸是生产磷酸二铵、氮磷钾（NPK）复合肥的主要原料。近年来磷酸二铵作为出口产品时，合同标准要求其含氮质量分数≥17.64%，因此给某公司磷酸二铵产品的生产与质量控制提出了更高的要求。合理的原料化学成分设计与较优的生产工艺参数是获得高质量磷酸二铵的前提，该公司拟采用线性规划最优化法求解在一定工艺条件下的最优解，为生产运行确定最优工艺参数范围提供参考依据。

选取对磷酸二铵产品质量影响较大的因素作为自变量，如硫酸加入量、磷酸中 P_2O_5 质量分数、磷酸中金属离子质量分数（MgO、Fe_2O_3、Al_2O_3、CaO、K_2O 和 Na_2O 质量分数总和，下同）、磷酸含固质量分数（SS）、磷酸中 SO_4^{2-} 质量分数、干燥尾气温度，分别记作 x_1，x_2，x_3，x_4，x_5 和 x_6；选取产品总养分质量分数和产品含氮质量分数作为因变量，分别记作 y_1 和 y_2。

已知产品总养分与各自变量的线性方程为：

$$y_1=81.00-0.0058x_1-0.2766x_2-1.523x_3-0.2742x_4+0.9557x_5+0.0076x_6$$

产品含氮质量分数与各自变量的线性方程为：

$$y_2=17.80+0.0139x_1+0.0656x_2+0.0626x_3-0.151x_4-0.432x_5-0.021x_6$$

其他参数控制范围如表 4-14 所示。

表 4-14　参数控制范围

y_1	x_1/(kg/t)	x_2/%	x_3/%	x_4/%	x_5/%	x_6/℃
64.0～64.3	0～15	44～46	0～5	0.5～2.5	3.5～5.0	90～95

解：建立目标函数。由于优等品磷酸二铵出口产品合同标准要求其含氮质量分数≥17.64%，故希望产品含氮量越高越好，即模型的目标函数为

$$\max y_2 = 17.80 + 0.0139x_1 + 0.0656x_2 + 0.0626x_3 - 0.151x_4 - 0.432x_5 - 0.021x_6$$

构建约束条件：

$$\text{s.t.}\begin{cases} 64.0 \leqslant 81.00 - 0.0058x_1 - 0.2766x_2 - 1.523x_3 - 0.2742x_4 + \\ \qquad 0.9557x_5 + 0.0076x_6 \leqslant 64.3 \\ x_1 \leqslant 15 \\ 44 \leqslant x_2 \leqslant 46 \\ x_3 \leqslant 5 \\ 0.5 \leqslant x_4 \leqslant 2.5 \\ 3.5 \leqslant x_5 \leqslant 5.0 \\ 90 \leqslant x_6 \leqslant 95 \\ x_j \geqslant 0 (j = 1, 2, \cdots, 6) \end{cases}$$

运用线性规划相关的计算方法，得出一个最优解 x=(15，46，5，0.5，3.5，90)，max y_2=17.8616。即硫酸加入量为 15kg/t、磷酸含 P_2O_5 质量分数为 46%、磷酸含金属离子质量分数为 5%、磷酸含固质量分数为 0.5%、磷酸含 SO_4^{2-} 质量分数为 3.5%、干燥尾气温度为 90℃时，产品含氮质量分数可达 17.8616%。

例 4.19　合理安排 1#、2#原油的使用量和 A（汽油）、B（煤油）、C（燃料油）、D（残油）生产量，使得利润最大，原料和产品情况如图 4-4、表 4-15 所示。

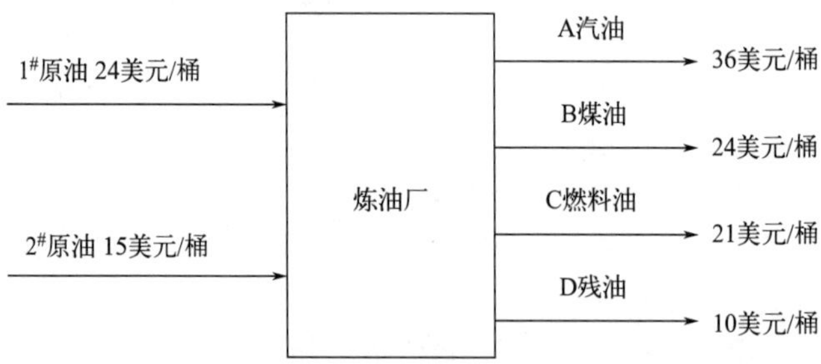

图 4-4　炼油厂物料进出图

解：设利润为 $f(x)$，整理后得到数学模型，目标函数如下。

$$\{\max f(x) = 36x_3 + 24x_4 + 21x_5 + 10x_6 - 24x_1 - 16x_2\}$$

式中，x_1 为 1#原油用量；x_2 为 2#原油用量；x_3 为 A 汽油产量；x_4 为 B 煤油产量；x_5 为 C 燃料油产量；x_6 为 D 残油产量。

表 4-15　产品得率、加工费、市场需求情况

产品名称	得率		最高生产能力或需求/(桶/天)
	1#原油	2#原油	
A 汽油	0.80	0.44	24000
B 煤油	0.05	0.10	2000
C 燃料油	0.10	0.36	6000
D 残油	0.05	0.10	
加工费/$	0.5	1.0	

约束条件为
$$\begin{cases} 0.8x_1+0.44x_2=x_3 \\ 0.05x_1+0.1x_2=x_4 \\ 0.1x_1+0.36x_2=x_5 \\ 0.05x_1+0.1x_2=x_6 \\ x_3 \leqslant 24000 \\ x_4 \leqslant 2000 \\ x_5 \leqslant 6000 \\ x_{1,2} \geqslant 0 \end{cases}$$

建立 Matlab 求解模型：

```
%目标函数，为转化为极小，取目标函数中设计变量的相反数
c=[24;16;-36;-24;-21;-10];
%线性不等式约束
A=[];
b=[];
%设计变量的边界约束
lb=[0;0;0;0;0;0];
ub=[Inf;Inf;24000;2000;6000;Inf];
%等式约束
Aeq=[0.8 0.44 -1 0 0 0;0.05 0.1 0 -1 0 0;0.1 0.36 0 0 -1 0;0.05 0.1 0 0 0 -1];
beq=[0;0;0;0];
[x,fval,exitflag,output]=linprog(c,A,b,Aeq,bcq,lb,ub);
%得到优化解
```

故得到该优化问题的最优解[26206.90, 6896.55, 24000.00, 2000.00, 5103.45, 2000.00]，相应的利润最大为 299862.07 美元。

例 4.20　某厂有 3 种矿石资源甲、乙、丙，可以用来生产 4 种不同的产品 Al、A2、A3 和 A4，其单位消耗、利润和固定成本（不生产则不需要）等数据如表 4-16 所示，问应如何安排生产？

解：用 x_i 表示生产 A_i 的数量（i=1,2,3,4）；

y_i=1 表示要生产 A_i（i=1,2,3,4）；

y_i=0 表示不生产 A_i（i=1,2,3,4）；

矿石资源甲的总量满足：$8x_1+7x_2+6x_3+5x_4 \leqslant 1000$；

表 4-16 生产不同产品的基本生产资料

原料 需要资源	产品				资源总量
	A1	A2	A3	A4	
甲	8	7	6	5	1000
乙	5	3	5	5	800
丙	2	5	4	5	600
单位利润	250	235	210	190	—
固定成本	2000	1500	1200	900	

矿石资源乙的总量满足：$5x_1+3x_2+5x_3+5x_4\leqslant 800$；

矿石资源丙的总量满足：$2x_1+5x_2+4x_3+5x_4\leqslant 600$。

故相应目标函数为：

$$\max\{z=250x_1+235x_2+210x_3+190x_4-2000y_1-1500y_2-1200y_3-900y_4\}$$

$$\text{模型约束条件：s.t.}\begin{cases}8x_1+7x_2+6x_3+5x_4\leqslant 1000\\5x_1+3x_2+5x_3+5x_4\leqslant 800\\2x_1+5x_2+4x_3+5x_4\leqslant 600\\0\leqslant x_i<My_i, i=1,2,3,4\\y_i=0,1\end{cases}$$

式中，M 表示一个充分大的正常数，可取 9999。解上述问题可得

$$\begin{cases}x_1=67\\x_2=0\\x_3=0\\x_4=93\end{cases}$$

最大利润 z=31520。

4.5.2 连续投资问题

例 4.21 2020 年，M 国计划发行国家债券，债券到期年限有 2 年、3 年、4 年、5 年、9 年、12 年、15 年、18 年、20 年、25 年等 10 种，债券每年初发行，发行时间为 2021 年至 2049 年，债券每年末兑现，兑现有效截止时间为 2050 年。债券服务范围涵盖医药健康、交通运输、科技研发、装备制造、国民福利五大领域，债券到期后，允许债券购买者所在的地方政府收取税率不等的税收。债券类型、到期年限、收益率、税收比率等见表 4-17。未来教育基金会（以下称 FFE）计划在 2050 年前（含 2050 年）向 M 国部分高等院校捐助一笔经费以帮助贫困学生。为了增加捐助金额，FFE 将现有的 8000 万美元资金进行债券投资。为谨慎起见，FFE 委托风险机构对各类债券进行了风险等级评估，同时，FFE 制定了投资要求：①医药健康债券购买金额不得少于债券购买总金额的 20%，其余每个行业的债券购买总金额不得少于债券购买总金额的 10%；②所购债券的平均风险等级不得低于 2.5，等级数字越大风险越低；③要求所购买的债券的平均到期年限不超过 10 年；④要求捐助活动结束后 FFE 继续保留 8000 万美元资金。若 SEB 债券投资只允许在第一年初进行，那这些投资将分别在第 2、3、4、5、9、12、15、18、20、25 年收回本金和收益，8000 万美元资金如何分配，能使得 15 个产品的总收益达到最大？

表 4-17　各类债券及其属性

债券领域	风险等级	地方政府税率/%	到期年限	到期税前总收益/%
医药健康	5	0	2	4.45
			9	39.89
			20	232.11
交通运输	2	20	3	8.00
			12	58.27
			25	300.54
科技研发	4	0	4	12.55
			15	180.09
			20	232.11
装备制造	3	10	4	12.55
			9	39.89
			18	206.12
国民福利	1	30	2	4.45
			5	18.77
			18	206.12

解：设该模型的投资收益为 s，将三类医疗健康债券的投资金额用 x_1、x_2、x_3 表示，将三类交通运输债券的投资金额用 x_4、x_5、x_6 表示，将三类科技研发债券的投资金额用 x_7、x_8、x_9 表示，将三类装备制造债券的投资金额用 x_{10}、x_{11}、x_{12} 表示，将三类国民福利债券的投资金额用 x_{13}、x_{14}、x_{15} 表示。依据题目实际情况列出目标函数：

$$\begin{aligned}\max\{s=&0.0445x_1+0.3989x_2+2.3211x_3+(0.08x_4+0.5827x_5+3.0054x_6)\times(1-20\%)\\&+0.1255x_7+1.8009x_8+2.3211x_9+(0.1255x_{10}+0.3989x_{11}+2.0612x_{12})\times(1-10\%)\\&+(0.0445x_{13}+0.1877x_{14}+2.0612x_{15})\times(1-30\%)\}\end{aligned}$$

约束条件：

总资金约束为用于债券投资的资金总额为 8000 万美元，即

$$\sum_i^n x_i \leqslant 8000; i=1,2,\cdots,14,15; n=15$$

分行业债券购买金额约束包括中医药健康债券购买金额不得少于债券购买总金额的 20%，其余每个行业的债券购买总金额不得少于债券购买总金额的 10%，即

$$\begin{cases}x_1+x_2+x_3\geqslant 1600\\x_4+x_5+x_6\geqslant 800\\x_7+x_8+x_9\geqslant 800\\x_{10}+x_{11}+x_{12}\geqslant 800\\x_{13}+x_{14}+x_{15}\geqslant 800\end{cases}$$

风险等级约束即所购债券的平均风险等级不得低于 2.5：

$$5(x_1+x_2+x_3)+2(x_4+x_5+x_6)+4(x_7+x_8+x_9)+3(x_{10}+x_{11}+x_{12})+x_{13}+x_{14}+x_{15}\geqslant 2.5\sum_i^n x_i;$$

$$i=1,\ 2,\ \cdots,\ 14,\ 15; n=15$$

平均年限约束即所购买的债券的平均到期年限不能超过 10 年：

$$2x_1+9x_2+20x_3+3x_3+12x_5+25x_6+4x_7+15x_8+20x_9+4x_{10}+9x_{11}$$

$$+18x_{12}+2x_{13}+5x_{14}+18x_{15}\leqslant 10\sum_{i}^{n}x_i;\ i=1，2，\cdots,14,15;\ n=15$$

非负条件约束即 $x_i\geqslant 0$（i=1，2，3，…，13，14，15）。

已知目标函数和约束条件，可以求解该优化问题。建立 Matlab 求解模型：

```
%目标函数，为转化为极小，取目标函数中设计变量的相反数
c=[-0.0445,-0.3989,-2.3211,-0.064,-0.4662,-2.4043,-0.1255,-1.8009,-2.3211,
-0.1130,-0.3590, -1.8551,-0.0312,-0.1314,-1.4428]
%线性不等式约束
A=[1 1 1 1 1 1 1 1 1 1 1 1 1 1 1; -1 -1 -1 0 0 0 0 0 0 0 0 0 0 0 0; 0 0 0 -1
-1 -1 0 0 0 0 0 0 0 0 0; 0 0 0 0 0 0 -1 -1 -1 0 0 0 0 0 0; 0 0 0 0 0 0 0 0 0 -1
-1 -1 0 0 0; 0 0 0 0 0 0 0 0 0 0 0 0 -1 -1 -1;-2.5 -2.5 -2.5 0.5 0.5 0.5 -1.5 -1.5
-1.5 -0.5 -0.5 -0.5 1.5 1.5 1.5;-8 -1 10 -7 2 15 -6 5 10 -6 -1 8 -8 -5 8];
b=[8000;-1600;-800;-800;-800;-800;0;0]
%设计变量的边界约束
lb=[0;0;0;0;0;0;0;0;0;0;0;0;0;0;0]
ub=[Inf; Inf;];
%求解最优解和目标函数值，由于无等式约束，故设置 Aeq=[],beq=[]
Aeq=[];
beq=[]
[x,fval]=linprog(c,A,b,Aeq,beq,lb,ub)
%得到优化解
Optimal solution found.
```

由此可知：最优解为[1066.7,0,533.3,800,0,0,0,4000,0,800,0,0,800,0,0]，最优值为 8566.5。

结果分析：以上述线性规划建模结果进行分析，若 SEB 债券投资只允许在第一年初进行，即不进行重复投资，并且在所购债券的平均风险等级不得低于 2.5、所购买的债券的平均到期年限不超过 10 年的情况下，分别在第 2、3、4、5、9、12、15、18、20、25 年收回本金和收益，想使得 15 个产品的总收益达到最大，则应按照如下方案进行投资：在医药健康债券领域中，到期年限为 2 年和 20 年的分别投资 1066.7 万美元和 533.3 万美元，到期年限为 9 年的不投资；在交通运输债券领域中，到期年限为 3 年的投资 800 万美元，到期年限为 12 年和 25 年的不投资；在科技研发债券领域中，到期年限为 15 年的投资 4000 万美元，到期年限为 4 年和 20 年的不投资；在装备制造债券领域中，到期年限为 4 年的投资 800 万美元，到期年限为 9 年和 18 年的不投资；在国民福利债券领域中，到期年限为 2 年的投资 800 万美元，到期年限为 5 年和 18 年的不投资。若将 8000 万美元按上述方式投资，可使得 15 个产品总收益达到最大，且最大总收益为 8566.5 万美元。

4.5.3 物流运输问题

例 4.22 某水果罐头制造企业有 A、B 两个生产厂，需要从Ⅰ、Ⅱ两个水果园进水果，

还要向甲、乙、丙三个大型市场供应罐头，Ⅰ水果园每次最多可提供水果量为3t，Ⅱ水果园每次最多可提供的水果为4t；甲、乙、丙三个市场的罐头需求量分别为3t、5t和4t，假设两家果园水果价格一样，每单位的水果可制造2单位的罐头，单位运费如表4-18所示，那么如何设计A、B两个生产厂的运输途径才能使得运输成本最小？

表4-18　单位运费表　　单位：元/t

地区	Ⅰ水果园	Ⅱ水果园	甲市场	乙市场	丙市场
A厂地	80	60	50	30	30
B厂地	50	70	60	40	30

解：针对上述结果，首先构建数学模型，建立线性方程组。设A厂从Ⅰ、Ⅱ水果园分别进x_1、x_2的水果，B厂分别从Ⅰ、Ⅱ水果园进x_3、x_4的水果；A厂分别对甲、乙、丙供x_5，x_6，x_7单位的罐头，B厂分别对甲、乙、丙供x_8，x_9，x_{10}单位的罐头，则该目标函数为：

$$\min\{f_x = 80x_1 + 60x_2 + 50x_3 + 70x_4 + 50x_5 + 30x_6 + 30x_7 + 60x_8 + 40x_9 + 30x_{10}\}$$

由题知，建立约束条件：

$$\begin{cases} x_1 + x_3 \leqslant 3 \\ x_2 + x_4 \leqslant 4 \\ x_5 + x_8 = 3 \\ x_6 + x_9 = 5 \\ x_7 + x_{10} = 4 \\ x_1 + x_2 + x_3 + x_4 = 6 \\ 2x_1 + 2x_2 - x_5 - x_6 - x_7 = 0 \\ 2x_3 + 2x_4 - x_8 - x_9 - x_{10} = 0 \\ x_i \geqslant 0\ (i = 0,1,\cdots,10) \end{cases}$$

不等式约束分别表示Ⅰ水果园提供的水果最多为3t，Ⅱ水果园提供的水果最多为4t；等式约束分别表示保证甲市场的供货量3t，乙市场的供货量为5t，丙市场的供货量为4t；A、B两个加工厂进的水果综合为6t，A厂产销相等，B厂产销相等。

建立Matlab求解模型：

```
%目标函数，为转化为极小，取目标函数中设计变量的相反数
c=[80;60;50;70;50;30;30;60;40;30];
%线性不等式约束
A=[1 0 1 0 0 0 0 0 0 0;0 1 0 1 0 0 0 0 0 0];
b=[3;4]
%设计变量的边界约束
lb=[0;0;0;0;0;0;0;0;0;0]
ub=[Inf;Inf;Inf;Inf;Inf;Inf;Inf;Inf;Inf;Inf];
%等式约束
Aeq=[0 0 0 0 1 0 0 1 0 0;0 0 0 0 0 1 0 0 1 0;0 0 0 0 0 0 1 0 0 1;
1 1 1 1 0 0 0 0 0 0;2 2 0 0 -1 -1 -1 0 0 0;0 0 2 2 0 0 0 -1 -1 -1];
beq=[3 5 4 6 0 0 ];
```

```
[x,fval,exitflag,output]=linprog(c,A,b,Aeq,beq,lb,ub)
Optimal solution found.
x=[0;4;2;0;3;5;0;0;0;4]T
fval=760
output =
      iterations: 5
       algorithm: 'dual-simplex'
   message: 'Optimal solution found.'
```

即在优化后模型下，A 厂从Ⅰ水果园进水果 0t，从Ⅱ水果园进水果 4t，供货给甲市场 3t，供货给乙市场 5t，供货给丙市场 0t；B 厂从Ⅰ水果园进货 2t，从 B 水果园进货 0t，供货给甲市场 0t，供货给乙市场 0t，供货给丙市场 4t。此时运输费用最低为 760 元，节省运输成本。

4.5.4 配料问题

例 4.23 某饲养场有 5 种饲料。已知各种饲料的单位价格和每百千克饲料的蛋白质、矿物质、维生素含量如表 4-19 所示，又知该饲养场每日至少需蛋白质 70 单位、矿物质 3 单位、维生素 10 毫单位。问如何混合调配这 5 种饲料，才能使总成本最低？

表 4-19 饲料的成分与单价

饲料种类	成分			饲料单价
	蛋白质/单位	矿物质/单位	维生素/毫单位	
1	0.30	0.10	0.05	2
2	2.20	0.05	0.10	7
3	1.00	0.02	0.02	4
4	0.60	0.20	0.20	3
5	1.80	0.05	0.08	5

解：设第 i 种饲料的用量为 x_i（百千克），i=1,2,⋯,5，则对应的总成本（元）为

$$\min\{f = 2x_1 + 7x_2 + 4x_3 + 3x_4 + 5x_5\}$$

要求蛋白质的总含量不少于 70 单位，则

$$0.3x_1 + 2.2x_2 + x_3 + 0.6x_4 + 1.8x_5 \geqslant 70$$

要求矿物质的总含量不少于 3 单位，则

$$0.1x_1 + 0.05x_2 + 0.02x_3 + 0.2x_4 + 0.05x_5 \geqslant 3$$

要求矿物质的总含量不少于 10 毫单位，则

$$0.05x_1 + 0.1x_2 + 0.02x_3 + 0.2x_4 + 0.08x_5 \geqslant 10$$

因此，用 Matlab 求解的代码和结果如下：

```
%目标函数
c=[2;7;4;3;5];
%线性不等式约束
```

```
A=[-0.3 -2.2 -1 -0.6 -1.8
-0.1 -0.05 -0.02 -0.2 -0.05
-0.05 -0.1 -0.02 -0.2 -0.08]
b=[-70;-3;-10]
%设计变量的边界约束
lb=[0 0 0 0 0]
ub=[Inf Inf Inf Inf Inf]
%求最优解 x 和目标函数值 fval，无不等式约束，故 Aeq=[],beq=[]
[x,fval]=linprog(c,A,b,[],[],lb,ub)
Optimization termianated
```

解得 x=(0,0,0,39.7436,25.6410) fval=247.4359。

由运行结果可知，只需要后两种饲料即可，其中饲料 4 需要 3.974.36 kg，饲料 5 需要 2.564.1 kg，且此时的最低成本为 247.4 元。

4.6 本章小结

线性规划是一类具有重要实际意义的约束最优化问题，在生产组织管理、资源调配等领域普遍存在，其目标函数和约束条件均为线性形式，因而具有特殊的解结构。本章介绍了线性规划问题的概念、特点和常见解法。

线性规划问题的优化解如果存在，必定产生于其基本可行解之中，即可行域（几何上体现为多维空间单纯形）的顶点，通过二维问题图解法可以得到验证，而经典的单纯形法也正是利用了这一特性。若能设计计算步骤，使每步从一个基本可行解转至另一更优的基本可行解，则总能在有限步内实现收敛。上述步骤在单纯形法中体现为主元变换，其换入、换出的变量通过检验数和 θ 准则进行自动判定。另一方面，每个线性规划问题都存在与之相对应的对偶问题，借助对偶定理和互补松弛原理构造的对偶单纯形法，对某些线性规划问题可更简便地求解。注意，对偶单纯形法并不是采用单纯形法求解对偶问题，而是从原问题的对偶可行解（对于原问题不可行）出发进行迭代，最终得到原问题、对偶问题同时可行的最优解。此外，本章还介绍了在大规模线性规划问题中较单纯形法可能减轻计算负担的 Karmarkar 内点法，单纯形法、内点法在 Matlab 等计算软件中都得到了成功应用。

当线性规划部分或全部变量需满足整数约束时称为整数规划，这种问题在化工等领域较为常见。显然，整数规划问题的可行解首先应为相应线性规划问题（称为其松弛问题）的可行解。从这个思路出发，在松弛问题基础上补充约束条件，构造“切平面”对可行域进行修剪，从而逼近整数规划最优解的方法，称为切平面法；而通过构建树形图，以树分叉（即分支）的形式产生一系列增加约束的子问题，并通过分支子问题优化函数值的比较“定界”，选择较有希望产生最优解的分支继续分叉直至收敛，称为分支定界法。

习 题

1. 某市准备投资兴建一座大型物流园，有 3 个地点可供选择。按 3 个地点计算出物品输出时每年总运输费用分别为2000万元、1500万元和1000万元；物品输入时每年运输总费用分别为800万元、1000万元和1200万元。三地建设物流园的建设费用分别1300万元、1350万元，1400万元。问在哪里建设物流园比较适宜？

2. 某化工厂用卡车向其经销商运输化学品，工厂最近与一位经销商签订提供化学品的协议。目前，工厂有600万元资金可用于购买车辆以扩充运输队，各种运输用的卡车车型及相关指标见下表。

卡车型号	容量/t	购买价/万元	运营费/元
超级车	50	67	5500
常规车	25	55	4250
经济型车	10	46	3500

据统计数据估计，该地区对于某种化学品每月的需求量为5500t。由于卡车型号和性能不同，各种型号卡车的运送次数，即每月往返次数也有所不同，估计超级车每月往返15次，常规车每月往返20次，经济型车每月往返25次。在考虑到保养和可用司机的基础上，工厂希望为其车队增加新车不超过15辆。除此以外，工厂决定至少为短途、低需求的路线购买3辆经济型车。最后，工厂不希望购买的超级车的数量多于总新车数的一半。若公司希望在月运营费最小的情况下满足化学品的需要，应该如何配置各种不同类型的车辆？

3. 假设分派甲、乙、丙、丁、戊5人去完成A、B、C、D、E 5项任务，每人必须完成一项，每项任务必须由1人完成，每个人完成各项任务所需时间 C_{ij} 如下表所示，问怎样分派任务才能使完成5项任务总时间最少？

项目	A	B	C	D	E
甲	16	14	18	17	20
乙	14	13	16	15	17
丙	18	16	17	19	20
丁	19	17	15	16	19
戊	17	15	19	18	21

4. 工厂工艺流程安排。某工厂需要生产A、B两种产品以满足市场的需求。这两种产品的生产均需经过两道工艺流程。每生产1kg的A产品在第一道工艺流程耗时4h，在第二道工艺流程耗时6h；每生产1kg的B产品在第一道工艺流程耗时6h，在第二道工艺流程耗时8h。由于生产计划的要求，可供用的第一道工艺流程工时为240h，第二道工艺流程工时为480h。在化学品生产的过程中一般会伴随着副产品的生产，该工厂在生产B产品的同时，会产出副产品C，每生产1kg的B产品会产生2kg的副产品C，而不需另外加任何费用。由于副产品C的利用率问题，产品C中的一部分可盈利，其他部分只能报废。根据核算，出售1kg的A产品可以盈利600元，出售1kg的B产品可以盈利1000元，出售1kg的C产品可以盈利300元，而报废1kg的C产品需要亏损200元。经市场预测，在计划期内，产品C最大销售量为50kg，此时，应当如何安排A、B两种产品的产量，使该工厂的预计总盈利可以达到最大？

5. 某厂利用A、B、C三种原料生产两种产品Ⅰ、Ⅱ，有关数据见下表。问：该厂应如何安排生产计划，才能获利最大？

原料	生产单位产品所需原料数量		原料供应量
	I	Ⅱ	
A	1	1	150
B	2	3	240
C	3	2	300
产品的单位	2.4	1.8	

6. 某石油公司有3个采油厂W、X、Y，某地有3个加油站A、B、C，3个加油站的需求量分别为72t、102t、41t，采油厂的生产能力及其到各加油站的运价见下表。

采油厂	运价/(元/km)			生产能力/t
	A	B	C	
W	40	80	80	56
X	160	240	160	82
Y	80	160	240	77

问：如何运输可使运输总费用最少？

7. 设有一化工厂，需要从某地引入生产用水，水源距厂区距离为1000m，根据生产任务，水的流量必须达到0.3m³/s，现有3种尺寸的管子供选择，其尺寸参数及价格为：直径 d 为0.6m的管子，每米为130元；直径 d 为0.5m的管子，每米为90元；直径 d 为0.4m的管子，每米为60元。要求以最少的投资费用，设计一串联管路，使水在整个管路中流动时压头损失不大于5m。

8. 某炼厂用常三线和催化柴油作为组分油，调合成0号、−10号柴油，有关数据见下表。问应如何进行调合，才能使产值最大？

项目	0号柴油	−10号柴油	组分油罐存量/t
常三线	0.8	0.4	40
催化柴油	0.2	0.6	30
成品油产值	7200元/t	7600元/t	

9. 某机床厂生产甲、乙两种机床，每台销售后的利润分别为4000元与3000元。生产甲机床需用A、B机器加工，加工时间分别为每台2h和1h；生产乙机床需用A、B、C三种机器加工，加工时间为每台各1h。若每台可用于加工的机器的可用时间分别为A机器10h、B机器8h和C机器7h。问该厂应生产甲、乙机床各几台，才能使总利润最大？

10. 某厂生产甲、乙两种口味的零食，每百箱甲零食需用原料12kg，工人20名，可获利15万元；每百箱乙零食需用原料10kg，工人25名，可获利12万元。如今工厂共有原料80kg，工人180名，并且由于其他条件所限，甲零食的产量不能超过800箱。问：

① 如何安排生产计划，即两种零食各生产多少箱可使获利最大？

② 若投资0.7万元可增加原料1kg，问应否做这项投资？

③ 若每百箱甲零食获利可增加0.9万元，问应否改变生产计划？

11. 用图解法解下列线性规划问题：

（1）$\min\{5x_1-6x_2\}$

$$\text{s.t.}\begin{cases}x_1+2x_2\leqslant 10\\2x_1-x_2\leqslant 5\\x_1-4x_2\leqslant 4\\x_1,x_2\geqslant 0\end{cases}$$

（2）$\min\{-x_1+x_2\}$

$$\text{s.t.}\begin{cases}3x_1-7x_2\geqslant 8\\x_1-x_2\leqslant 5\\x_1,x_2\geqslant 0\end{cases}$$

（3）$\min\{13x_1+5x_2\}$

$$\text{s.t.}\begin{cases}7x_1+3x_2\geqslant 19\\10x_1+2x_2\leqslant 11\\x_1,x_2\geqslant 0\end{cases}$$

（4）$\min\{-20x_1+10x_2\}$

$$\text{s.t.}\begin{cases}x_1+x_2\geqslant 10\\-10x_1+x_2\leqslant 10\\-5x_1+5x_2\leqslant 25\\x_1+4x_2\geqslant 20\\x_1,x_2\geqslant 0\end{cases}$$

（5）$\min\{5x_1+4x_2\}$

$$\text{s.t.}\begin{cases}-2x_1+x_2\geqslant -4\\x_1+2x_2\leqslant 6\\5x_1+4x_2\leqslant 15\\x_1,x_2\geqslant 0\end{cases}$$

（6）$\min\{3x_1+x_2\}$

$$\text{s.t.}\begin{cases}x_1-x_2\geqslant 0\\x_1+x_2\leqslant 5\\6x_1+2x_2\leqslant 21\\x_1,x_2\geqslant 0\end{cases}$$

12. 用单纯形法求解下面线性规划问题：

（1）

$\min\{f=-4x_1-x_2\}$

$$\text{s.t.}\begin{cases}-x_1+2x_2\leqslant 4\\2x_1+3x_2\leqslant 12\\x_1-x_2\leqslant 3\\x_{1,2}\geqslant 0\end{cases}$$

（2）

$\min\{f=2x_1+x_2\}$

$$\text{s.t.}\begin{cases}-x_1-2x_2\geqslant 4\\2x_1+3x_2\leqslant 12\\x_{1,2}\geqslant 0\end{cases}$$

（3）

$\max\{f=-x_1+3x_2+x_3\}$

$$\text{s.t.}\begin{cases}3x_1-x_2+2x_3\leqslant 7\\-2x_1+4x_2\leqslant 12\\-x_1+3x_2+8x_3\leqslant 10\\x_{1,2,3}\geqslant 0\end{cases}$$

（4）

$\min\{f=3x_1-5x_2-2x_3-x_4\}$

$$\text{s.t.}\begin{cases}x_1+x_2+x_3\leqslant 4\\4x_1-x_2+x_3+2x_4\leqslant 6\\-x_1+x_2+2x_3+3x_4\leqslant 12\\x_{1,2,3,4}\geqslant 0\end{cases}$$

13. 利用 Matlab 解决下列线性规划问题

（1）

$\min\{f=x_1+x_2+x_3\}$

$$\text{s.t.}\begin{cases}x_1+2x_2+3x_3=15\\2x_1+x_2+5x_3=20\\x_{1,2,3}\geqslant 0\end{cases}$$

（2）

$\min\{f=x_1+x_2+x_3\}$

$$\text{s.t.}\begin{cases}x_1+2x_2+3x_3=15\\2x_1+x_2+5x_3=20\\x_1-4x_2+2x_3=10\\x_{1,2,3}\geqslant 0\end{cases}$$

(3)

$$\min\{f = x_1 + x_2\}$$

$$\text{s.t.}\begin{cases} x_1 + 2x_2 = 5 \\ -2x_1 - 5x_2 \leqslant -20 \\ x_{1,2} \geqslant 0 \end{cases}$$

14. 用分支定界法解下列问题

(1)

$$\min\{f = 2x_1 + x_2 - 3x_3\}$$

$$\text{s.t.}\begin{cases} x_1 + 2x_2 + 2x_3 \leqslant 5 \\ 2x_1 + 2x_2 - x_3 \leqslant 1 \\ x_{1,2,3} \geqslant 0,\text{且为整数} \end{cases}$$

(2)

$$\min\{f = 4x_1 + 7x_2 + 3x_3\}$$

$$\text{s.t.}\begin{cases} x_1 + 3x_2 + x_3 \geqslant 5 \\ 3x_1 + x_2 + 2x_3 \geqslant 8 \\ x_{1,2,3} \geqslant 0,\text{且为整数} \end{cases}$$

15. 用切平面法解下列问题

(1)

$$\min\{f = x_1 - 2x_2\}$$

$$\text{s.t.}\begin{cases} x_1 + x_2 \leqslant 10 \\ -x_1 + x_2 \leqslant 5 \\ x_{1,2} \geqslant 0,\text{且为整数} \end{cases}$$

(2)

$$\min\{f = 5x_1 + 3x_2\}$$

$$\text{s.t.}\begin{cases} 2x_1 + x_2 \geqslant 10 \\ x_1 + 3x_2 \geqslant 9 \\ x_{1,2} \geqslant 0,\text{且为整数} \end{cases}$$

第5章

非线性约束问题的最优化

本书第 2、3 章中讨论的优化问题都是不涉及约束条件的，这意味着优化变量的取值在整个实数域中，不需要考虑任何限制条件。但是从实际问题中抽象出来优化模型需要考虑各种现实条件的约束。例如在考虑具体的化工优化问题时，优化数学模型往往需要考虑物料守恒、能量守恒、技术规程、安全操作等各方面的因素，对应决策变量取值需要受到一定的等式或者不等式的制约，这时形成的优化问题往往是带约束条件的非线性优化模型。本章与第 4 章类似的是都需要考虑决策变量的约束条件，但是第 4 章约束条件和优化函数都为线性，求解较为容易，而本章则需要考虑更具一般和普遍意义的非线性约束最优化问题。

先看以下化工生产中关于换热器的优化设计的实际问题：

某化工厂欲利用本厂废热，采用三个换热器将某物料温度由 100℃加热到 500℃，其流程和有关数据如图 5-1 所示，请问各温度该如何选取才能使换热器系列的总传热面积最小？

已知：

① 所有物料其 $m_i c_{pi} = 100000\ (i = 1,2,3)$ ，其中，m 为流体质量流率，c_p 为流体比热容，i 为流体序号。

② 三个换热器的总传热系数分别为 $K_1 = 120$，$K_2 = 80$ 和 $K_3 = 40$。

③ 为简化起见，换热器采用逆流换热时，其温差 Δt_m 采用算术平均值。各数值略去量纲。

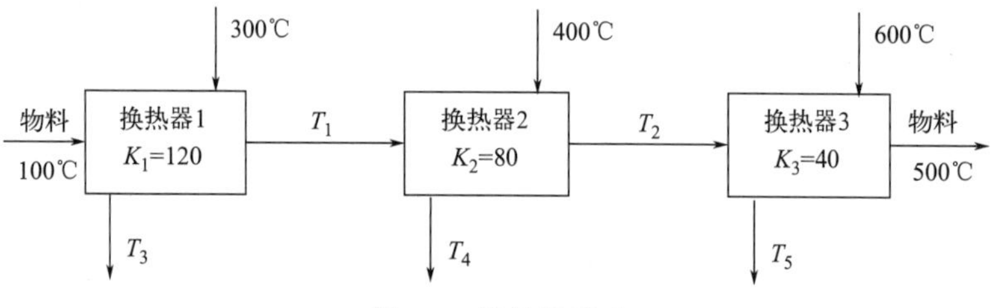

图 5-1　换热器系列

忽略各物料比热容随温度的变化，根据热量守恒定律对三个换热器进行计算。

对换热器 1 有
$$mc_p(T_1 - 100) = mc_p(300 - T_3)$$

即
$$T_3 = 400 - T_1$$

对换热器 2 有
$$mc_p(T_2 - T_1) = mc_p(400 - T_4)$$

即
$$T_4 = 400 - T_2 + T_1$$

对换热器 3 有 $$mc_{\mathrm{p}}(500-T_2)=mc_{\mathrm{p}}(600-T_5)$$

即 $$T_5=100+T_2$$

若各换热器的温差均取算术平均值，则有

$$\Delta t_{m1}=\frac{(300-T_1)+(T_3-100)}{2}=300-T_1$$

$$\Delta t_{m2}=\frac{(400-T_2)+(T_4-T_1)}{2}=400-T_2$$

$$\Delta t_{m3}=\frac{(600-500)+(T_5-T_2)}{2}=100$$

根据传热方程，换热面积计算为

$$A_i=\frac{Q_i}{K_i\Delta t_{\mathrm{m}i}}=\frac{mc_{\mathrm{p}}\Delta T_i}{K_i\Delta t_{\mathrm{m}i}}$$

式中，A_i 是第 i 个换热器的传热面积；Q_i 是第 i 个换热器进行热交换的热量；K_i 是第 i 个换热器的传热系数；ΔT_i 是第 i 个换热器的物料进出口温差。

由以上推导可知，最小化目标函数可表示为

$$\begin{aligned}\min A&=A_1+A_2+A_3\\&=\frac{100000(T_1-100)}{120(300-T_1)}+\frac{100000(T_2-T_1)}{80(400-T_2)}+\frac{100000(500-T_2)}{40\times100}\end{aligned}$$

关于温度的约束条件为

$$100<T_1<300$$

$$T_1<T_2<400$$

从上述例题中可以看到，关于换热器优化问题的数学模型包含一个非线性的目标函数和两个不等式约束条件。这种优化数学模型是以往章节尚未讨论过的，称为非线性约束最优化问题。

非线性约束最优化问题的数学模型一般形式为

$$\min f(x) \tag{5-1a}$$

$$\text{s.t.}\quad g_i(x)\geqslant 0\ \ (i=1,2,\cdots,m) \tag{5-1b}$$

$$h_i(x)=0\ \ (j=1,2,\cdots,l) \tag{5-1c}$$

式（5-1）中，目标函数 $f(x)$及约束函数 $g(x)$、$h(x)$至少存在一个函数为非线性，$\boldsymbol{x}\in R^n$。式（5-1b）称为不等式约束，这一组约束往往是为了保证变量取值使过程物理上可实现所加的限制；式（5-1c）称为等式约束，常反映了变量之间的内在联系规律，如物质守恒定律、能量守恒定律、相平衡等，这里 l 个等式方程是独立的，且 $l<n$（n 表示决策变量数目）。

求解有约束非线性规划问题是一项非常复杂的工作，当前求解方法大致可以分为两类：把有约束问题转化为一系列无约束问题，或把非线性约束规划问题转化为线性规划问题，然后再用第 3、4 章所介绍的方法求解。

5.1 约束问题最优解的充分必要条件

为了求解非线性约束最优化问题，首先需要明确其最优解的充分必要条件。

本节主要给出约束问题［如式（5-1）］的最优性条件。假设该问题的可行域用 D 表示：

$$D = \{\boldsymbol{x} \in R^n \mid g_i(\boldsymbol{x}) \geqslant 0, h_j(\boldsymbol{x}) = 0, i = 1,2,\cdots,m; j = 1,2,\cdots,l\}$$

则该问题可表示为：

$$\begin{aligned} &\min \ f(\boldsymbol{x}) \\ &\text{s.t.} \ \ \boldsymbol{x} \in D \end{aligned} \tag{5-2}$$

任何 $\boldsymbol{x} \in D$ 的点称为可行点。接下来引入若干基本概念，对问题开展进一步讨论。

5.1.1 基本概念

5.1.1.1 起作用约束

在该约束问题中，若某个可行点 $\boldsymbol{x}^0$ 能使约束条件 $g_i(\boldsymbol{x}^0) \geqslant 0$ 等号成立，则该约束称为该可行点 $\boldsymbol{x}^0$ 的起作用约束(或紧约束);反之,若约束 $g_i(\boldsymbol{x}^0) \geqslant 0$ 成为严格不等式,即 $g_i(\boldsymbol{x}^0) > 0$,则该约束称为该可行点 $\boldsymbol{x}^0$ 的不起作用约束(或松约束)。设起作用约束下标的集合为 I,即有

$$I = \{i \mid g_i(x) = 0, \ \ i = 1,2,\cdots,m\}$$

假如某一非线性规划问题有如下约束：

$$\begin{aligned} g_1(x) &= 1 - x_1^2 - x_2^2 \geqslant 0 \\ g_2(x) &= x_1 - x_2 \geqslant 0 \\ g_3(x) &= x_1 \geqslant 0 \\ g_4(x) &= x_2 \geqslant 0 \end{aligned}$$

由这些约束所确定的问题的可行域为图 5-2 中斜线扇形区域。图中 A 点的位置向量是 $\boldsymbol{x}^A = (1,0)^{\mathrm{T}}$，$B$ 点位置向量是 $\boldsymbol{x}^B = \left(\frac{2}{2}, \frac{2}{2}\right)^{\mathrm{T}}$。由于 $\boldsymbol{x}^A$ 使 $g_1(\boldsymbol{x}^A) = 1 - 1^2 - 0^2 = 0$，$g_4(\boldsymbol{x}^A) = 0$，所以 $g_1(\boldsymbol{x}) \geqslant 0$ 和 $g_4(\boldsymbol{x}) \geqslant 0$ 都是关于点 $\boldsymbol{x}^A$ 的起作用约束，而 $g_2(\boldsymbol{x}^A) = 1 - 0 = 1 > 0$，$g_3(\boldsymbol{x}^A) = 1 > 0$。

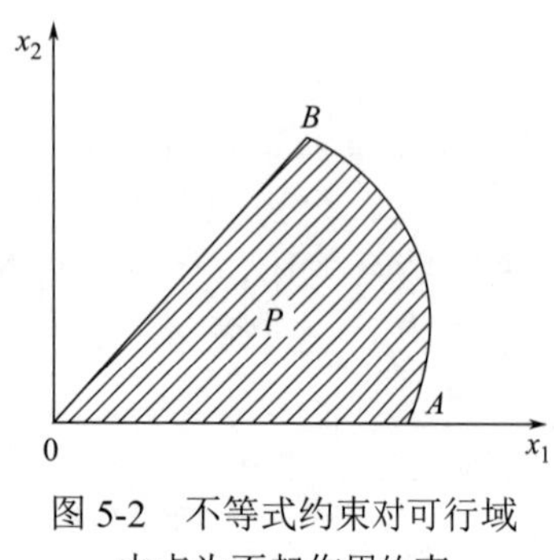

图 5-2　不等式约束对可行域内点为不起作用约束

因此不等式约束 $g_2(\boldsymbol{x}) \geqslant 0$ 和 $g_3(\boldsymbol{x}) \geqslant 0$ 是关于 $\boldsymbol{x}^A$ 的不起作用约束。同理，不等式 $g_1(\boldsymbol{x}) \geqslant 0$ 和 $g_2(\boldsymbol{x}) \geqslant 0$ 是关于 $\boldsymbol{x}^B$ 的起作用约束，其余两个是关于 $\boldsymbol{x}^B$ 的不起作用约束。

由起作用约束的定义和上例可以看出，不等式约束对于可行域的任意内点都是不起作用约束，例如图 5-2 中的 P 点。因此只有可行域的边界点才有可能使某个或某些不等式约束变为起作用约束。显然，按照定义，任一等式约束都是关于任何一个可行点的起作用约束。

5.1.1.2 可行方向与可行下降方向

在求解同时有等式和不等式约束条件的非线性规划问题［如式（5-1）］时，除了要使目标函数值不断下降之外，还要时刻注意搜索方向的可行性问题，即看是否处于约束条件所限定的范围之内。

设 $\boldsymbol{x}^k\in D$，若对于某非零向量 $\boldsymbol{p}^k\in R^n$ 存在 $\delta>0$，对于所有的 $\lambda\in[0,\delta]$，必有 $(\boldsymbol{x}^k+\lambda\boldsymbol{p}^k)\in D$，则称 $\boldsymbol{p}^k$ 为区域 D 中从点 $\boldsymbol{x}^k$ 出发的一个可行方向。也就是说，为使方向 $\boldsymbol{p}^k$ 为可行方向，应存在 $\delta>0$，使当 $0\leqslant\lambda\leqslant\delta$ 时有

$$g_i(\boldsymbol{x}^k+\lambda\boldsymbol{p}^k)\geqslant 0 \quad (i=1,2,\cdots,m) \tag{5-3}$$

证明：

若在 $\boldsymbol{x}^k$ 处将 $g_i(\boldsymbol{x})$用泰勒级数予以展开：

$$g_i(\boldsymbol{x}^k+\lambda\boldsymbol{p}^k)=g_i(\boldsymbol{x}^k)+(\lambda\boldsymbol{p}^k)^{\mathrm{T}}\nabla g_i(\boldsymbol{x}^k)+o(\lambda\boldsymbol{p}^k)$$

略去高阶小量，根据该式可知，当 $g_i(\boldsymbol{x}^k)>0$ 时，只要满足

$$(\boldsymbol{p}^k)^{\mathrm{T}}\nabla g_i(\boldsymbol{x}^k)>0, \tag{5-4}$$

则当 δ 充分小，例如 $0\leqslant\delta\leqslant\delta_1$ 时，必有 $g_i(\boldsymbol{x}^k+\lambda\boldsymbol{p}^k)\geqslant0$。若对某些 i，$g_i(\boldsymbol{x}^k)=0$，则只要式（5-4）成立，对于充分小的 δ，例如 $0\leqslant\delta\leqslant\delta_2$，式（5-3）也成立，因此我们取 $\delta=\min(\delta_1,\delta_2)$，当 $0\leqslant\lambda\leqslant\delta$ 时，对所有 i，式（5-3）都成立。由此可知，$\boldsymbol{p}^k$ 为可行方向，式（5-4）即为其充分条件。

应当指出，如果 $g_i(\boldsymbol{x})$为一线性约束，其二阶导数项将不存在，因此当 $g_i(\boldsymbol{x})=0$，且仅当式（5-4）成立时，式（5-3）才成立。对于这种情形，式（5-4）为 $\boldsymbol{p}^k$ 是可行方向的充分必要条件。

如果该向量又同时满足 $\nabla f(\boldsymbol{x}^k)^{\mathrm{T}}\boldsymbol{p}^k<0$，则又称 $\boldsymbol{p}^k$ 为区域 D 中从点 $\boldsymbol{x}^k$ 出发的一个可行下降方向。

5.1.2 一阶必要条件

Karush-Kuhn-Tucker 条件（简称 KKT 条件）是非线性规划领域中最重要的理论成果之一。它是确定某一点为极值点的必要条件，适用于含有等式和不等式约束的非线性规划问题。只要某一点是极值点，就必须满足 KKT 条件；但一般来说 KKT 条件并不是充分条件，即满足这一条件的点（称为 KKT 点）不一定是极值点。对于凸规划而言，KKT 条件不仅是必要条件，而且是充分条件。

定理 5.1：假设在问题［式（5-1）］中 $\boldsymbol{x}^*$是一局部最优解，记 I 为使得 $g_i(\boldsymbol{x}^*)=0$ 的下标 i 的集合，即 $I=\{i\,|\,g_i(\boldsymbol{x}^*)=0,i=1,2,\cdots,m\}$，若 $f(\boldsymbol{x}),g_1(\boldsymbol{x}),\cdots,g_m(\boldsymbol{x}),h_1(\boldsymbol{x}),\cdots,h_l(\boldsymbol{x})$ 满足在点 $\boldsymbol{x}^*$可微，且所有 $i\in I$ 的 $\nabla g_i(\boldsymbol{x}^*)$ 与 $\nabla h_1(\boldsymbol{x}^*),\cdots,\nabla h_l(\boldsymbol{x}^*)$ 线性无关。

那么，存在不全为零的一组数 $\mu_1,\mu_2,\cdots,\mu_m$，$\lambda_1,\lambda_2,\cdots,\lambda_l$，使得

$$\nabla f(\boldsymbol{x}^*)-\sum_{i=1}^{m}\mu_i\nabla g_i(\boldsymbol{x}^*)-\sum_{j=1}^{m}\lambda_j\nabla h_j(\boldsymbol{x}^*)=0 \tag{5-5a}$$

$$\mu_i\nabla g_i(\boldsymbol{x}^*)=0 \quad (i=1,2,\cdots,m) \tag{5-5b}$$

$$\mu_i\geqslant 0 \quad (i=1,2,\cdots,m) \tag{5-5c}$$

式（5-5）为该非线性约束问题取得最优的一阶必要条件，即 KKT 极值条件。式（5-5a）表明，若 $\boldsymbol{x}^*$是极小点，则目标函数梯度 $\nabla f(\boldsymbol{x}^*)$ 可以表示为其起作用约束函数梯度 $\nabla g_i(\boldsymbol{x}^*)$ 和 $\nabla h_j(\boldsymbol{x}^*)$（$i\in I$ 和 $j=1,2,\cdots,l$）的线性组合；式（5-5b）称为互补条件，表明 $g_i(\boldsymbol{x})$若为起作用约束，则 $\mu_i\geqslant 0$，否则 $\mu_i=0$；式（5-5c）表明 μ_i 为非负值，而 λ_i 可正可负。

例 5-1 考虑约束非线性规划问题：

$$\min f(\boldsymbol{x})=x_1$$

$$\text{s.t.}\ \begin{cases} g_1(\boldsymbol{x})=16-(x_1-4)^2-x_2{}^2\geqslant 0 \\ h_1(\boldsymbol{x})=(x_1-3)^2+(x_2-2)^2-13=0 \end{cases}$$

解：由图 5-3 可以看出，$f(\boldsymbol{x})$在 $\boldsymbol{x}^1=(0,0)^{\mathrm{T}}$ 与 $\boldsymbol{x}^2=(6.4,3.2)^{\mathrm{T}}$ 处有局部极小点。容易检验 $\boldsymbol{x}^1$ 和 $\boldsymbol{x}^2$ 处的 KKT 条件成立，$g(\boldsymbol{x})$为 $\boldsymbol{x}^1$ 和 $\boldsymbol{x}^2$ 的起作用约束。

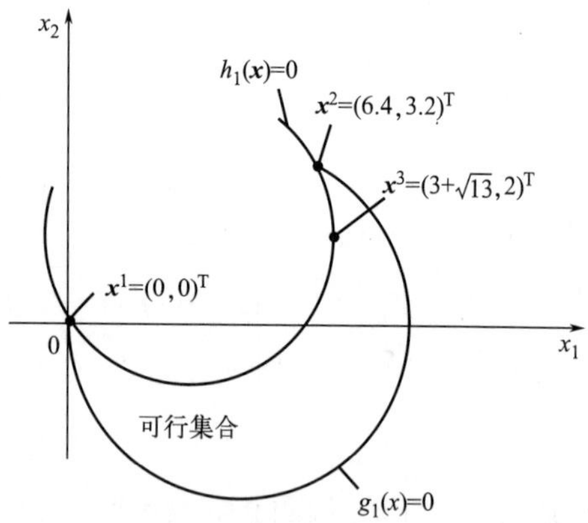

图 5-3 例 5-1 的目标函数和约束条件

目标函数和约束函数的梯度表达式为

$$\nabla f(\boldsymbol{x})=(1,0)^{\mathrm{T}}$$

$$\nabla g_1(\boldsymbol{x})=[-2(x_1-4),-2x_2]^{\mathrm{T}}$$

$$\nabla h_1(\boldsymbol{x})=[2(x_1-3),2(x_2-2)]^{\mathrm{T}}$$

因此有

$$\nabla g_1(\boldsymbol{x}^1)=(8,0)^{\mathrm{T}}$$

$$\nabla h_1(\boldsymbol{x}^1)=(-6,-4)^{\mathrm{T}}$$

$$\nabla g_1(\boldsymbol{x}^2)=(-4.8,-6.4)^{\mathrm{T}}$$

$$\nabla h_1(\boldsymbol{x}^2)=(6.8,2.4)^{\mathrm{T}}$$

下面检查起作用约束梯度是否线性独立。令

$$c_1\nabla g_1(\boldsymbol{x}^1)+c_2\nabla h_1(\boldsymbol{x}^1)=0$$

$$c_1\begin{bmatrix}8\\0\end{bmatrix}+c_2\begin{bmatrix}-6\\-4\end{bmatrix}=0$$

可知只有当 $c_1=c_2=0$ 时，上式才能成立，故 $\boldsymbol{x}^1$ 点处起作用约束的梯度线性独立。再令

$$c_1\begin{bmatrix}-4.8\\-6.4\end{bmatrix}+c_2\begin{bmatrix}6.8\\2.4\end{bmatrix}=\begin{bmatrix}0\\0\end{bmatrix}$$

同样，只有当 $c_1=c_2=0$ 时上式才成立，因此 $\boldsymbol{x}^2$ 点处起作用约束的梯度也线性独立。此外，若对 $\boldsymbol{x}^1$ 求解：

$$\nabla f(\boldsymbol{x}^1)-\mu_1\nabla g_1(\boldsymbol{x}^1)-\lambda_1\nabla h_1(\boldsymbol{x}^1)=\begin{bmatrix}1\\0\end{bmatrix}-\mu_1\begin{bmatrix}8\\0\end{bmatrix}-\lambda_1\begin{bmatrix}-6\\-4\end{bmatrix}=\begin{bmatrix}0\\0\end{bmatrix}$$

可得 $\mu_1=1/8$，$\lambda_1=0$。对 $\boldsymbol{x}^2$ 求解：

$$\nabla f(\boldsymbol{x}^2)-\mu_1\nabla g_1(\boldsymbol{x}^2)-\lambda_1\nabla h_1(\boldsymbol{x}^2)=\begin{bmatrix}1\\0\end{bmatrix}-\mu_1\begin{bmatrix}-4.8\\-6.4\end{bmatrix}-\lambda_1\begin{bmatrix}6.8\\2.4\end{bmatrix}=\begin{bmatrix}0\\0\end{bmatrix}$$

可得 μ_1=3/40，λ_1=1/5。这说明 $\boldsymbol{x}^1$ 和 $\boldsymbol{x}^2$ 均为 KKT 点。

此外，还可验证 $\boldsymbol{x}^3=(3+\sqrt{13}\ ,\ 2)^{\mathrm{T}}$ 也是一个 KKT 点。由于

$$g_1(\boldsymbol{x})=16-(3+\sqrt{13}-4)^2-2^2=2\sqrt{13}-2>0$$

为不起作用约束，因此当 $\mu_1=0$，$\lambda_1=\dfrac{1}{2\sqrt{13}}$ 时，有

$$\nabla f(\boldsymbol{x}^3)-\mu_1\nabla g_1(\boldsymbol{x}^3)-\lambda_1\nabla h_1(\boldsymbol{x}^3)=\begin{pmatrix}1\\0\end{pmatrix}-\mu_1\begin{pmatrix}-2\sqrt{13}-1\\-4\end{pmatrix}-\lambda_1\begin{pmatrix}2\sqrt{13}\\0\end{pmatrix}=\begin{pmatrix}0\\0\end{pmatrix}$$

成立，即满足 KKT 条件，显然，$\boldsymbol{x}^3$ 不是该非线性问题的极小点。

上例说明，在一般非线性规划问题中，KKT 点不一定是最优点（即 KKT 条件不是最优解的充分条件）。然而，如果某一点是最优点，则必须满足 KKT 条件。

5.1.3 广义 Lagrange 函数

后续算法构造中要用到不等式约束下的广义 Lagrange 函数的概念。现给出定义如下：

若函数

$$L(\boldsymbol{x},\mu,\lambda)=f(\boldsymbol{x})-\sum_{i=1}^{m}\mu_i g_i(\boldsymbol{x})-\sum_{j=1}^{l}\lambda_j h_j(\boldsymbol{x}) \tag{5-6}$$

称 $L(\boldsymbol{x},\ \mu,\ \lambda)$为问题［式（5-1）］的广义 Lagrange 函数。在满足 KKT 条件时，如果 $\boldsymbol{x}^*$ 为该问题最优解，则存在 $\mu^*\geqslant\mathbf{0}$ 和 λ^*，使$(\boldsymbol{x}^*,\mu^*,\lambda^*)$成为 $L(\boldsymbol{x},\mu,\lambda)$的稳定点，此时称 μ^*、λ^* 为该问题的 Lagrange 乘子。

值得注意的是，稳定点既不是 Lagrange 函数的极小点也非极大点，而是所谓的“鞍点”，即对于 $\boldsymbol{x}$ 其为极小点，对于 μ、λ 为极大点。关于鞍点可以给出如下定义：

设某一点 $\hat{\boldsymbol{x}}\in R^n$，$\hat{\mu}\in R^m$，$\hat{\mu}\geqslant\mathbf{0}$，$\hat{\lambda}\in R^1$ 称为广义 Lagrange 函数［式（5-6）］的鞍点，则对每个 $\boldsymbol{x}\in R^n$，$\mu\in R^m$，$\mu\geqslant\mathbf{0}$ 和 $\lambda\in R^1$，总有

$$L(\hat{\boldsymbol{x}},\mu,\lambda)\leqslant L(\hat{\boldsymbol{x}},\hat{\mu},\hat{\lambda})\leqslant L(\boldsymbol{x},\hat{\mu},\hat{\lambda}) \tag{5-7}$$

满足式（5-7）的点 $\hat{\boldsymbol{x}}$，就是问题［式（5-1）］的最优解 $\boldsymbol{x}^*$。从这一角度来看，通过求 Lagrange 函数的鞍点得到该非线性规划问题的解是可能的。然而，一般来说，求鞍点的问题往往比求非线性规划最优解更为复杂。另外，也可能原问题［式（5-1）］的最优解存在，但其 Lagrange 函数并不存在鞍点，这样就不能通过解鞍点问题来求最优解了。

5.1.4 二阶充分条件

定理 5.2：设 $\boldsymbol{x}^*$为问题［式（5-1）］的一个 KKT 点，并且对任何满足

$$\begin{cases}\boldsymbol{y}^{\mathrm{T}}\nabla g_i(\boldsymbol{x}^*)=0,\ i\in I,\ \mu_i>0\\ \boldsymbol{y}^{\mathrm{T}}\nabla g_i(\boldsymbol{x}^*)\geqslant 0,\ i\in I,\mu_i=0\quad i=1,2,\cdots,m\\ \boldsymbol{y}^{\mathrm{T}}\nabla h_i(\boldsymbol{x}^*)=0,\ i=1,2,\cdots,l\end{cases} \tag{5-8}$$

的任意非零向量 $\boldsymbol{y}$ 有

$$\boldsymbol{y}^{\mathrm{T}}\nabla_x^2 L(\boldsymbol{x}^*,\mu^*,\lambda^*)\boldsymbol{y}>0 \tag{5-9}$$

则 $\boldsymbol{x}^*$为该问题的一个严格局部极小点。在此，$\nabla_x^2 L$ 表示函数 L 关于 $\boldsymbol{x}$ 二阶偏导数的 Hesse

矩阵，即

$$\nabla_x^2 L(\boldsymbol{x}^*, \mu^*, \lambda^*) = \nabla^2 f(\boldsymbol{x}^*) - \sum_{i=1}^{m} \mu_i \nabla^2 g_i(\boldsymbol{x}) - \sum_{j=1}^{l} \lambda_j \nabla^2 h_j(\boldsymbol{x})$$

现在用二阶充分条件对例 5-1 中的 3 个点进行判别。已经知道，当 $\mu_1 = \frac{1}{8}$，$\lambda_1 = 0$ 时，点 $\boldsymbol{x}^1 = (0,0)^{\mathrm{T}}$ 为 KKT 点。由于

$$\nabla_x^2 L(\boldsymbol{x}^1, \mu_1, \lambda_1) = \begin{bmatrix} 2\mu_1 - 2\lambda_1 & 0 \\ 0 & 2\mu_1 - 2\lambda_1 \end{bmatrix} = \begin{bmatrix} \frac{1}{4} & 0 \\ 0 & \frac{1}{4} \end{bmatrix}$$

是正定的，即对任何 $\boldsymbol{y} = (y_1, y_2)^{\mathrm{T}} \neq 0$ 都有

$$\boldsymbol{y}^{\mathrm{T}} \nabla_x^2 L(x_1, \mu_1, \lambda_1) \boldsymbol{y} = \frac{1}{4}(y_1^2 + y_2^2) > 0$$

由二阶充分条件可知，$\boldsymbol{x}^1 = (0，0)^{\mathrm{T}}$ 是一严格局部极小点。

现考查 KKT 点 $\boldsymbol{x}^2 = (6.3，3.2)^{\mathrm{T}}$，其对应乘子为 $\mu_1 = \frac{3}{40}$，$\lambda_1 = \frac{1}{5}$，由于

$$\nabla_x^2 L(\boldsymbol{x}^2, \mu_1, \lambda_1) = \begin{bmatrix} -\frac{1}{4} & 0 \\ 0 & -\frac{1}{4} \end{bmatrix}$$

非正定，然而 $\nabla g_1(\boldsymbol{x}) = (-4.8, -6.4)^{\mathrm{T}}$，$\nabla h_1(\boldsymbol{x}^2) = (6.8, 2.4)^{\mathrm{T}}$

故不存在满足

$$\boldsymbol{y}^{\mathrm{T}} \nabla g_1(\boldsymbol{x}^2) = -4.8 y_1 - 6.4 y_2 = 0$$

$$\boldsymbol{y}^{\mathrm{T}} \nabla h_1(\boldsymbol{x}^2) = 6.8 y_1 - 2.4 y_2 = 0$$

的向量 $\boldsymbol{y} = (y_1, y_2)^{\mathrm{T}} \neq 0$，因而二阶充分条件也自然满足，说明 $\boldsymbol{x}^2$ 也是一个严格局部极小点。

再看 $\boldsymbol{x}^3 = (3 + \sqrt{13}，2)^{\mathrm{T}}$，也是一个 KKT 点，其对应乘子为 $\mu_1 = 0$，$\lambda_1 = \frac{1}{2\sqrt{13}}$。此时

$$\nabla h_1(\boldsymbol{x}^3) = (2\sqrt{13}，0)^{\mathrm{T}}$$

$$\nabla_x^2 L(\boldsymbol{x}^3, \mu, \lambda_1) = \begin{bmatrix} -\frac{\sqrt{13}}{13} & 0 \\ 0 & -\frac{\sqrt{13}}{13} \end{bmatrix}$$

设 $\boldsymbol{y} = (y_1, y_2) \neq 0$ 满足 $\boldsymbol{y}^{\mathrm{T}} \nabla h_1(\boldsymbol{x}^3) = 2 \quad 13 y_1 = 0$

即 $y_1 = 0$，则

$$\boldsymbol{y}^{\mathrm{T}} \nabla_x^2 L(\boldsymbol{x}^3, \mu_1, \lambda_1) \boldsymbol{y} = [0 \quad y_2] \begin{bmatrix} -\frac{\sqrt{13}}{13} & 0 \\ 0 & -\frac{\sqrt{13}}{13} \end{bmatrix} \begin{bmatrix} 0 \\ y_2 \end{bmatrix} = -\frac{\sqrt{13}}{13} y_2^2 < 0$$

二阶充分条件不满足。

然而，如果将例 5-1 中的目标函数变号，即在同样的约束条件下求 $\tilde{f}(\boldsymbol{x}) = -x_1$ 的极小，则 $\boldsymbol{x}^3$=(3+$\sqrt{13}$，2)^{T} 是此问题的一个局部极小点，并且当 μ_1=0，$\lambda_1 = -\dfrac{1}{2\sqrt{13}}$ 时，KKT 条件成立。此时满足 $\boldsymbol{y}^{\mathrm{T}}\nabla h_1(\boldsymbol{x}^3) = 2$，$13y_1 = 0$ 的 $\boldsymbol{y} \neq 0$，仍有 $\boldsymbol{y}^{\mathrm{T}}\nabla_x^2 L(x^3, \mu_1, \lambda_1)\boldsymbol{y} = 0$，二阶充分条件不满足，这说明二阶条件仅仅是最优解的充分条件。

例 5-2 有一非线性规划问题：

$$\begin{aligned} \min \quad & f(\boldsymbol{x}) = x_1^2 + x_2 \\ \text{s.t.} \quad & g_1(\boldsymbol{x}) = 1 - (x_1 + x_2^2) \geqslant 0 \\ & g_2(\boldsymbol{x}) = 1 - (x_1 + x_2) \geqslant 0 \\ & h_1(\boldsymbol{x}) = x_1^2 + x_2^2 - 9 = 0 \end{aligned}$$

试分析 $h_1(\boldsymbol{x}) = 0$ 和 $g_1(\boldsymbol{x}) = 0$ 的交点是否为极小点。

解： 这两个约束方程交点的坐标为

$$\boldsymbol{x}^* = (-2.3722813, -1.8363772)^{\mathrm{T}} \approx (-2.37, -1.84)^{\mathrm{T}}$$

① 根据 KKT 条件，首先检查 $\boldsymbol{x}^*$处起作用约束的梯度是否线性独立。令

$$c_1\nabla g_1(\boldsymbol{x}^*) + c_2\nabla h_1(\boldsymbol{x}^*) = 0$$

即

$$c_1\begin{bmatrix} -1 \\ -2x_x^* \end{bmatrix} + c_2\begin{bmatrix} 2x_1^* \\ 2x_2^* \end{bmatrix} = \begin{bmatrix} 0 \\ 0 \end{bmatrix}$$

可知，只有当 $c_1 = c_2 = 0$ 时，上式才能成立，故 $\boldsymbol{x}^*$处起作用约束的梯度线性独立。

② 检查约束条件：

$$\begin{aligned} & g_1(\boldsymbol{x}^*) = 1 - (-2.3722813) + (-1.8363722)^2 = 0 \\ & g_2(\boldsymbol{x}^*) = 1 - (-2.3722813 - 1.8363722) = 5.21 > 0 \\ & h_1(\boldsymbol{x}^*) = (-2.3722813)^2 + (-1.8363722)^2 - 9 = 0 \end{aligned}$$

可知满足所有的约束条件。

③ 检查 KKT 条件：

$$\nabla f(\boldsymbol{x}^*) - \mu_1\nabla g_1(\boldsymbol{x}^*) - \mu_2\nabla g_2(\boldsymbol{x}^*) - \lambda_1\nabla h_1(\boldsymbol{x}^*) = 0$$

即

$$\begin{bmatrix} 2x_1^* \\ 1 \end{bmatrix} + \mu_1\begin{bmatrix} 1 \\ 2x_2^* \end{bmatrix} + \mu_2\begin{bmatrix} 1 \\ 1 \end{bmatrix} - \lambda_1\begin{bmatrix} 2x_1^* \\ 2x_2^* \end{bmatrix} = \begin{bmatrix} 0 \\ 0 \end{bmatrix}$$

由于 $g_1(\boldsymbol{x}^*) = 0$，则 $\mu_1 \neq 0$；$g_2(\boldsymbol{x}^*) > 0$，则 μ_2=0，故上式为

$$\begin{bmatrix} 2x_1^* \\ 1 \end{bmatrix} + \mu_1\begin{bmatrix} 1 \\ 2x_2^* \end{bmatrix} - \lambda_1\begin{bmatrix} 2x_1^* \\ 2x_2^* \end{bmatrix} = \begin{bmatrix} 0 \\ 0 \end{bmatrix}$$

解此方程组，可以求出　μ_1=1.0508006，$\lambda_1 = 0.7785253$

再加上 μ_2=0，可知其满足 KKT 条件。

④ 检查充分条件：

$$\nabla^2 f(\boldsymbol{x}^*)=\begin{bmatrix}2 & 0\\0 & 0\end{bmatrix}，\nabla^2 g_1(\boldsymbol{x}^*)=\begin{bmatrix}0 & 0\\0 & -2\end{bmatrix}$$

$$\nabla^2 g_2(\boldsymbol{x}^*)=\begin{bmatrix}0 & 0\\0 & 0\end{bmatrix}，\nabla^2 h_1(\boldsymbol{x}^*)=\begin{bmatrix}2 & 0\\0 & 2\end{bmatrix}$$

$$[y_1 \quad y_2](\nabla^2 f(\boldsymbol{x}^*)-\mu_1\nabla^2 g_1(\boldsymbol{x}^*)-\lambda_1\nabla^2 h_1(\boldsymbol{x}^*))\begin{bmatrix}y_1\\y_2\end{bmatrix}=[y_1 \quad y_2]\begin{bmatrix}0.444 & 0\\0 & 0.544\end{bmatrix}\begin{bmatrix}y_1\\y_2\end{bmatrix}$$

不管 $\boldsymbol{y}=(y_1，y_2)^{\mathrm{T}}\neq\boldsymbol{0}$ 取任何实数值，上式均大于零，所以 $\boldsymbol{x}^*=(-2.37，-1.84)^{\mathrm{T}}$ 确实为一极小点。

5.2 约束问题转为无约束问题

本节主要介绍两种思路，第一种是构造 Lagrange 方程的 Lagrange 乘子法，另一种是结合约束特点构造“惩罚”函数的罚函数法，将问题转化为无约束问题，即可通过第 3 章介绍的方法求解。

5.2.1 Lagrange 乘子法

5.2.1.1 一阶必要条件

仅考虑包含等式约束的问题：

$$\begin{aligned}&\min f(\boldsymbol{x})\\&\text{s.t.}\quad h_i(\boldsymbol{x})=0\ \ (j=1,2,\cdots,l)\end{aligned}\tag{5-10}$$

这个最优化问题已经可以从分析数学的角度得到严格解，并且其最优性条件与求解方法也已经给出。此处仅把求解此类问题的 Lagrange 定理叙述如下。

定理 5.3：假设 $\boldsymbol{x}^*$ 是约束问题［式（5-10）］的局部最优解，$f, h_1, h_2,\cdots, h_l$ 在 $\boldsymbol{x}^*$ 的某一邻域内连续可微，且 $\nabla h_1(\boldsymbol{x}^*),\nabla h_2(\boldsymbol{x}^*),\cdots,\nabla h_l(\boldsymbol{x}^*)$ 线性无关。那么，存在一组实数 $\lambda_1^*,\lambda_2^*,\cdots,\lambda_l^*$，使得

$$\nabla f(\boldsymbol{x}^*)-\sum_{j=1}^{l}\lambda_j^*\nabla h_j(\boldsymbol{x}^*)=0\tag{5-11}$$

式（5-11）就是 Lagrange 定理，也即该问题的一阶必要条件。

5.2.1.2 Lagrange 乘子法

Lagrange 定理的理论意义在于，它可将等式约束最优化问题转化为无约束最优化问题加以求解。

假如我们构造一个 $n+l$ 维的函数：

$$L(x,\lambda_1,\lambda_2,\cdots,\lambda_l)=f(\boldsymbol{x})-\sum_{j=1}^{l}\lambda_j h_j(\boldsymbol{x})\tag{5-12}$$

这一函数称为 Lagrange 函数，其中 $\lambda_1, \lambda_2, \cdots, \lambda_l$ 称为 Lagrange 乘子。该 Lagrange 函数的梯度为

$$\nabla \boldsymbol{L}=\begin{bmatrix}\nabla_x L\\ \nabla_\lambda L\end{bmatrix}$$

其中

$$\nabla_x \boldsymbol{L}=\nabla f(\boldsymbol{x})-\sum_{j=1}^{l}\lambda_j \nabla h_j(\boldsymbol{x})$$

$$\nabla_\lambda \boldsymbol{L}=\left[-h_1(\boldsymbol{x}),-h_1(\boldsymbol{x}),\cdots,-h_l(\boldsymbol{x})\right]^{\mathrm{T}}$$

由此可以看到，对于无约束问题

$$\min\ \boldsymbol{L}(\boldsymbol{x},\lambda_1,\lambda_2,\cdots,\lambda_l) \tag{5-13}$$

其如下一阶最优性条件恰好给出了约束问题［式（5-10）］的最优性条件［式（5-11）]:

$$\nabla \boldsymbol{L}(\boldsymbol{x}^*,\lambda_1^*,\lambda_2^*,\cdots,\lambda_l^*)=0$$

另外有

$$h_j(\boldsymbol{x}^*)=0 \quad (j=1,2,\cdots,l) \tag{5-14}$$

式（5-14）这组等式方程表示最优点 $\boldsymbol{x}^*$ 必须满足约束。若将式（5-11）和式（5-14）中 $\boldsymbol{x}^*$ 换成 $\boldsymbol{x}$ 所得到的 $n+l$ 个方程，构成以 $x_1,x_2,\cdots,x_n,\lambda_1,\lambda_2,\cdots,\lambda_l$ 为未知数的非线性方程组，这个方程组的解 $(x_1^*,x_2^*,\cdots,x_n^*,\lambda_1^*,\lambda_2^*,\cdots,\lambda_l^*)^{\mathrm{T}}$ 就是 Lagrange 函数的驻点，而 $\boldsymbol{x}^*=(x_1^*,x_2^*,\ldots,x_n^*)^{\mathrm{T}}$ 就有可能是问题［式（5-2）］的最优点。

求解方法如下：首先对 Lagrange 函数关于 λ 与 $\boldsymbol{x}$ 求导，令导数为 0。

$$\begin{cases}\nabla_x L(\boldsymbol{x},\lambda)=0\\ \nabla_\lambda L(\boldsymbol{x},\lambda)=0\end{cases}$$

求得 λ、$\boldsymbol{x}$ 的值后，将 $\boldsymbol{x}$ 代入 $f(\boldsymbol{x})$即为在约束条件 $h_j(\boldsymbol{x})$ 下的可行解。这样做的意义是什么呢？接下来看一个直观的示例，对于二维目标函数 $f(x,y)$，在平面画出 $f(x,y)$ 的等值线，如图 5-4 虚线所示，并只给出一个约束等式 $h(x,y)=0$，如图 5-4 的实线所示。目标函数 $f(x,y)$ 与约束 $g(x,y)$ 存在三种可能情况，相交、相切或者没有交集。没有交集肯定不是可行解，只有相交或者相切可能是解；但相交得到的一定不是最优值，因为相交意味着还存在其他等值线在该条等值线的内部或者外部，即其与目标函数的交点的值更大或者更小。这就意味着只有等值线与目标函数曲线相切的时候，才可能得到最优解。

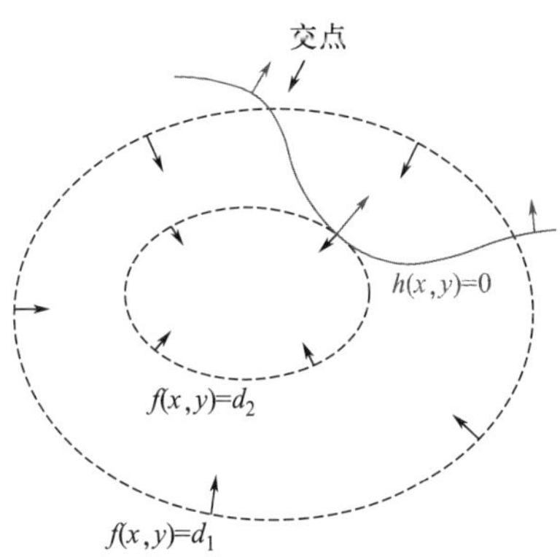

图 5-4　目标函数 $f(x,y)$ 的等值线

例 5-3　求解以下问题：

$$\begin{aligned}&\min\ f(\boldsymbol{x})=x_1x_2\\ &\text{s.t.}\ \ x_1+x_2=2\end{aligned}$$

解：构造 Lagrange 函数为

$$\boldsymbol{L}(x_1, x_2, \lambda)=f(x_1, x_2)-\lambda h(x_1, x_2)$$
$$=x_1x_2-\lambda(x_1+x_2-2)$$

取 $\nabla \boldsymbol{L}(x_1,x_2,\lambda)=0$，即
$$\frac{\partial \boldsymbol{L}}{\partial x_1}=x_2-\lambda=0$$
$$\frac{\partial \boldsymbol{L}}{\partial x_2}=x_1-\lambda=0$$
$$\frac{\partial \boldsymbol{L}}{\partial \lambda}=-(x_1+x_2-2)=0$$

联立求解得驻点
$$x_1^*=x_2^*=1, \lambda^*=1$$

5.2.1.3 二阶充分条件

定理 5.4：假定 $f_1, h_1, h_2, \cdots, h_l$ 为定义在 n 维空间上二次连续可微的函数，存在 $\boldsymbol{x}^* \in R^n$ 与 $\lambda^* \in R^n$ 使得 Lagrange 函数梯度为零，即 $L(\boldsymbol{x}^*,\lambda^*)=0$，对于任意非零向量 $\boldsymbol{y} \in R^n$ 且 $\boldsymbol{y}^{\mathrm{T}}\nabla h_j(x^*)=0\ (j=1,2,\cdots,l)$ 有

$$\boldsymbol{y}^{\mathrm{T}}\nabla_x^2 L(\boldsymbol{x}^*,\lambda^*)\boldsymbol{y}>0 \tag{5-15}$$

那么，$\boldsymbol{x}^*$ 就是等式约束问题［式（5-10）］的严格局部极小点。式（5-15）中 $\nabla_x^2 L(\boldsymbol{x}^*,\lambda^*)$ 为 Lagrange 函数关于 $\boldsymbol{x}^*$ 的 Hesse 矩阵 $\boldsymbol{H}_x(\boldsymbol{x}^*,\lambda^*)$。

下面用此二阶充分条件验证例 5-3 的驻点 $\boldsymbol{x}^*=\left[\frac{1}{2},\frac{1}{2}\right]^{\mathrm{T}}$ 是否为极小点。

计算 Hesse 矩阵：

$$\boldsymbol{H}_x(\boldsymbol{x}^*,\lambda^*)=\begin{bmatrix} \dfrac{\partial^2 L}{\partial x_1^2} & \dfrac{\partial^2 L}{\partial x_1 \partial x_2} \\ \dfrac{\partial^2 L}{\partial x_2 x_2} & \dfrac{\partial^2 L}{\partial x_2^2} \end{bmatrix}=\begin{bmatrix} 0 & -1 \\ -1 & 0 \end{bmatrix}$$

由
$$\boldsymbol{y}^{\mathrm{T}}\nabla h_j(x^*)=y_1x_2^*+y_2x_1^*=0$$

可得 $y_2=-y_1$，代入式（5-16）中

$$\boldsymbol{y}^{\mathrm{T}}\nabla_x^2 L(x_1^*,x_2^*,\lambda^*)\boldsymbol{y}=[y_1,y_2]=\begin{bmatrix} 0 & -1 \\ -1 & 0 \end{bmatrix}\begin{bmatrix} y_1 \\ y_2 \end{bmatrix} \tag{5-16}$$

可知
$$\boldsymbol{y}^{\mathrm{T}}\nabla_x^2 L(x_1^*,x_2^*,\lambda^*)\boldsymbol{y}=2y_1^2>0$$

根据二阶充分条件式（5-15），$\boldsymbol{x}^*=\left[\frac{1}{2},\frac{1}{2}\right]^{\mathrm{T}}$ 为最优点，目标函数 $f_1(\boldsymbol{x}^*)=-\frac{1}{4}$。

Lagrange 乘子法根据最优性条件，将等式约束问题转化成含 $n+l$ 个未知数的 $n+l$ 个非线性方程所构成的方程组，然后求解。但是问题复杂时，此非线性方程组的求解也是十分困

难的。为便于在计算机上用迭代法求解，可以引入一个新的函数，其形式为

$$S=(\nabla_x L)^2+(\nabla_\lambda L)^2=\sum_{i=1}^{n}\left(\frac{\partial L}{\partial x_i}\right)^2+\sum_{j=1}^{l}(h_j(\boldsymbol{x}))^2 \tag{5-17}$$

然后对 S 函数求极小值，式（5-17）是平方和形式的函数，这就可以使用第 3 章介绍的 Levenberg-Marquardt 法进行迭代求解。

此外，用 Lagrange 乘子法也可以处理具有不等式约束条件的优化问题。对于不等式约束条件，可以采用线性规划中处理不等式的方法，即引入松弛变量或剩余变量将不等式化为等式，然后再用 Lagrange 法求解。例如，对于不等式约束 $g_i(x)\geqslant 0\,(i=1,2,\cdots,m)$，可以引入 i 个剩余变量 x_{n+i}，由于引入的变量没有非负的要求，因此，为了保证不等式成立，对引入的变量均表示为平方形式，以保证该引入项非负，即

$$g_i(x)-(x_{n+i})^2=0 \quad (i=1,2,\cdots,m) \tag{5-18}$$

例 5-4 求解以下问题：

$$\begin{aligned} \min\ & f(\boldsymbol{x})=2x_1^2-2x_1x_2+2x_2^2-6x_1 \\ \text{s.t.}\ & g_1(\boldsymbol{x})=-3x_1-4x_2+6\geqslant 0 \\ & g_2(\boldsymbol{x})=x_1-4x_2+2\geqslant 0 \end{aligned}$$

解：引入变量 x_3 和 x_4，将不等式约束化为等式。

$$g_1(\boldsymbol{x})=-3x_1-4x_2-x_3^2+6=0$$
$$g_2(\boldsymbol{x})=x_1-4x_2-x_4^2+2=0$$

Lagrange 函数为

$$L(\boldsymbol{x},\lambda)=(2x_1{}^2-2x_1x_2+2x_2{}^2-6x_1)-\lambda_1(-3x_1-4x_2-x_3^2+6)-\lambda_2(x_1-4x_2-x_4^2+2)$$

再按式（5-17）引入新函数 S：

$$\begin{aligned} S=&(4x_1-2x_2-6+3\lambda_1-\lambda_2)^2+(-2x_1+4x_2+4\lambda_1+4\lambda_2)^2+(2\lambda_1x_3)^2+(2\lambda_2x_4) \\ &+(-3x_1{}^2-4x_2-2x_3{}^2+6)^2+(x_1-4x_2-x_4^2+2)^2 \end{aligned}$$

用迭代法，取一个初始点$\begin{pmatrix}\boldsymbol{x}^0\\ \boldsymbol{\lambda}^0\end{pmatrix}$，然后用计算机迭代求解，可求出极值点 $\boldsymbol{x}^*$ 为

$$\boldsymbol{x}^*=(1.4594,0.4054,0,1.35577)^{\mathrm{T}}$$
$$\boldsymbol{\lambda}^*=(-0.3245,0)^{\mathrm{T}}$$

5.2.1.4 Lagrange 乘子法处理带不等式约束的优化问题

前文已介绍过，具有不等式约束的非线性优化问题可以经过人为添加变量，转化为具有等式约束的非线性优化问题：

$$\begin{aligned} \min\ & f(\boldsymbol{x}) \\ \text{s.t.}\ & g_j(\boldsymbol{x})-\sigma_j^2=0 \quad (j=l+1,2,\cdots,m) \\ & h_j(\boldsymbol{x})=0 \qquad\quad (j=1,2,\cdots,l) \end{aligned}$$

σ_j^2 相当于一个非负的剩余变量。构造如下的 Lagrange 函数。

$$L(\boldsymbol{x},\boldsymbol{\lambda})=f(\boldsymbol{x})+\sum_{j=1}^{l}\lambda_j h_j(\boldsymbol{x})+\sum_{j=l+1}^{m}\lambda_j[g_j(\boldsymbol{x})-\sigma_j^2]$$

根据 Lagrange 定理，若 $\boldsymbol{x}^*$ 是一个局部最优解，则应该满足

$$\frac{\partial L(\boldsymbol{x}^*)}{\partial x_j}=0 \qquad (j=1,2,\cdots,m)$$

$$\frac{\partial L(\boldsymbol{x}^*)}{\partial \lambda_j}=0 \qquad (j=1,2,\cdots,m)$$

$$\frac{\partial L(\boldsymbol{x}^*)}{\partial \sigma_j}=2\lambda_j\sigma_j=0 \qquad (j=l+1,2,\cdots,m)$$

$$\lambda_j\leqslant 0 \qquad (j=1,2,\cdots,m)$$

显然，若求 $\max f(\boldsymbol{x})$，则 $\lambda_j\geqslant 0\ (j=1,2,\cdots,m)$。

例 5-5 用 Lagrange 乘子法求下列约束非线性优化问题：

$$\min f(\boldsymbol{x})=x_1x_2$$
$$\text{s.t. } g(\boldsymbol{x})=25-x_1^2-x_2^2\geqslant 0$$

解：

构造 Lagrange 函数如

$$L(\boldsymbol{x},\boldsymbol{\lambda})=x_1x_2+\lambda(25-x_1^2-x_2^2-\sigma^2)$$

必要条件

$$\frac{\partial L}{\partial x_1}=x_2-2\lambda x_1=0$$

$$\frac{\partial L}{\partial x_2}=x_1-2\lambda x_2=0$$

$$\frac{\partial L}{\partial \lambda}=25-x_1^2-x_2^2-\sigma^2=0$$

$$\frac{\partial L}{\partial \sigma}=-2\lambda\sigma=0$$

求解结果如表 5-1 所示。表中 A、B、C、D、E 点与图 5-5 中相呼应。

表 5-1　例 5-5 求解结果

λ	x_1	x_2	点的位置	σ	$f(\boldsymbol{x})$	类型
0	0	0	A	5	0	saddle
−0.5	+3.54	−3.54	B	0	−12.5	minimum
	−3.54	+3.54	C	0	−12.5	minimum
0.5	+3.54	+3.54	D	0	+12.5	maximum
	−3.54	−3.54	E	0	+12.5	maximum

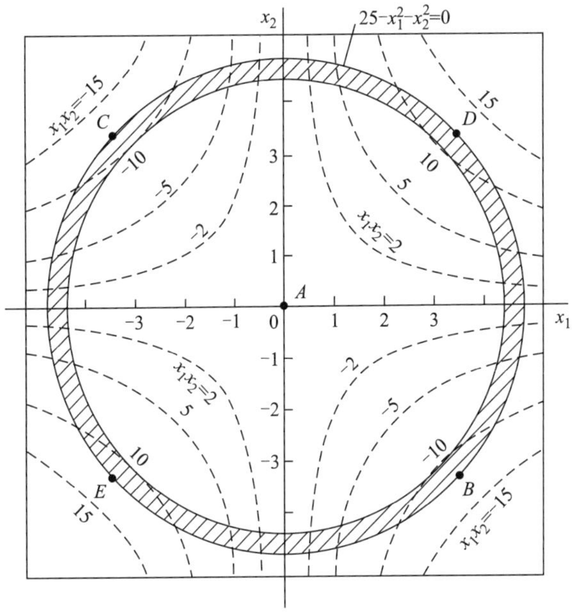

图 5-5　例 5-5 目标函数的等值线和可行域

5.2.2　罚函数法

对于一般有约束问题［式（5-1)］，本节所述方法的基本策略是：根据约束的特点构造某种“惩罚”函数（penalty function）加到目标函数中去，使得约束问题转化为无约束问题获得求解。所谓“惩罚”，即在无约束问题求解过程中对违反约束的迭代点赋以很大的目标函数值，类比对违反法律的人给以惩罚一样。可以想象，施加惩罚策略，将迫使迭代过程中无约束问题极小点向可行域靠近，或者保持在可行域内移动，直到收敛于原来约束问题的极小点。

罚函数法（penalty function method）一般分为两种类型：一种称为外部罚函数法，或称外点（extenior point）法，其迭代点均在可行域外部移动；另一种称为内部罚函数法，或称内点（interior point）法，它对企图从内部穿越可行域边界的点在目标函数中加入相应的“屏障”(barrier)，距边界越近、障碍越大，在边界上给以无穷大的障碍，从而保证迭代点一直在可行域内部移动。

5.2.2.1　外点罚函数法

首先讨论如下例题：

$$\begin{aligned}\min\ & f(\boldsymbol{x})=x_1^2+x_2^2\\ \text{s.t.}\ & h(\boldsymbol{x})=x_1+x_2-2=0\end{aligned}$$

如图 5-6 所示，该问题的可行域 D 是直线 $x_1+x_2=2$。通过作图或用 Lagrange 乘子法不难求出它的极小点是 $\boldsymbol{x}^*=(1,\ 1)^{\mathrm{T}}$。

现在，根据罚函数法的求解策略，设法将约束问题［式（5-10)］转化为无约束问题。如果能构造出这样的函数，对可行点不加“惩罚”，对非可行点

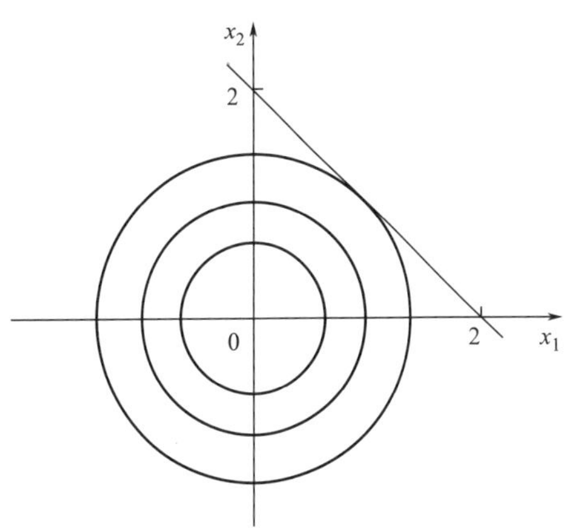

图 5-6　引例的目标函数等值线和可行域

给以正无穷大的“惩罚”，即

$$F(\boldsymbol{x})=\begin{cases}x_1^2+x_2^2, & x_1+x_2=2\\ +\infty, & x_1+x_2\neq 2\end{cases} \tag{5-19}$$

那么，以$F(\boldsymbol{x})$为目标函数的无约束问题必定能在直线$x_1+x_2=2$上取得极小点，否则，目标函数将是正无穷大。

函数［式（5-19）］只是一种设想。显然，这种函数特性太坏，以致无法用无约束最优化方法求它的极小点，但是，在这一想法的启发下，可以考虑如下的函数：

$$\begin{aligned}F(\boldsymbol{x},\mu)&=f(\boldsymbol{x})+\mu(x_1+x_2-2)^2\\&=x_1^2+x_2^2+\mu(x_1+x_2-2)^2\end{aligned} \tag{5-20}$$

其中μ取一很大的正数。显然，当点$\boldsymbol{x}$在可行域内时，有

$$F(\boldsymbol{x},\mu)=x_1^2+x_2^2$$

即对可行点没有施加“惩罚”，仍为原目标函数；当点$\boldsymbol{x}$不是可行点时，即$x_1+x_2\neq 2$，必然使$F(\boldsymbol{x}，\mu)$取很大值（因为μ很大），而且这个点距可行域越远［表现为(x_1+x_2-2)绝对值越大］，F的值就越大。因此，在求解以［式（5-20）］为目标函数的无约束问题时，迭代点虽然不是可行点，但随着迭代过程的进行，迭代点必然向可行域靠近，最后逐渐趋向可行域内的最优点。如果在迭代过程中令$\mu\to+\infty$，那么式（5-20）与式（5-19）具有相同效果。

本例以式（5-20）为目标函数的无约束问题比较简单，可以直接采用解析法求解。令

$$\frac{\partial F}{\partial x_1}=2x_1+2\mu(x_1+x_2-2)=0$$

$$\frac{\partial F}{\partial x_2}=2x_2+2\mu(x_1+x_2-2)=0$$

由此解得式（5-20）极小点的两个分量为

$$x_1=x_2=\frac{2\mu}{2\mu+1}$$

当μ很大时，$x_1\approx 1$，$x_2\approx 1$，即无约束问题［式（5-20）］极小点接近约束问题［式（5-10）］的极小点。事实上，若令$\mu\to+\infty$，取x_1的极限值，即

$$\lim_{\mu\to+\infty}x_1=\lim_{\mu\to+\infty}\frac{2\mu}{2\mu+1}=\lim_{\mu\to+\infty}\frac{2}{2+\dfrac{1}{\mu}}=1$$

$$x_1=x_2=1$$

这说明约束问题［式（5-10）］的最优解可以通过求解无约束问题［式（5-20）］而获得。

由上例可见，通过原目标函数加上由约束函数所构成的惩罚项可将约束问题转化为无约束问题获得求解。分析式（5-20）可以发现，惩罚项应具备两个特点：

① 包含有取值越来越大的罚因子$\mu>0$。

② 对于可行点，惩罚项取值为零；对于非可行点，惩罚项取值为正。

对于只有等式约束的问题：

$$\begin{aligned}&\min\ f(\boldsymbol{x})\\&\text{s.t.}\ \ h_j(\boldsymbol{x})=0\quad(j=1,2,\cdots,l)\end{aligned} \tag{5-21}$$

可采用如下形式的罚函数：

$$F(\boldsymbol{x},\mu)=f(\boldsymbol{x})+\mu\sum_{j=1}^{l}[h_j(\boldsymbol{x})]^2 \tag{5-22}$$

根据前面的分析，对于只含有不等式约束的问题：

$$\begin{aligned}&\min\ f(\boldsymbol{x})\\&\text{s.t.}\ \ g_i(\boldsymbol{x})\geqslant 0\quad (i=1,2,\cdots,m)\end{aligned} \tag{5-23}$$

其罚函数可为

$$F(\boldsymbol{x},\mu)=f(\boldsymbol{x})+\mu\sum_{i=1}^{m}[g_i(\boldsymbol{x})]^2\lfloor g_i(\boldsymbol{x})\rfloor \tag{5-24}$$

其中$\lfloor g_i(\boldsymbol{x})\rfloor$是一个阶跃函数，即

$$\lfloor g_i(\boldsymbol{x})\rfloor=\begin{cases}0, & g_i(\boldsymbol{x})\geqslant 0\\ 1, & g_i(\boldsymbol{x})<0\end{cases}\quad (i=1,2,\cdots,m)$$

设 D 为式（5-23）的可行域，即

$$D=\{x\mid g_i(\boldsymbol{x})\geqslant 0,\ (i=1,2,\cdots,m)\}$$

则当 $\boldsymbol{x}\in D$ 时 $\sum_{i=1}^{m}[g_i(\boldsymbol{x})]^2\lfloor g_i(\boldsymbol{x})\rfloor=0$，否则 $\sum_{i=1}^{m}[g_i(\boldsymbol{x})]^2\lfloor g_i(\boldsymbol{x})\rfloor>0$，说明式（5-24）符合惩罚策略。

最后，对于同时具有等式约束和不等式约束的问题［式（5-1）］，其惩罚函数形式为

$$F(\boldsymbol{x},\mu)=f(\boldsymbol{x})+\mu\phi(\boldsymbol{x}) \tag{5-25}$$

其中，$F(\boldsymbol{x},\mu)$又称为该问题的增广目标函数，$\mu>0$ 称为惩罚因子，$\mu\phi(\boldsymbol{x})$ 称为惩罚项。

$$\phi(\boldsymbol{x})=\sum_{j=1}^{l}[h_j(\boldsymbol{x})]^2+\sum_{i=1}^{m}[g_i(\boldsymbol{x})]^2\lfloor g_i(\boldsymbol{x})\rfloor \tag{5-26}$$

由于问题［式（5-1）］的可行域为 D，即

$$D=\{\boldsymbol{x}\mid g_i(\boldsymbol{x})\geqslant 0,\ \ i=1,2,\cdots,m;\ h_j(\boldsymbol{x})=0,\ \ j=1,2,\cdots,l\}$$

显然

$$\phi(\boldsymbol{x})=\begin{cases}0, & \boldsymbol{x}\in D\\ \sum_{j=1}^{l}[h_j(\boldsymbol{x})]^2+\sum_{i=1}^{m}[g_i(\boldsymbol{x})]^2\lfloor g_i(\boldsymbol{x})\rfloor>0, & \boldsymbol{x}\notin D\end{cases} \tag{5-27}$$

于是，由约束最优化问题引出如下的无约束最优化问题：

$$\min\ \ F(\boldsymbol{x},\mu)=f(\boldsymbol{x})+\mu\phi(\boldsymbol{x}) \tag{5-28}$$

可以证明，当罚因子 μ 固定时，无约束问题［式（5-28）］得到的极小点 $\boldsymbol{x}^{\mu}$ 恰好是约束问题［式（5-1）］的极小点的充要条件是 $\boldsymbol{x}^{\mu}\in D$，$D$ 是该约束问题的可行域。

必要性是显然的。如果 $\boldsymbol{x}^{\mu}$ 是问题［式（5-1）］的极小点，则必须满足所有约束，从而 $\boldsymbol{x}^{\mu}\in D$。再看充分性，已知 $\boldsymbol{x}^{\mu}\in D$，对于任意的 $\boldsymbol{x}\in D$，总有

$$f(\boldsymbol{x}^{\mu})=F(\boldsymbol{x}^{\mu},\mu) \quad (\phi(\boldsymbol{x}^{\mu})=0)$$

$$f(\boldsymbol{x}^{\mu})\leqslant F(\boldsymbol{x},\mu) \ \ (\boldsymbol{x}^{\mu}\text{是 }F\text{ 的极小点})$$

$$f(\boldsymbol{x}^{\mu})=f(\boldsymbol{x}) \ \ (\phi(\boldsymbol{x}^{\mu})=0)$$

不等式表明，$\boldsymbol{x}^{\mu}$ 也是约束问题［式（5-1）］的极小点 $\boldsymbol{x}^*$。

以上论述说明，如果由无约束问题［式（5-28）］解出的极小点 $\boldsymbol{x}^{\mu}$ 属于可行域 D，则它就是约束问题［式（5-1）］的极小点，似乎只要求解一轮无约束问题就行了。但是实际上 $\boldsymbol{x}^{\mu}$ 并不一定总属于 D；假如 $\boldsymbol{x}^{\mu}\notin D$，则 $\boldsymbol{x}^{\mu}$ 肯定不是约束问题［式（5-1）］的极小点了。这时应该增大 μ，重新求解无约束问题［式（5-28）］，迫使新的极小点向可行域靠近。

在实际算法中，把 μ 取为一个逐步趋向正无穷大的数列 $\{\mu_k\}$，并对 $k=0,1,2,\cdots$ 求解：

$$\min\ F(\boldsymbol{x},\mu_k)=f(x)+\mu_k\phi(x) \tag{5-29}$$

由此便可得到无约束问题［式（5-29）］极小点的序列 $\{\boldsymbol{x}^k\}$。可以证明，如果这个序列收敛，则必收敛于约束问题［式（5-1）］的极小点 $\boldsymbol{x}^*$。像这样通过求解一系列无约束最优化问题来求解约束最优化问题的方法称为序列无约束极小化技术（sequential unconstrained minimization technique，SUMT）。

例 5-6 用外部罚函数法求解：

$$\min\ \boldsymbol{x}$$
$$\text{s.t.}\ \ g(\boldsymbol{x})=x-2\geqslant 0$$

解：令

$$\phi(\boldsymbol{x})=[\max\{0,-g(\boldsymbol{x})\}]^2 =\begin{cases}0, & \boldsymbol{x}\geqslant 2\\ (\boldsymbol{x}-2)^2, & \boldsymbol{x}<2\end{cases}$$

罚函数为

$$F(\boldsymbol{x},\mu)=\boldsymbol{x}+\mu\phi(\boldsymbol{x})$$

可通过求解下列无约束问题得到近似解：

$$\min\ \boldsymbol{x}+\mu\phi(\boldsymbol{x})$$

我们用解析方法解无约束问题。根据罚函数 $F(\boldsymbol{x},\mu)$ 的定义可知：

$$\frac{\partial F}{\partial \boldsymbol{x}}=\begin{cases}1, & \boldsymbol{x}\geqslant 2\\ 1+2\mu(\boldsymbol{x}-2), & \boldsymbol{x}<2\end{cases}$$

令

$$\frac{\partial F}{\partial \boldsymbol{x}}=0$$

得到

$$\boldsymbol{x}^{\mu}=2-\frac{1}{2\mu}$$

显然，μ 越大，$\boldsymbol{x}^{\mu}$ 越接近最优解，当 $\mu\to+\infty$ 时，$\boldsymbol{x}^{\mu}\to\boldsymbol{x}^*=2$。

例 5-7 用外部罚函数法求：

$$\min\ f(\boldsymbol{x})=\frac{1}{3}(x_1+1)^3+x_2$$
$$\text{s.t.}\ \ g_1(\boldsymbol{x})=x_1-1\geqslant 0$$
$$g_2(\boldsymbol{x})=x_2\geqslant 0$$

解：增广目标函数为

$$F(\boldsymbol{x},\mu)=\frac{1}{3}(x_1+1)^3+x_2+\mu[(x_1-1)^2(x_1-1)+{x_2}^2(x_2)]$$

根据阶跃函数的定义可知：

$$F(\boldsymbol{x},\mu)=\begin{cases}\dfrac{1}{3}(x_1+1)^3+x_2,\ \boldsymbol{x}\in D\\ \dfrac{1}{3}(x_1+1)^3+x_2+\mu[(x_1-1)^2+{x_2}^2],\ \boldsymbol{x}\notin D\end{cases}$$

令

$$\frac{\partial F}{\partial x_1}=(x_1+1)^2+2\mu(x_1-1)=0$$

$$\frac{\partial F}{\partial x_2}=1+2\mu x_2=0$$

由此解得 $\boldsymbol{x}=(x_1,x_2)^{\mathrm{T}}=\left(-1-\mu+\sqrt{\mu^2+4\mu},\ -\dfrac{1}{2\mu}\right)^{\mathrm{T}}$

若取 μ_1=0.001，并检验依次 10 倍增大罚因子 μ 所得的结果，函数值的变化如表 5-2 所示。

表 5-2 函数值随 μ 值的变化

k	μ_k	$\boldsymbol{x}^k$	$F(\boldsymbol{x}^k)$	$f(\boldsymbol{x}^k)$
1	0.001	$(-0.93775, -500)^{\mathrm{T}}$	−249.9902	−500
2	0.01	$(-0.80975, -50)^{\mathrm{T}}$	−24.965	−49.9977
3	0.1	$(-0.45969, -5)^{\mathrm{T}}$	−2.2344	−4.9474
4	1	$(0.23607, -0.5)^{\mathrm{T}}$	0.9631	0.1295
5	10	$(0.83216,\ \ 0.05)^{\mathrm{T}}$	2.3068	2.0001
6	100	$(0.98039, -0.005)^{\mathrm{T}}$	2.6249	2.5840
7	1000	$(0.998, -0.0005)^{\mathrm{T}}$	2.6624	2.6582
8	10000	$(0.99963, -0.00005)^{\mathrm{T}}$	2.6655	2.6652
9	100000	$(0.9999, -0.000005)^{\mathrm{T}}$	2.6666	2.6666
	∞	$(1.0, 0.0)^{\mathrm{T}}$	8/3	8/3

可见本题的最优解为 $\boldsymbol{x}^*=(1.0,\ 0.0)^{\mathrm{T}}$，最优目标函数值 $f(\boldsymbol{x}^*)$=8/3。

5.2.2.2 内点罚函数法

与外点罚函数法不同，内点罚函数法的迭代点都是在可行域 D 的内部移动，故初始点 $\boldsymbol{x}^0$ 必须是可行点，即 $\boldsymbol{x}^0\in D$。此法对靠近可行域边界的点施加越来越大的惩罚，对边界上的点直接施加无穷大的惩罚，形成了阻碍迭代点穿越边界的“屏障”。显然，根据这个思路，要求可行域的内点集合非空。由于等式约束所构成的可行域不存在内点，所以此法仅适用于不等式约束。

（1）增广目标函数的构成

考虑不等式约束问题：

$$\begin{aligned}&\min f(x)\\&\text{s.t. } g_i(x)\geqslant 0\ (i=1,2,\cdots,m)\end{aligned} \tag{5-30}$$

如果可行点 x 是可行域 $D=\{\boldsymbol{x}\,|\,g_i(\boldsymbol{x})\geqslant 0,\ (i=1,2,\cdots,m)\}$ 边界上的点，那么至少存在一个不等式约束，譬如第 i 个，使得 $g_i(\boldsymbol{x})=0$ 。

可以设想，构造如下的增广目标函数就可以实现上述的惩罚策略：

$$F(\boldsymbol{x},\mu)=f(\boldsymbol{x})+\mu\varphi(\boldsymbol{x}) \tag{5-31}$$

$$\varphi(\boldsymbol{x})=\sum_{i=1}^{m}\frac{1}{g_i(x)} \tag{5-32}$$

$\varphi(\boldsymbol{x})$称为屏障函数，$\mu(>0)$仍叫罚因子，则 $\mu\varphi(\boldsymbol{x})$称为惩罚项。如果 $\boldsymbol{x}$ 是 D 的内点，屏障函数 $\varphi(\boldsymbol{x})$的值是有限的正数。当 $\boldsymbol{x}$ 由内部接近边界时，至少有一个约束函数，例如第 i 个，将使 $g_i(\boldsymbol{x})$趋于零，于是 $\varphi(\boldsymbol{x})$趋于无穷大，这正是我们所需要的。

假如固定 $\mu>0$，求解以式（5-31）为目标函数的无约束最优化问题。如果初始点选为可行域 D 的内点，那么按函数 $F(\boldsymbol{x})$的构成和无约束下降迭代算法的特性，其迭代点将永远驻留在 D 内，最后求得的极小点也必在 D 内。

屏障函数除式（5-32）的形式之外，还可取为

$$\begin{aligned}\varphi(\boldsymbol{x})&=\sum_{i=1}^{m}\frac{1}{[g_i(x)]^2}\\\varphi(\boldsymbol{x})&=\sum_{i=1}^{m}\ln\frac{1}{g_i(x)}\end{aligned} \tag{5-33}$$

（2）罚因子 μ 的确定

如式（5-30）的约束最优化问题的最优点可能在可行域 D 内，也可能在边界上。如果最优点在可行域的边界上，为使搜索点最终能靠近约束边界，就要逐渐减小罚因子 μ，使这个“屏障”减弱，直到搜索点以一定精度逼近边界上的最优点为止。

考虑约束问题
$$\begin{aligned}&\min x\\&\text{s.t. } x-1\geqslant 0\end{aligned}$$

其增广目标函数为
$$F(x,\mu)=x+\mu\frac{1}{x-1}$$

显然，其中 x=1 就是可行域 $D=\{x\,|\,x\geqslant 1\}$的边界。当自变量 $x\to 1$ 时，这个函数趋于正无穷大。图 5-7 表示了在可行域内目标函数 $f(x)=x$ 和惩罚项 $\mu\varphi(x)$以及由这两者所合成的增广目标函数 $F(x,\mu)$的曲线。如果对 $F(x,\mu)$求导，并令 $\dfrac{\partial F(x,\mu)}{\partial x}=1-\dfrac{\mu}{(x-1)^2}=0$

由此解得 $\boldsymbol{x}^{\mu}=1+\sqrt{\mu}$

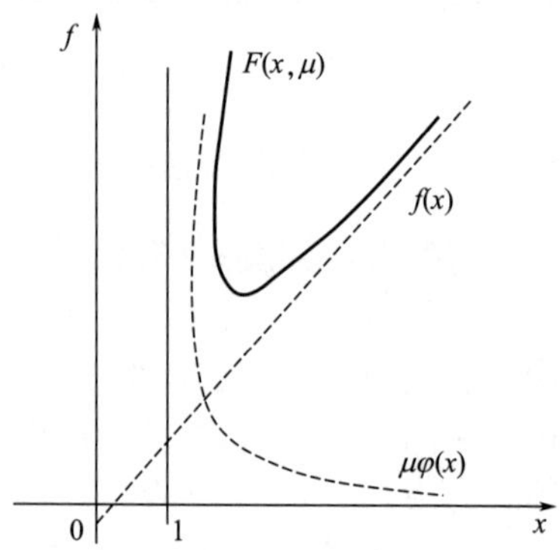

图 5-7 增广目标函数曲线

从图 5-7 可以看出，原约束问题的极小点是 $\boldsymbol{x}^*=1$，而该问题的增广目标函数的极小点是 $\boldsymbol{x}^{\mu}=1+\sqrt{\mu}$ 。这说明，对于固定的 μ，转化后的无约束问题极小点一般不会是原

约束问题极小点，但是本例又启发我们如果令 $\mu \to 0$，则 $\boldsymbol{x}^{\mu} \to x^*$，这一结论具有一般性。因此，与外点罚函数法相反，在实际计算过程中我们把罚因子 μ 取为一个趋于零的数列$\{\mu_K\}$，并对 K=0，1，2，求解如式（5-33）的无约束问题，从而得到极小点序列$\{\boldsymbol{x}^k\}$。可以证明，如果这个序列收敛，也一定收敛于如式（5-30）的原约束问题的极小点。

在内点罚函数法的计算中，罚因子 μ 和缩小系数 β 的选取同样也具有很大的经验性。初始罚因子 μ 选择得过小，可能使惩罚项起的作用很小，导致搜索一开始就按 $f(\boldsymbol{x})$本身来求极值，而这一极值点不大可能接近原问题的极值点 $\boldsymbol{x}^*$，这就要花费过多的机时才能搜索到 $\boldsymbol{x}^*$；反之，如果 μ 选得太大，则在搜索初始几步时，每次都迫使 $\boldsymbol{x}^k$ 离开约束边界很远的距离，同样要花较多的时间才能趋近边界。初始 μ 的范围可选为 1～50，缩小系数 β 可取 0.1 或 0.01 等。另外，初始点 $\boldsymbol{x}^0$ 必须为可行域 D 的内点。

例 5-8 用内点罚函数求：

$$\min\ \frac{1}{12}(x_1+1)^3+x_2$$
$$\text{s.t.}\ \begin{cases} x_1-1 \geqslant 0 \\ x_2 \geqslant 0 \end{cases}$$

解：增广目标函数为

$$F(\boldsymbol{x},\mu)=\frac{1}{12}(x_1+1)^3+x_2+\mu\left(\frac{1}{x_1-1}+\frac{1}{x_2}\right)$$

下面用解析方法求解问题：

$$\min\ F(\boldsymbol{x},\mu)$$
$$\text{s.t.}\ \boldsymbol{x}\in S$$

令
$$\frac{\partial F}{\partial x_1}=\frac{1}{4}(x_1+1)^2-\frac{\mu}{(x_1-1)^2}=0$$

$$\frac{\partial F}{\partial x_2}=1-\frac{\mu}{x_2^2}=0$$

解得
$$\boldsymbol{x}^{\mu}=(x_1,x_2)=(\sqrt{1+2\sqrt{\mu}},\sqrt{\mu})$$

当 $\mu \to 0$ 时，$\boldsymbol{x}^{\mu} \to \boldsymbol{x}^*=(1,0)$，$\boldsymbol{x}^*$ 是问题的最优解。

例 5-9 用内点罚函数求：

$$\min f(x)=\frac{1}{3}(x_1+1)^3+x_2$$
$$\text{s.t.}\ x_1-1 \geqslant 0$$
$$x_2 \geqslant 0$$

解：增广目标函数为

$$F(\boldsymbol{x},\mu)=\frac{1}{3}(x_1+1)^3+x_2+\mu\left(\frac{1}{x_1-1}+\frac{1}{x_2}\right)$$

令
$$\frac{\partial F}{\partial x_1}=(x_1+1)^2-\frac{\mu}{(x_1-1)^2}=0$$
$$\frac{\partial F}{\partial x_2}=1-\frac{\mu}{x_2^2}=0$$

对上式求解，去掉负根得 $\boldsymbol{x}^{\mu}=(\sqrt{1+\sqrt{\mu}},\sqrt{\mu})^{\mathrm{T}}$

于是所求的最优解为 $\boldsymbol{x}^*=\lim\limits_{\mu\to 0}\boldsymbol{x}^{\mu}=(1,0)^{\mathrm{T}}, f(\boldsymbol{x}^*)=\dfrac{8}{3}$

以上用解析法直接求得了 $F(x_1, x_2, \mu)$的极小点。若采用第 3 章介绍的无约束最优化方法（如最速下降法）对 $F(\boldsymbol{x}, \mu)$求解，可选取初始点 $\boldsymbol{x}_0=(3, 4)^{\mathrm{T}}$，初始惩罚因子 $\mu_1=9$，缩小系数 $\beta=0.5$，然后进行迭代计算（图 5-8），所得数据如表 5-3 所示。注意，此处每一组数据对应给定 μ 条件下无约束优化多次迭代的收敛结果。

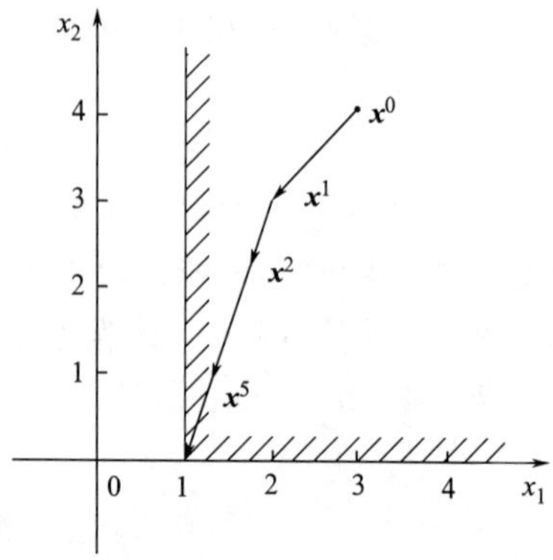

图 5-8 搜索由可行域内部趋向最优点

表 5-3 不同 μ 值的计算结果

k	μ_k	$x_1^*(\mu_k)$	$x_2^*(\mu_k)$	$f(\boldsymbol{x}^*)$
1	9	2	3	12.0
2	4.5	1.768	2.12	9.189
3	2.25	1.581	1.50	7.231
4	1.125	1.439	1.06	5.896
5	0.563	1.322	0.752	5.925
6	0.282	1.229	0.503	4.195
7	0.141	1.170	0.376	3.782
8	0.071	1.120	0.257	3.433
9	0.036	1.091	0.190	3.237
10	0.018	1.062	0.134	3.056
11	0.009	1.047	0.096	2.954
∞	0	1.0	0	8/3

实际问题要比上述例题复杂得多，不可能用解析法求罚函数的最优值，而要用无约束最优化方法和一维搜索来完成每一次迭代。因此，变量初始值、惩罚因子初始值及其迭代过程中更新的系数的选取，均将影响计算的收敛速度。

5.2.2.3 精确罚函数法

精确罚函数法是一类重要的改进罚函数算法。这类方法试图通过仅直接解一个无约束问题，而不是一系列的无约束最优化问题来获得原约束问题的优化解。例如，在求解不等式约束问题时，用外点罚函数法可得到一系列的无约束极小点 $\boldsymbol{x}^k$，它们是从可行域外部逐渐逼近原问题的最优点 $\boldsymbol{x}^*$。一般来说，最优点 $\boldsymbol{x}^*$并不是迭代序列中的某个极小点 $\boldsymbol{x}^k$。

考虑如下的罚函数的形式：

$$F(\boldsymbol{x})=f(\boldsymbol{x})-M\sum_{i=1}^{m}\min\left[0,g_i(\boldsymbol{x})\right]$$

或者用参数$\dfrac{1}{\rho}$代替 M，写成

$$F(\boldsymbol{x})=f(\boldsymbol{x})-\frac{1}{\rho}\sum_{i=1}^{m}\min[0,g_i(\boldsymbol{x})]$$

观察 $F(\boldsymbol{x})$函数形式可以发现，当满足约束条件时其与原函数 $f(\boldsymbol{x})$等价，不满足［即某个 $g_i(x)<0$］时将在 $f(\boldsymbol{x})$上加上大于零的惩罚项，符合罚函数法的基本思想。那么可以证明，存在某个 $\rho^*>0$，当 $0<\rho<\rho^*$时，$F(\boldsymbol{x},\rho)$的极小点就是以下不等式约束问题。

$$\begin{aligned}&\min f(\boldsymbol{x})\\&\text{s.t. } g_i(\boldsymbol{x})\geqslant 0\ \ (i=1,2,\cdots,m)\end{aligned}$$

的最优解 $F(\boldsymbol{x},\rho)$称为精确罚函数，与前面介绍的内点、外点罚函数法不同，其并不需要令罚因子趋于无穷或零来获得最优解，为设计性质较好的算法提供了便利。

例如下列问题：

$$\begin{aligned}&\min f(\boldsymbol{x})=\frac{1}{2}\boldsymbol{x}\\&\text{s.t. } \boldsymbol{x}-1\geqslant 0\end{aligned}$$

设
$$F(\boldsymbol{x},\rho)=\frac{1}{2}x-\frac{1}{\rho}\min\{0,x-1\}=\begin{cases}\dfrac{1}{2}x,\ \ x-1\geqslant 0\\ \dfrac{1}{2}x-\dfrac{x-1}{\rho},\ \ x-1<0\end{cases}$$

当$0<\rho<2$时，$\dfrac{1}{2}x-\dfrac{x-1}{\rho}=\dfrac{1}{2x}-\dfrac{1}{\rho}x+\dfrac{1}{\rho}$为 x 的减函数，即 x 增加时其值减小。因而当 $x<1$ 时，其值大于 $x=1$ 时的值，故 $F(\boldsymbol{x},\rho)$的极小点为 $x=1$，它也是原问题的极小点。因此，对于任意的正数 $\rho<2$，求 $F(\boldsymbol{x},\rho)$的无约束极小问题等价于解原问题，所以它是一个精确罚函数。在序列二次规划法中将要用到精确罚函数的概念。

5.3 非线性约束最优化问题转为线性约束二次优化问题

5.3.1 序列二次规划（SQP）法

本书第 3 章简要介绍了信赖域法的基本思想，即通过在当前解邻域构建原目标函数的近似函数（常选为二次函数），对其求极值逐渐逼近原函数的极值，这一思路可以深化和推广用于求解带约束的极值问题。该法最先由 Wilson 提出，其构建的近似函数即二次规划 QP（quadratic programming）问题直接取非线性规划问题［式（5-1）］的广义 Lagrange 函数，并将其 Hesse 矩阵作为二次函数的二阶项系数矩阵，即

$$\boldsymbol{Q}^k=\nabla_x^2 L(\boldsymbol{x}^k,\mu^k,\lambda^k)$$

Wilson 的方法具有局部二次收敛性，即当初始点充分接近于最优解$\boldsymbol{x}^*$时，收敛是快速的。该方法的缺点是二阶导数计算量大，且不能保证全局收敛性，即不论初始点的位置在何处，

算法不能保证收敛到 KKT 点。

S.P. Han 针对 Wilson 方法的缺点，提出了基于 DFP 变尺度公式来修正二阶项矩阵 $\boldsymbol{Q}^k$，并引进精确罚函数(exact penalty function)L_1 作为一维搜索目标函数以确定步长，建立了算法的全局收敛性。M.J.D. Powell 对 L_1 精确罚函数中罚因子的选取和二阶项矩阵 $\boldsymbol{Q}^k$ 保持正定性等方面做了进一步改进，并在 $\boldsymbol{Q}^k=\nabla_x^2 L(\boldsymbol{x}^k,\mu^k,\lambda^k)$ 不正定的情况下证明了算法的收敛性，从而形成了一种有效的约束变尺度法即 Wilson-Han-Powell（WHP）算法。由于这一算法的每一步迭代均需要解一个二次规划问题，因而也称作序列二次规划方法(sequential quadratic programming，SQP)。

序列二次规划法近年来在实际工程如电力、冶金、化工等的应用越来越广泛，特别在石油化工领域中，SQP 法给复杂大系统的模拟与优化计算带来突破性的进展。L.T. Biegler 等人开发的可行路径法 FPO-SEQ（feasible path optimization with sequential modular simulator）、不可行路径法 IPOSEQ（infeasible path optimization with sequential modular simulator），以及衍生出来的全可行变量法 CFV（complete feasible variant）与简化可行变量法 RFV（reduced feasible variant）法，都是以序列二次规划法作为核心而建立起来的各种大规模化工系统模拟优化方法。

5.3.1.1 SQP 法的基本思想和计算步骤

在某个近似解 $\boldsymbol{x}^k$ 处，可将原非线性规划问题［式（5-1)］近似转化为如下的二次规划问题：

$$\begin{aligned}&\min \nabla f(\boldsymbol{x}^k)^{\mathrm{T}}(\boldsymbol{x}-\boldsymbol{x}^k)+\frac{1}{2}(\boldsymbol{x}-\boldsymbol{x}^k)^{\mathrm{T}}\boldsymbol{Q}^k(\boldsymbol{x}-\boldsymbol{x}^k)\\&\text{s.t. } g_i(\boldsymbol{x}^k)+(\boldsymbol{x}-\boldsymbol{x}^k)^{\mathrm{T}}\nabla g_i(\boldsymbol{x}^k)\geqslant 0\\&\quad h_j(\boldsymbol{x}^k)+(\boldsymbol{x}-\boldsymbol{x}^k)^{\mathrm{T}}\nabla h_j(\boldsymbol{x}^k)=0\\&\quad (i=1,2,\cdots,m;j=1,2,\cdots,l)\end{aligned}\tag{5-34a}$$

或写成

$$\begin{aligned}&\min \nabla f(\boldsymbol{x}^k)^{\mathrm{T}}\Delta\boldsymbol{x}+\frac{1}{2}\Delta\boldsymbol{x}^{\mathrm{T}}\boldsymbol{Q}^k\Delta\boldsymbol{x}\\&\text{s.t. } g_i(\boldsymbol{x}^k)+\Delta\boldsymbol{x}^{\mathrm{T}}\nabla g_i(\boldsymbol{x}^k)\geqslant 0\\&\quad h_j(\boldsymbol{x}^k)+\Delta\boldsymbol{x}^{\mathrm{T}}\nabla h_j(\boldsymbol{x}^k)=0\\&\quad (i=1,2,\cdots,m;j=1,2,\cdots,l)\end{aligned}\tag{5-34b}$$

式中
$$\Delta\boldsymbol{x}=\boldsymbol{x}-\boldsymbol{x}^k$$

$\boldsymbol{Q}^k$ 是 Lagrange 函数［式（5-6)］在点 $\boldsymbol{x}^k$ 处的 Hesse 矩阵 $\nabla_x^2 L$ 的近似。式（5-34）目标函数是二次函数，且约束条件为线性，原问题就用这个二次规划问题来近似地代替。求解这个二次规划问题所得到的最优解 $\boldsymbol{x}^{k+1}$，就作为原问题的一个新的近似解。如果 $\boldsymbol{x}^{k+1}$ 与 $\boldsymbol{x}^k$ 充分接近，比如其距离满足给定的收敛精度 ε，即

$$\|\boldsymbol{x}^{k+1}-\boldsymbol{x}^k\|=\sqrt{\sum_{i=1}^{n}(x_i^{k+1}-x_i^k)^2}\leqslant\varepsilon$$

则以 $\boldsymbol{x}^{k+1}$ 为最优解，否则以 $\boldsymbol{x}^{k+1}$ 代替 $\boldsymbol{x}^k$，构造新的二次规划问题继续进行迭代。

下面证明序列求解二次规划问题能够获得原问题优化解。考虑如下只有等式约束的非线性规划问题：

$$\begin{aligned} & \min\ f(\boldsymbol{x}) \\ & \text{s.t.}\ \ h(\boldsymbol{x})=0 \end{aligned} \tag{5-35}$$

式中，$h(\boldsymbol{x})=(h_1(\boldsymbol{x}),h_2(\boldsymbol{x}),\cdots,h_l(\boldsymbol{x}))^{\mathrm{T}}$。问题［式（5-35）］的最优性必要条件为

$$\begin{aligned} \nabla f(\boldsymbol{x})-\boldsymbol{\lambda}^{\mathrm{T}}\nabla h(\boldsymbol{x})&=0 \\ h(\boldsymbol{x})&=0 \end{aligned}$$

或记作

$$\begin{aligned} & E_1=\frac{\partial f(\boldsymbol{x})}{\partial x_1}-\sum_{j=1}^{l}\lambda_j\frac{\partial h_j(\boldsymbol{x})}{\partial x_1}=0 \\ & E_2=\frac{\partial f(\boldsymbol{x})}{\partial x_2}-\sum_{j=1}^{l}\lambda_j\frac{\partial h_j(\boldsymbol{x})}{\partial x_2}=0 \\ & \quad\cdots \\ & E_n=\frac{\partial f(\boldsymbol{x})}{\partial x_n}-\sum_{j=1}^{l}\lambda_j\frac{\partial h_j(\boldsymbol{x})}{\partial x_n}=0 \\ & E_{n+1}=h_1(\boldsymbol{x})=0 \\ & E_{n+2}=h_2(\boldsymbol{x})=0 \\ & \quad\cdots \\ & E_{n+l}=h_l(\boldsymbol{x})=0 \end{aligned} \tag{5-36}$$

这是 $n+l$ 个方程和 $n+l$ 个变量$(x_1,x_2,\cdots,x_n,\lambda_1,\lambda_2,\cdots,\lambda_l)$构成的非线性方程组。若有解存在，则通过求解方程组［式（5-36）］可以得到唯一解 $\boldsymbol{x}^*$，且满足原问题［式（5-35）］最优解的必要条件。

对于非线性方程组［式（5-36）］，可以将 $E_1,E_2,\cdots,E_{n+1}$ 在点$(\boldsymbol{x}^k,\ \boldsymbol{\lambda}^k)$附近进行一阶泰勒展开，从而写出以下的迭代公式：

$$\begin{pmatrix} \boldsymbol{Q}^k & -(\boldsymbol{J}^k)^{\mathrm{T}} \\ \boldsymbol{J}^k & 0 \end{pmatrix}\begin{pmatrix} \boldsymbol{x}-\boldsymbol{x}^k \\ \boldsymbol{\lambda}-\boldsymbol{\lambda}^k \end{pmatrix}=-\boldsymbol{E}(\boldsymbol{x}^k) \tag{5-37}$$

式中

$$\boldsymbol{E}=(E_1,E_2,\cdots,E_n,E_{n+1},E_{n+2},\cdots,E_{n+l})^{\mathrm{T}}$$

$\boldsymbol{Q}^k$ 为 $\boldsymbol{E}$ 关于 x 的一阶偏导数矩阵，也即 Lagrange 函数 $L=f(\boldsymbol{x})-\boldsymbol{\lambda}^{\mathrm{T}}h(\boldsymbol{x})$ 在点 $(\boldsymbol{x}^k,\boldsymbol{\lambda}^k)$ 处的二阶偏导数矩阵：

$$\boldsymbol{Q}^k=\begin{bmatrix} \dfrac{\partial E_1(\boldsymbol{x}^k)}{\partial x_1} & \dfrac{\partial E_1(\boldsymbol{x}^k)}{\partial x_2} & \cdots & \dfrac{\partial E_1(\boldsymbol{x}^k)}{\partial x_n} \\ \dfrac{\partial E_2(\boldsymbol{x}^k)}{\partial x_1} & \dfrac{\partial E_2(\boldsymbol{x}^k)}{\partial x_2} & \cdots & \dfrac{\partial E_2(\boldsymbol{x}^k)}{\partial x_n} \\ \vdots & \vdots & & \vdots \\ \dfrac{\partial E_n(\boldsymbol{x}^k)}{\partial x_1} & \dfrac{\partial E_n(\boldsymbol{x}^k)}{\partial x_2} & \cdots & \dfrac{\partial E_n(\boldsymbol{x}^k)}{\partial x_n} \end{bmatrix}$$

$\boldsymbol{J}^k$ 则为约束函数 $h(\boldsymbol{x})$ 在 $\boldsymbol{x}^k$ 处的 Jacobi 矩阵，即

$$\boldsymbol{J}^k=\begin{bmatrix}\dfrac{\partial h_1(\boldsymbol{x}^k)}{\partial x_1} & \dfrac{\partial h_1(\boldsymbol{x}^k)}{\partial x_2} & \cdots & \dfrac{\partial h_1(\boldsymbol{x}^k)}{\partial x_n}\\ \dfrac{\partial h_2(\boldsymbol{x}^k)}{\partial x_1} & \dfrac{\partial h_2(\boldsymbol{x}^k)}{\partial x_2} & \cdots & \dfrac{\partial h_2(\boldsymbol{x}^k)}{\partial x_n}\\ \vdots & \vdots & & \vdots\\ \dfrac{\partial h_n(\boldsymbol{x}^k)}{\partial x_1} & \dfrac{\partial h_n(\boldsymbol{x}^k)}{\partial x_2} & \cdots & \dfrac{\partial h_n(\boldsymbol{x}^k)}{\partial x_n}\end{bmatrix}$$

令 $\Delta\boldsymbol{x}=\boldsymbol{x}-\boldsymbol{x}^k$，则对式（5-37）分块相乘，前 n 个和后 l 个方程可以分别写成

$$\nabla f(\boldsymbol{x}^k)+\boldsymbol{Q}^k\Delta\boldsymbol{x}-(\boldsymbol{J}^k)^{\mathrm{T}}\boldsymbol{\lambda}^{k+1}=0 \tag{5-38}$$

$$\boldsymbol{J}^k\Delta\boldsymbol{x}+h(\boldsymbol{x})=0$$

这是以 $\Delta\boldsymbol{x}=(\Delta x_1,\Delta x_2,\cdots,\Delta x_n)^{\mathrm{T}}$ 和 $\boldsymbol{\lambda}^{k+1}=(\lambda_1^{k+1},\lambda_2^{k+1},\cdots,\lambda_l^{k+1})^{\mathrm{T}}$ 为变量的线性方程组。

假如对问题［式（5-35)］用 SQP 法来求解，按照式（5-34）的模式，点（$\boldsymbol{x}^k$，$\boldsymbol{\lambda}^k$）处其二次规划问题形式为

$$\begin{aligned}&\min\ \nabla f(\boldsymbol{x})^{\mathrm{T}}\Delta\boldsymbol{x}+\frac{1}{2}\Delta\boldsymbol{x}^{\mathrm{T}}\boldsymbol{Q}^k\Delta\boldsymbol{x}\\&\text{s.t.}\ \ h(\boldsymbol{x}^k)+\Delta\boldsymbol{x}^{\mathrm{T}}\nabla h(\boldsymbol{x}^k)=0\end{aligned} \tag{5-39}$$

对应的 Lagrange 函数为

$$L=\nabla f(\boldsymbol{x})^{\mathrm{T}}\Delta\boldsymbol{x}+\frac{1}{2}\Delta\boldsymbol{x}^{\mathrm{T}}\boldsymbol{Q}^k\Delta\boldsymbol{x}-(\boldsymbol{\lambda}^{k+1})^{\mathrm{T}}[h(\boldsymbol{x}^k)+\nabla h(\boldsymbol{x}^k)^{\mathrm{T}}\Delta\boldsymbol{x}]$$

其最优性必要条件为

$$\frac{\partial L}{\partial\Delta\boldsymbol{x}}=\nabla f(\boldsymbol{x}^k)+\boldsymbol{Q}^k\Delta\boldsymbol{x}-\nabla h(\boldsymbol{x}^k)^{\mathrm{T}}\boldsymbol{\lambda}^{k+1}=0 \tag{5-40}$$

$$\frac{\partial L}{\partial\boldsymbol{\lambda}^{k+1}}=h(\boldsymbol{x}^k)+\nabla h(\boldsymbol{x}^k)^{\mathrm{T}}\Delta\boldsymbol{x}=0$$

可见，式（5-40）与式（5-38）是等价的，即求解问题［式（5-39)］所得到的最优解 $\Delta\boldsymbol{x}$ 及其乘子向量 $\boldsymbol{\lambda}^{k+1}$ 也满足迭代公式（5-38）。那么，SQP 法所得到的解与非线性方程组迭代所得到的解同样会收敛到原问题［式（5-35)］的最优解。

上述思想推广到含有不等式约束非线性规划的一般情形也是正确的。然而，在 WHP 算法中，并不直接取 $\boldsymbol{x}^{k+1}=\boldsymbol{x}^k+\Delta\boldsymbol{x}$ 作为新的近似点，而是以 $\Delta\boldsymbol{x}$ 作为当前搜索方向，通过一维搜索求步长 α 来确定下一个迭代点，即

$$\boldsymbol{x}^{k+1}=\boldsymbol{x}^k+\alpha\Delta\boldsymbol{x}$$

另外，在 WHP 算法中，类似于无约束最优化方法中的拟牛顿法，式（5-34）矩阵 $\boldsymbol{Q}^k$ 并不直接通过计算广义 Lagrange 函数二阶偏导数矩阵 $\Delta_x^2 L$ 得到。通常取 $\boldsymbol{Q}^0=\boldsymbol{I}$（单位矩阵），以后各次计算按一定的格式对当前矩阵 $\boldsymbol{Q}^k$ 进行修正。

综上所述，序列二次规划法的计算步骤如下：

① 将非线性规划问题转化为二次规划问题［式（5-34)］；

② 选定初始点 $\boldsymbol{x}^0$，给定初始矩阵 $\boldsymbol{Q}^0=\boldsymbol{I}$;

③ 对关于当前矩阵 $\boldsymbol{Q}^k$ 的二次规划问题进行迭代求解，获得搜索方向 $\Delta\boldsymbol{x}$;

④ 通过一维搜索确定步长 α，令 $\boldsymbol{x}^{k+1}=\boldsymbol{x}^k+\alpha\Delta\boldsymbol{x}$;

⑤ 检验是否收敛，若否则令 $k=k+1$，修正近似矩阵 $\boldsymbol{Q}^k$，返回步骤③直至计算收敛。

可见，二次规划问题的求解、一维搜索和矩阵 $\boldsymbol{Q}$ 的修正是序列二次规划法要解决的 3 个核心问题，下面分别进行讨论。

5.3.1.2 二次规划的求解

式（5-34）中当 $\boldsymbol{x}^k$ 固定后，目标函数是以 $\Delta\boldsymbol{x}$ 为变量的二次函数，约束条件均是以 $\Delta\boldsymbol{x}$ 为变量的线性函数，即二次规划问题。二次规划问题的一般形式为

$$\min\ \boldsymbol{C}^{\mathrm{T}}\boldsymbol{x}+\frac{1}{2}\boldsymbol{x}^{\mathrm{T}}\boldsymbol{Q}\boldsymbol{x} \tag{5-41a}$$

$$\text{s.t.}\ \boldsymbol{A}\boldsymbol{x}\leqslant\boldsymbol{b} \tag{5-41b}$$

$$\boldsymbol{x}\geqslant 0 \tag{5-41c}$$

其中

$$\boldsymbol{x}=(x_1,x_2,\cdots,x_n)^{\mathrm{T}}$$

$$\boldsymbol{C}=(c_1,c_1,\cdots,c_n)^{\mathrm{T}}$$

$$\boldsymbol{b}=(b_1,b_1,\cdots,b_m)^{\mathrm{T}}$$

$$\boldsymbol{Q}=\begin{bmatrix} q_{11} & q_{12} & \cdots & q_{1n} \\ q_{22} & q_{22} & \cdots & q_{2n} \\ \vdots & \vdots & & \vdots \\ q_{n1} & q_{n2} & \cdots & q_{nn} \end{bmatrix}$$

$$\boldsymbol{A}=\begin{bmatrix} a_{11} & a_{12} & \cdots & a_{1n} \\ a_{22} & a_{22} & \cdots & a_{2n} \\ \vdots & \vdots & & \vdots \\ a_{m1} & a_{m2} & \cdots & a_{mn} \end{bmatrix}$$

在目标函数［式（5-41a)］中，$\frac{1}{2}\boldsymbol{x}^{\mathrm{T}}\boldsymbol{Q}\boldsymbol{x}$ 项为二次项，其中 $\boldsymbol{Q}$ 为对称正定矩阵。二次规划问题［式（5-41）］可以用 Lagrange 乘子法求解。

对式(5-41b)可引进松弛变量 $s_i^2\,(i=1,2,\cdots,m)$，对式(5-41c)引进剩余变量 $t_j^2\,(j=1,2,\cdots,n)$，则该问题可以写成

$$\min\ f(\boldsymbol{x})=\boldsymbol{C}^{\mathrm{T}}\boldsymbol{x}+\frac{1}{2}\boldsymbol{x}^{\mathrm{T}}\boldsymbol{Q}\boldsymbol{x} \tag{5-42a}$$

$$\text{s.t.}\ \boldsymbol{A}_i^{\mathrm{T}}\boldsymbol{x}+s_i^2=b_i\quad(i=1,2,\cdots,m) \tag{5-42b}$$

$$-x_j+t_j^2=0\quad(j=1,2,\cdots,n) \tag{5-42c}$$

其中

$$\boldsymbol{A}_i=(a_{i1},a_{i2},\cdots,a_{in})\quad(i=1,2,\cdots,m)$$

这样，Lagrange 函数就可以写成

$$L(\boldsymbol{x},s,t,\mu,\lambda)=\boldsymbol{C}^{\mathrm{T}}\boldsymbol{x}+\frac{1}{2}\boldsymbol{x}^{\mathrm{T}}\boldsymbol{Q}\boldsymbol{x}+\sum_{i=1}^{m}\mu_i(\boldsymbol{A}_i^{\mathrm{T}}\boldsymbol{x}+s_i^2-b_i)+\sum_{j=1}^{n}\lambda_j(-x_j+t_j^2) \tag{5-43}$$

函数 L 稳定点的必要条件：

$$\frac{\partial L}{\partial x_j}=c_j+\sum_{j=1}^{n}q_{ij}x_i+\sum_{i=1}^{m}\mu_i a_{ij}-\lambda_j=0\ \ (j=1,2,\cdots,n) \tag{5-44}$$

$$\frac{\partial L}{\partial s_i}=2\mu_i s_i=0\ \ (i=1,2,\cdots,m) \tag{5-45}$$

$$\frac{\partial L}{\partial t_j}=2\lambda_j t_j=0\ \ (j=1,2,\cdots,n) \tag{5-46}$$

$$\frac{\partial L}{\partial \mu_i}=\boldsymbol{A}_i^{\mathrm{T}}\boldsymbol{x}+s_i^2-b_i=0\ \ (i=1,2,\cdots,m) \tag{5-47}$$

$$\frac{\partial L}{\partial \lambda_j}=-x_j+t_j^2=0\ \ (j=1,2,\cdots,n) \tag{5-48}$$

定义一组新的变量 y_i：

$$y_i=s_i^2\ \ (j=1,2,\cdots,n) \tag{5-49}$$

则方程（5-47）可以写成

$$\boldsymbol{A}_i^{\mathrm{T}}\boldsymbol{x}-b_i=-s_i^2=-y_i\ \ (i=1,2,\cdots,m) \tag{5-50}$$

以 s_i 和 t_j 分别乘以式（5-45）和式（5-46），可得

$$\mu_i s_i^2=\mu_i y_i\ \ (i=1,2,\cdots,m) \tag{5-51}$$

和

$$\lambda_j t_j^2=0\ \ (j=1,2,\cdots,n) \tag{5-52}$$

结合式（5-50)和式（5-51)，式（5-48)和式（5-52)可以得到

$$\mu_i(\boldsymbol{A}_i^{\mathrm{T}}-b_i)=0\ \ (i=1,2,\cdots,m) \tag{5-53}$$

$$\lambda_j x_j=0\ \ (j=1,2,\cdots,n) \tag{5-54}$$

这样，函数 L 稳定点的必要条件可归纳为

$$c_j-\lambda_j+\sum_{k=1}^{n}q_{kj}x_k+\sum_{i=1}^{m}\mu_i a_{ij}=0\ \ (j=1,2,\cdots,n) \tag{5-55}$$

$$\boldsymbol{A}_i^{\mathrm{T}}\boldsymbol{x}-b_i=-y_i\ \ (i=1,2,\cdots,m) \tag{5-56}$$

$$x_j\geqslant 0\ \ (j=1,2,\cdots,n) \tag{5-57}$$

$$y_i\geqslant 0\ \ (i=1,2,\cdots,m) \tag{5-58}$$

$$\mu_i\geqslant 0\ \ (i=1,2,\cdots,m) \tag{5-59}$$

$$\lambda_j \geqslant 0 \ (j=1,2,\cdots,n) \tag{5-60}$$

$$\mu_i y_i \geqslant 0 \ (i=1,2,\cdots,m) \tag{5-61}$$

$$\lambda_j x_j \geqslant 0 \ (j=1,2,\cdots,n) \tag{5-62}$$

应当注意，在式（5-55）～式（5-62）中，除式（5-61）和式（5-62）外，必要条件都是变量 x_j，y_i，μ_i 和 λ_j 的线性函数。这样，原二次规划的解可以通过求式（5-55）和式（5-56）共 $m+n$ 个线性方程组成的方程组的非负解而得到，所得的解也满足式（5-61）和式（5-62）的 $m+n$ 个方程。

若 $\boldsymbol{Q}$ 是正定矩阵，则函数 $f(\boldsymbol{x})$为严格的凸函数，其可行域是一个凸集（因是线性函数），因而其局部最小也必定是全局最小。另外，必要条件式（5-55）～式（5-62）中共有 $2(n+m)$ 个变量和 $2(n+m)$个方程，因此，式（5-55）、式（5-56）、式（5-61）和式（5-62）的解也肯定是唯一的。这样，满足所有式（5-55）～式（5-62）的可行解（如果存在）就必定是原二次规划的最优解。

采用高斯消去法或第 3 章提到的共轭梯度法就可以得到上述线性方程组的解，唯一的约束限制是式（5-61）和式（5-62）必须随时满足。由于此处只需求得一个可行解，因此这一可行解必定是原二次规划的最优解。由此，先在式（5-55）中引入 n 个非负的人工变量 z_j，则有

$$c_j - \lambda_j + \sum_{j=1}^{n} q_{ij} x_i + \sum_{i=1}^{m} \mu_i a_{ij} + z_j = 0 \ (j=1,2,\cdots,n) \tag{5-63}$$

这样，第一步模型为

$$\min \ F = \sum_{j=1}^{n} z_j$$

$$\text{s.t. } c_j - \lambda_j + \sum_{j=1}^{n} q_{ij} x_i + \sum_{i=1}^{m} \mu_i a_{ij} + z_j = 0 \ (j=1,2,\cdots,n) \tag{5-64}$$

当求解此线性规划问题时，还必须注意如下附加条件：

$$\mu_i y_i \geqslant 0 \ (i=1,2,\cdots,m) \quad \text{和} \quad \lambda_j x_j \geqslant 0 \ (j=1,2,\cdots,n) \tag{5-65}$$

这样，当决定是否将 y_i 引入基本解中的时候，必须首先保证 μ_i 不在基本解中，或者当 y_i 引入时 μ_i 将从该基本解中换出。关于 λ_j 和 x_j 也要注意类似的情形。这些附加的检验在求解过程中是不难做到的，以下举一个具体的例子。

例 5-10 求解下列问题

$$\min \ x_1^2 + 2x_2^2 + x_3^2 - 2x_1 x_2 + x_3$$

$$\text{s.t.} \ \begin{cases} x_1 + x_2 + x_3 = 4 \\ 2x_1 - x_2 + x_3 = 2 \end{cases}$$

解：易知

$$\boldsymbol{H}=\begin{bmatrix} 2 & -2 & 0 \\ -2 & 4 & 0 \\ 0 & 0 & 2 \end{bmatrix}, \ \boldsymbol{c}=\begin{bmatrix} 0 \\ 0 \\ 1 \end{bmatrix}, \ \boldsymbol{A}=\begin{bmatrix} 1 & 1 & 1 \\ 2 & -1 & 1 \end{bmatrix}, \ \boldsymbol{b}=\begin{bmatrix} 4 \\ 2 \end{bmatrix}$$

$\boldsymbol{H}$ 的逆矩阵为

$$\boldsymbol{H}^{-1}=\begin{bmatrix}1 & \frac{1}{2} & 0\\ \frac{1}{2} & \frac{1}{2} & 0\\ 0 & 0 & \frac{1}{2}\end{bmatrix}$$

进而算得

$$\boldsymbol{Q}=\frac{4}{11}\begin{bmatrix}\frac{1}{2} & \frac{1}{4} & -\frac{3}{4}\\ \frac{1}{4} & \frac{1}{8} & -\frac{3}{8}\\ -\frac{3}{4} & -\frac{3}{8} & \frac{9}{8}\end{bmatrix}$$

$$\boldsymbol{R}=\frac{4}{11}\begin{bmatrix}\frac{3}{4} & \frac{7}{4} & \frac{1}{4}\\ \frac{3}{4} & -1 & \frac{1}{4}\end{bmatrix},\quad \boldsymbol{S}=-\frac{4}{11}\begin{bmatrix}3 & -\frac{5}{2}\\ -\frac{5}{2} & 3\end{bmatrix}$$

把 Q 和 R 代入得到问题的最优解为

$$\bar{\boldsymbol{x}}=\begin{bmatrix}x_1\\ x_2\\ x_3\end{bmatrix}=\begin{bmatrix}\frac{21}{11}\\ \frac{43}{22}\\ \frac{3}{22}\end{bmatrix}$$

例 5-11 求以下二次规划问题：

$$\begin{aligned}&\min f(x)=-4x_1+x_1^2-2x_1x_2+2x_2^2\\ &\text{s.t. } 2x_1+x_2\leqslant 6\\ &\quad x_1-4x_2\leqslant 0\\ &\quad x_1\geqslant 0, x_2\geqslant 0\end{aligned}$$

解：引入松弛变量 $y_1=s_1^2, y_2=s_2^2$ 和剩余变量 t_1^2, t_2^2，则原问题变为

$$\min f(\boldsymbol{x})=[-4,\ 0]\begin{bmatrix}x_1\\ x_2\end{bmatrix}+\frac{1}{2}[x_1,\ x_2]\begin{bmatrix}2 & -2\\ -2 & 4\end{bmatrix}\begin{bmatrix}x_1\\ x_2\end{bmatrix}$$

$$\text{s.t.}\begin{bmatrix}2 & 1\\ 1 & -4\end{bmatrix}\begin{bmatrix}x_1\\ x_2\end{bmatrix}+\begin{bmatrix}y_1\\ y_2\end{bmatrix}=\begin{bmatrix}6\\ 0\end{bmatrix}$$

和

$$-x_1+t_1^2=0$$

$$-x_2+t_2^2=0$$

与式（5-41a）～式（5-41c）相比较，可知

$$c_1=-4,\quad c_2=0,\quad \boldsymbol{Q}=\begin{bmatrix}2 & -2\\ -2 & 4\end{bmatrix},\quad \boldsymbol{A}=\begin{bmatrix}2 & 1\\ 1 & -4\end{bmatrix}$$

根据式（5-55）～式（5-62），该问题的必要条件为

$$-4-\lambda_1+2x_1-2x_2+2\mu_1+\mu_2=0$$

$$0-\lambda_2-2x_1+4x_2+\mu_1-4\mu_2=0$$

$$2x_1+x_2-6=-y_1$$

$$x_1-4x_2-0=-y_2$$

$$x_1\geqslant 0,x_2\geqslant 0,y_1\geqslant 0,y_2\geqslant 0,\mu\geqslant 0,\mu_2\geqslant 0,\lambda_1\geqslant 0,\lambda_2\geqslant 0$$

$$\mu_1 y_1=0,\ \lambda_1 x_1=0$$

$$\mu_2 y_2=0,\ \lambda_2 x_2=0$$

这样，单纯形法的模型为

$$\begin{aligned}
&\min\ F=z_1+z_2\\
&\text{s.t.}\ 2x_1-2x_2+2\mu-\lambda_1+z_1=4\\
&\quad -2x_1+4x_2+\mu_1-4\mu_2-\lambda_2+z_2=0\\
&\quad 2x_1+x_2+y_1=6\\
&\quad x_1-4x_2+y_2=0\\
&\quad x_1\geqslant 0,\ x_2\geqslant 0,\ y_1\geqslant 0\\
&\quad y_2\geqslant 0,\ \mu\geqslant 0,\ \mu_2\geqslant 0\\
&\quad \lambda_1\geqslant 0,\ \lambda_2\geqslant 0,\ z_1\geqslant 0,\ z_2\geqslant 0
\end{aligned}$$

附加条件为

$$\mu y_1=0,\ \lambda_1 x_1=0$$

$$\mu_2 y_2=0,\ \lambda_2 x_2=0$$

列出初始单纯形表 5-4。

表 5-4 初始单纯形法表

c_j			0	0	0	0	0	0	0	0	1	1	$\boldsymbol{\theta}=\left.\dfrac{b_i}{a_{ik}}\right\vert_{a_{ik}}>0$
$\boldsymbol{c}_B$	$\boldsymbol{x}_B$	$\boldsymbol{b}$	x_1	x_2	$\boldsymbol{\mu}_1$	$\boldsymbol{\mu}_2$	$\boldsymbol{\lambda}_1$	$\boldsymbol{\lambda}_2$	y_1	y_2	z_1	z_2	
0	y_1	6	2	1	0	0	0	0	1	0	0	0	6
0	y_2	0	1	−4	0	0	0	0	0	1	0	0	
1	z_1	4	2	−2	2	1	−1	0	0	0	1	0	
1	z_2	0	−2	[4]	1	−4	0	−1	0	0	0	1	0←最小
	$-F$	−4	0	−2	−3	3	1	1	0	0	0	0	
				主列	最负								

根据单纯形法选主列的规则，μ_1 应作为换入基变量，因为其检验数最负（目标函数为最小化）；z_2 应作为换出变量，因为 b_i/a_{ik}=0 最小。然而，由于 y_1 已经在基变量中，为满足附加条件，所以 μ_1 不能作为换入基变量。因此选 x_2 作为换入基变量，相应的 z_2 为换出变量，单纯形表中括号内的 4 为主元素，经过运算得到单纯形表 5-5。

表 5-5　一次迭代后的单纯形表

c_j			0	0	0	0	0	0	0	0	1	1	$\theta=\left.\frac{b_i}{a_{ik}}\right\|_{a_{ik}}>0$
$\boldsymbol{c}_B$	$\boldsymbol{x}_B$	$\boldsymbol{b}$	x_1	x_2	$\boldsymbol{\mu}_1$	$\boldsymbol{\mu}_2$	$\boldsymbol{\lambda}_1$	$\boldsymbol{\lambda}_2$	y_1	y_2	z_1	z_2	
0	y_1	6	$\left[\frac{5}{2}\right]$	0	$-\frac{1}{4}$	1	0	$\frac{1}{4}$	1	0	0	$-\frac{1}{4}$	$\frac{12}{5}$ ←最小
0	y_2	0	−1	0	1	−4	0	−1	0	1	0	1	
1	z_1	4	1	0	$\frac{5}{2}$	−1	−1	$-\frac{1}{2}$	0	0	1	$\frac{1}{2}$	4
0	z_2	0	$-\frac{1}{2}$	1	$\frac{1}{4}$	−1	0	$-\frac{1}{4}$	0	0	0	$\frac{1}{4}$	0
	$-F$	−4	−1	0	$-\frac{5}{2}$	1	1	$\frac{1}{2}$	0	0	0	$\frac{1}{2}$	
			主列		**最负**								

从表 5-5 中可以看出，μ_1 同样必须作为换入基变量，y_2 或 x_2 必须离开基底作为换出变量。然而，同样的原因，现在只能选 x_1 作为换入基变量进入基底，而 y_1 作为换出变量离开基底，即中括号内的 5/2 为主元素，经过运算得单纯形表 5-6。

表 5-6　二次迭代后的单纯形表

c_j			0	0	0	0	0	0	0	0	1	1	$\theta=\left.\frac{b_i}{a_{ik}}\right\|_{a_{ik}}>0$
$\boldsymbol{c}_B$	$\boldsymbol{x}_B$	$\boldsymbol{b}$	x_1	x_2	$\boldsymbol{\mu}_1$	$\boldsymbol{\mu}_2$	$\boldsymbol{\lambda}_1$	$\boldsymbol{\lambda}_2$	y_1	y_2	z_1	z_2	
0	x_1	$\frac{12}{5}$	1	0	$-\frac{1}{10}$	$\frac{2}{5}$	0	$\frac{1}{10}$	$\frac{2}{5}$	0	0	$-\frac{1}{10}$	−
0	y_2	$\frac{12}{5}$	0	0	$\frac{9}{10}$	$-\frac{18}{5}$	0	$-\frac{9}{10}$	$\frac{2}{5}$	1	0	$\frac{9}{10}$	$\frac{8}{3}$
1	z_1	$\frac{8}{5}$	0	0	$\frac{13}{5}$	$-\frac{7}{5}$	−1	$-\frac{3}{5}$	$-\frac{2}{5}$	0	1	$\frac{3}{5}$	$\frac{8}{13}$ ←最小
0	x_2	$\frac{6}{5}$	0	1	$\frac{1}{5}$	$-\frac{4}{5}$	0	$-\frac{1}{5}$	$\frac{1}{5}$	0	0	$\frac{1}{5}$	6
	$-F$	$-\frac{8}{5}$	0	0	$-\frac{13}{5}$	$\frac{7}{5}$	1	$\frac{3}{5}$	$\frac{2}{5}$	0	0	$\frac{2}{5}$	
					最负								

从表 5-6 可以看出，μ_1 可以作为换入基变量进入基底（因为此时 y_1 已不在基底中），相应的，z_1 应作为换出变量而离开基底。经过运算得单纯形表 5-7。

表 5-7　三次迭代后的单纯形表

c_j			0	0	0	0	0	0	0	0	1	1	$\theta=\left.\frac{b_i}{a_{ik}}\right\|_{a_{ik}}>0$
$\boldsymbol{c}_B$	$\boldsymbol{x}_B$	$\boldsymbol{b}$	x_1	x_2	$\boldsymbol{\mu}_1$	$\boldsymbol{\mu}_2$	$\boldsymbol{\lambda}_1$	$\boldsymbol{\lambda}_2$	y_1	y_2	z_1	z_2	
0	x_1	$\frac{32}{13}$	1	0	0	$\frac{9}{26}$	$-\frac{1}{26}$	$\frac{1}{13}$	$\frac{5}{13}$	0	$\frac{1}{26}$	$-\frac{1}{13}$	
0	y_2	$\frac{24}{13}$	0	0	0	$-\frac{81}{26}$	$\frac{9}{26}$	$-\frac{9}{13}$	$\frac{7}{13}$	1	$-\frac{9}{26}$	$\frac{9}{13}$	
1	$\boldsymbol{\mu}$	$\frac{8}{13}$	0	0	1	$-\frac{7}{13}$	$-\frac{5}{13}$	$-\frac{3}{13}$	$-\frac{2}{13}$	0	$\frac{5}{13}$	$\frac{3}{13}$	
0	x_2	$\frac{14}{13}$	0	1	0	$-\frac{9}{13}$	$\frac{1}{13}$	$-\frac{2}{13}$	$\frac{3}{13}$	0	$-\frac{1}{13}$	$\frac{2}{13}$	
	$-F$	0	0	0	0	0	0	0	0	0	1	1	

此时人工变量 z_1、z_2 均已从基变量中换出且所有检验数都大于等于零，已经得到最优解，相应的，基变量为 $x_1=\dfrac{32}{13}$, $x_2=\dfrac{14}{13}$, $\mu=\dfrac{8}{13}$, $y_2=\dfrac{24}{13}$；非基变量为 $\mu_2=0$, $y_1=0$, $\lambda_1=0$, $\lambda_2=0$。这样，原二次规划的最优解为

$$x_1^*=\frac{32}{13},\ x_2^*=\frac{32}{13},\ f(x_1^*,\ x_2^*)=-\frac{88}{13}$$

5.3.1.3 一维搜索

由二次规划［式（5-34)］得到搜索方向 $\Delta\boldsymbol{x}^k\neq\boldsymbol{0}$ 后，需要确定相应步长 α，参考本书第 2 章的内容，可以借助精确或者非精确一维搜索的方法。其中精确方法是通过函数求极值取得的，相应函数称为效益函数，S.P. Han 提出利用精确罚函数作为效益函数，如

$$P(\boldsymbol{x})=f(\boldsymbol{x})+r\left\{\sum_{i=1}^{m}\max[0,\ -g_i(\boldsymbol{x})]+\sum_{j=1}^{l}|h_j(\boldsymbol{x})|\right\} \tag{5-66}$$

式中，$r>0$。根据精确罚函数的定义，当 r 取得充分大时，函数（5-66）的局部最小与问题［式（5-1)］是一致的。

步长 α 的选取应使得精确罚函数［式（5-66)］的值下降，即

$$P(\boldsymbol{x}^k+\alpha\Delta\boldsymbol{x})\leqslant P(\boldsymbol{x}^k)$$

这就可以用精确的一维搜索对罚函数 $P(\boldsymbol{x}^k+\alpha\Delta\boldsymbol{x})$求极小值来确定步长 α。

有学者建议选择的 α 应满足如下条件：

$$P(\boldsymbol{x}^k+\alpha\Delta\boldsymbol{x})\leqslant P(\boldsymbol{x}^k)+\sigma\alpha[P(\boldsymbol{x}^k+\Delta\boldsymbol{x})-P(\boldsymbol{x}^k)]$$

其中 $\sigma(0<\sigma<1)$是一个常数，而

$$P(\boldsymbol{x}^k+\Delta\boldsymbol{x})=f(\boldsymbol{x}^k)+\Delta f(\boldsymbol{x}^k)^{\mathrm{T}}\Delta\boldsymbol{x}+\frac{1}{2}\Delta\boldsymbol{x}^{\mathrm{T}}\boldsymbol{Q}^k\Delta\boldsymbol{x}+r\left\{\sum_{i=1}^{m}\max\ [0,-(g_i(\boldsymbol{x}^k)\right.$$
$$\left.+\Delta g_i(\boldsymbol{x}^k)^{\mathrm{T}}\Delta\boldsymbol{x}]+\sum_{j=1}^{l}|h_j(\boldsymbol{x}^k)+\Delta h_j(\boldsymbol{x}^k)^{\mathrm{T}}\Delta\boldsymbol{x}|\right\}$$

对比第 2 章非精确一维搜索方法可知，这是一种 Armijo 型的步长规则。

5.3.1.4 矩阵 Q 的修正

如果令

$$\Delta\boldsymbol{x}^k=\boldsymbol{x}^{k+1}-\boldsymbol{x}^k$$
$$\Delta\boldsymbol{G}^k=\nabla_x L(\boldsymbol{x}^{k+1},\mu^{k+1},\boldsymbol{\lambda}^{k+1})-\nabla_x L(\boldsymbol{x}^k,\mu^k,\boldsymbol{\lambda}^k)$$

由于 $\boldsymbol{Q}^{k+1}$ 应是 Hesse 矩阵 $\Delta^2_x L(\boldsymbol{x}^*,\ \mu^*,\lambda^*)$的近似，所以应有

$$\boldsymbol{Q}^{k+1}\Delta\boldsymbol{x}^k\approx\Delta\boldsymbol{G}^k \tag{5-67}$$

式（5-67)是拟牛顿方程，它的形式与无约束情形一致，只是无约束时 $\Delta\boldsymbol{G}^k$ 定义为 $\nabla f(\boldsymbol{x}^{k+1})-\nabla f(\boldsymbol{x}^k)$。为了满足拟牛顿方程，常用的尺度矩阵 $\boldsymbol{Q}^k$ 的修正公式有以下几种。

（1）DFP 修正

$$\boldsymbol{Q}^{k+1}=\boldsymbol{Q}^{k}+\frac{\Delta\boldsymbol{G}^{k}(\Delta\boldsymbol{G}^{k})^{\mathrm{T}}}{(\Delta\boldsymbol{G})^{\mathrm{T}}\boldsymbol{S}^{k}}-\frac{\boldsymbol{Q}^{k}\boldsymbol{S}^{k}(\boldsymbol{S}^{k})^{\mathrm{T}}\boldsymbol{Q}^{k}}{(\boldsymbol{S}^{k})^{\mathrm{T}}\boldsymbol{Q}^{k}\boldsymbol{S}^{k}} \tag{5-68}$$

式中，$\boldsymbol{S}^{k}=\boldsymbol{x}^{k+1}-\boldsymbol{x}^{k}$

（2）PSB 修正

即在式（5-68)中取 $\boldsymbol{S}^k=\Delta\boldsymbol{G}^k$。

（3）BFGS 修正

$$\boldsymbol{Q}^{k+1}=\boldsymbol{Q}^{k}+\frac{\Delta\boldsymbol{G}^{k}(\Delta\boldsymbol{G}^{k})^{\mathrm{T}}}{\Delta\boldsymbol{G}^{k}\Delta\boldsymbol{x}^{k}}-\frac{\boldsymbol{Q}^{k}\Delta\boldsymbol{x}^{k}(\Delta\boldsymbol{x}^{k})^{\mathrm{T}}\boldsymbol{Q}^{k}}{(\Delta\boldsymbol{x}^{k})^{\mathrm{T}}\boldsymbol{Q}^{k}\Delta\boldsymbol{x}^{k}} \tag{5-69}$$

这些修正公式与无约束最优化拟牛顿法的修正式非常类似。为了保证二次规划子问题解的存在与唯一性，要求构造出来的 $\boldsymbol{Q}^k$ 尺度矩阵正定。在 BFGS 修正式中，当 $\boldsymbol{Q}^k$ 正定时，若

$$(\Delta\boldsymbol{G}^{k})^{\mathrm{T}}\Delta\boldsymbol{x}^{k}>0 \tag{5-70}$$

则修正后的 $\boldsymbol{Q}^{k+1}$ 也一定正定。但式（5-70)在实际计算中未必能够满足，为此 M.J.D. Powell 提出以下 BFGS 修正式（5-69)中的 $\Delta\boldsymbol{G}^k$：

$$\eta^{k}=\theta\Delta\boldsymbol{G}^{k}+(1-\theta)(\boldsymbol{Q}^{k}\Delta\boldsymbol{x}^{k})$$

式中，θ 为一参数，即

$$\theta=\begin{cases}1, & (\Delta\boldsymbol{x}^{k})^{\mathrm{T}}\Delta\boldsymbol{G}^{k}\geqslant 0.2(\Delta\boldsymbol{x}^{k})^{\mathrm{T}}\boldsymbol{Q}^{k}\Delta\boldsymbol{x}^{k}\\ \dfrac{0.8(\Delta\boldsymbol{x}^{k})^{\mathrm{T}}\boldsymbol{Q}^{k}\Delta\boldsymbol{x}^{k}}{(\Delta\boldsymbol{x}^{k})^{\mathrm{T}}\boldsymbol{Q}^{k}\Delta\boldsymbol{x}^{k}-(\Delta\boldsymbol{x}^{k})^{\mathrm{T}}\Delta\boldsymbol{G}^{k}}, & (\Delta\boldsymbol{x}^{k})^{\mathrm{T}}\Delta\boldsymbol{G}^{k}<0.2(\Delta\boldsymbol{x}^{k})^{\mathrm{T}}\boldsymbol{Q}^{k}\Delta\boldsymbol{x}^{k}\end{cases}$$

5.3.2 序列二次规划（SQP）法在化工生产中的应用

5.3.2.1 换热器设计优化问题

本章刚开始给出的换热器设计优化问题是典型的带约束的非线性优化问题。这里采用 SQP 方法进行求解，下面给出采用 Matlab 内置函数求解方法的源程序代码。

```
function HeatExchangerDesign
x0 = [150  250];        % 给定初值 (here x represents T)
options = [];           % 使用默认参数
xL = [100  100];        % 设定下限
xU = [300  400];        % 设定上限

options = optimoptions('fmincon','Display','notify','Algorithm','sqp');
[x,f,flag] = fmincon(@HeatExchangerArea,x0,[],[],[],[],xL,xU,[],options)
% 结果: T = x = [182.02  295.60], f = 7049.25, flag = 1
% ---------------------------------------------------------------
function f = HeatExchangerArea(T)
T1 = T(1);
T2 = T(2);
```

```
f = 1e5*(T1-100)/120/(300-T1)+1e5*(T2-T1)/80/(400-T2)+1e5*(500-T2)/4000;
```

在 Matlab 环境下运行程序可以得到 x_1= 182.0176，x_2= 295.6011，f=7049.2。上述结果表明，当 T_1=182.0176，T_2=295.6011，T_3=217.9824，T_4=286.4164，T_5=395.6011 时，换热器系列的总传热面积最小，为 7049.3 m^2。

5.3.2.2 连续搅拌槽式反应器的优化设计

（1）问题描述

如图 5-9 所示，在一个连续搅拌槽式反应器中进行化学反应：2A → B。已知单位体积的液相反应速率方程为

$$-r_A=\frac{-dC_A}{dt}=2.0C_A^2=2.0C_{A0}^2(1-x_A)^2$$

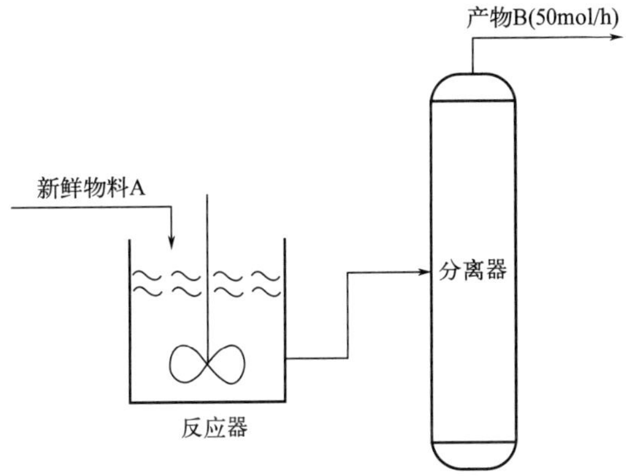

图 5-9 连续搅拌槽式反应器反应原理图

式中，C_A 为反应物中物料 A 的浓度，mol/L；C_{A0} 为进料中物料 A 的浓度，mol/L；x_A 为物料 A 的转化率。

假定物料 A 的浓度在一个连续的范围内（0～1mol/L）变化，且其单位成本（单位为元/L）由经验公式确定：

$$c_1=4.0C_{A0}^{1.4}$$

反应器及有关辅助设备的折旧费用、操作人员工资、公用工程费用等（单位为元）与反应器的容积有关，这部分费用为

$$c_2=0.4V_R^{0.6}$$

式中，V_R 为反应器容积，为简化起见，反应物料的体积近似等于 V_R。

根据预测，当产品的产量为 50mol/h 时，足以满足市场需求。试确定物料 A 的进料量 F_{A0}、浓度 C_{A0}、转化率 x_A 和反应器的容积 V_R，使得反应器每小时总消耗费用最小。

（2）目标函数

总消耗费用 f 由进料成本和反应器及有关设备的折旧费用、操作人员工资、公用工程费用组成，所以该优化问题的目标函数可表示为

$$f=c_1F_{A0}+c_2=4.0C_{A0}^{1.4}F_{A0}+0.4V_R^{0.6}$$

根据物料衡算（不考虑未反应物料的再循环利用）：

对反应物 A 有 $\qquad F_{A0}C_{A0}=F_{A0}C_{A0}(1-x_A)-r_AV_R$

产物 B 的生成速率为 $\qquad F_B=\frac{1}{2}F_{A0}C_{A0}x_A$

联立求得 $\qquad V_R=\frac{F_B}{C_{A0}^2(1-x_A)^2}=\frac{50}{C_{A0}^2(1-x_A)^2}$

$$F_{A0}=\frac{2F_B}{C_{A0}x_A}=\frac{100}{C_{A0}x_A}$$

进而，目标函数可化为 $$f=\frac{400C_{A0}^{0.4}}{x_A}+\frac{4.183}{C_{A0}^{1.2}(1-x_A)^{1.2}}$$

（3）约束条件

① 进料 A 的浓度可在 0～1mol/L 范围内连续变化，所以有

$$0\leqslant C_{A0}\leqslant 1$$

② 转化率介于 0～1 之间，所以有

$$0\leqslant x_A\leqslant 1$$

（4）数学模型

定义：

$$\boldsymbol{x}=[x_1 \quad x_2]^T=[C_{A0} \quad x_A]^T$$

整理目标函数及约束条件，得到如下数学模型：

$$\min f(\boldsymbol{x})=\frac{400x_1^{0.4}}{x_2}+\frac{4.183}{x_1^{1.2}(1-x_2)^{1.2}}$$

$$\text{s.t. } 0\leqslant x_1\leqslant 1$$

$$0\leqslant x_2\leqslant 1$$

这是一个带约束的非线性优化问题，采用 Matlab 自带的优化函数可以进行求解，这里选择 SQP 算法进行求解，具体的求解程序如下。

```
function CSTR_OptDes
% 连续搅拌槽式反应器的最优设计
clear all
clc
x0 = [0.5  0.5];     % 给定初值
xL=[0  0];          % 设定下限
xU=[1  1];          % 设定上限
options = optimoptions('fmincon','Display','notify','Algorithm','sqp');
[x,f,flag] = fmincon(@Fee,x0,[],[],[],[],xL,xU,[],options)
CA0 = x(1);
xA = x(2);
fprintf('        优化结果：\n\n')
fprintf('   转化率为：%.3f\n',xA )
fprintf('   浓度 CA0：%.3f 摩尔/升\n',CA0)
fprintf('   进料量 FA0 为：%.3f 升/小时\n',100/(CA0*xA) )
fprintf('   反应器体积 V 为：%.2f 升\n',50/CA0^2/(1-xA)^2 )
fprintf('   每小时总消耗费用：%.3f 元\n',f )
% -------------------------------------------------------------------
function f = Fee(x)            % Objective function for Optimization
CA0 = x(1);
```

```
xA = x(2);
f = 400*CA0^0.4/xA + 4.183/CA0^1.2/(1-xA)^1.2;
```

在 Matlab 环境中运行上述代码，可以得到以下结果：

```
x =
   0.2383    0.7143
f =
  420.6806
```

优化结果：

- 转化率为：0.714
- 浓度 C_{A0}：0.238 摩尔/升
- 进料量 F_{A0}：587.576 升/小时
- 反应器体积 V_R：10788.91 升
- 每小时总消耗费用：420.681 元

根据进料浓度 $C_{A0}^* = 0.2383\ \text{mol/L}$ 和转化率 $x_A^* = 0.714$，求得 $F_{A0}^* = 587.576\ \text{L/h}$，$V_R^* = 1.0787\times10^4\ \text{L}$。以上结果表明，当物料的进料量为 587.576L/h、进料物料浓度为 0.2383 mol/L、反应器容积为 1.0787×10^4L 时，物料 A 的转化率为 0.7143，这时反应器每小时消耗费用最小，为 420.6806 元。

5.4 可行方向法

可行方向法（feasible direction method）是解决约束最优化的另一类方法。其基本思想是从一个可行点出发，设法使迭代产生的新点仍为可行点，并使目标函数值有所下降，最后得到极值点。这种算法的关键有两个：一是确定可行下降方向；二是确定合适的步长，使沿可行下降方向进行搜索时，不会因步长过大而使所得新迭代点离开可行域，同时目标函数值还要尽可能地下降。不同的确定可行下降方向的方式，对应着不同的方法。

5.4.1 Zoutendijk 可行方向法

对于只有线性约束的优化问题，Zoutendijk 法是一种非常有效的方法。

5.4.1.1 优化问题只有线性约束时可行下降方向的确定

考虑线性约束问题：

$$\min f(\boldsymbol{x}) \tag{5-71a}$$

$$\text{s.t.}\ \boldsymbol{Ax} \geqslant \boldsymbol{b} \tag{5-71b}$$

$$\boldsymbol{Cx} = \boldsymbol{d} \tag{5-71c}$$

式中，$\boldsymbol{A}$ 是 $m\times n$ 矩阵，秩为 m；$\boldsymbol{C}$ 是 $l\times n$ 矩阵，秩为 l；$\boldsymbol{b}$ 是 m 维向量；$\boldsymbol{d}$ 是 l 维向量；函数 $f(\boldsymbol{x})$为定义在 R^n 上的连续可微函数。

如果 $\boldsymbol{x}$ 是问题［式（5-71）］的某一可行点，则式（5-71b）可分为两部分，即关于 $\boldsymbol{x}$ 的

起作用约束和不起作用约束。据此分解矩阵为 $\boldsymbol{A}=\begin{pmatrix}\boldsymbol{A}_1\\ \boldsymbol{A}_2\end{pmatrix}$，相应的分解向量 $\boldsymbol{b}=\begin{pmatrix}\boldsymbol{b}_1\\ \boldsymbol{b}_2\end{pmatrix}$，使得

$$\boldsymbol{A}_1\boldsymbol{x}=\boldsymbol{b}_1, \boldsymbol{A}_2\boldsymbol{x}>\boldsymbol{b}_2$$

那么，非零向量 $\boldsymbol{p}$ 为从点 $\boldsymbol{x}$ 出发的可行方向向量的充要条件是

$$\boldsymbol{A}_1\boldsymbol{p}\geqslant 0, \boldsymbol{C}\boldsymbol{p}=0 \tag{5-72}$$

必要性：若非零向量 $\boldsymbol{p}$ 是从 $\boldsymbol{x}$ 出发的可行方向向量，根据本章 5.2 节中关于可行方向的定义，一定存在 $\delta>0$，对于任意的 $\lambda\in(0,\delta)$都有式（5-73）成立。

$$\boldsymbol{A}_1(\boldsymbol{x}+\lambda\boldsymbol{p})\geqslant\boldsymbol{b}_1 \tag{5-73a}$$

$$\boldsymbol{C}(\boldsymbol{x}+\lambda\boldsymbol{p})=\boldsymbol{d} \tag{5-73b}$$

将 $\boldsymbol{A}_1\boldsymbol{x}=\boldsymbol{b}_1$ 和 $\boldsymbol{C}\boldsymbol{x}=\boldsymbol{d}$ 代入式（5-73）后即可得到式（5-72）。

再看充分性，对于任意的 $\lambda>0$ 和 $\boldsymbol{p}\neq 0$，把已知条件 $\boldsymbol{A}_1\boldsymbol{x}=\boldsymbol{b}_1$ 和 $\boldsymbol{C}\boldsymbol{x}=\boldsymbol{d}$ 分别和式（5-72)相加即可得式（5-73)。又由已知条件 $\boldsymbol{A}_2\boldsymbol{x}>\boldsymbol{b}_2$，存在 $\delta>0$，当 $\lambda\in(0,\delta)$时使得

$$\boldsymbol{A}_2(\boldsymbol{x}+\lambda\boldsymbol{p})\geqslant\boldsymbol{b}_2$$

将此式与式（5-73）合并后得知，当 $\lambda\in(0,\delta)$时，$\boldsymbol{x}+\lambda\boldsymbol{p}\in D$，因此 $\boldsymbol{p}$ 是可行方向。

由此可知，如果 $\boldsymbol{x}$ 是可行点，那么满足式（5-72）的非零向量 $\boldsymbol{p}$ 就是从点 $\boldsymbol{x}$ 出发的可行方向向量。此外，我们还希望 $\boldsymbol{p}$ 是下降方向，即 $\Delta f(\boldsymbol{x})^{\mathrm{T}}\boldsymbol{p}<0$。因而，点 $\boldsymbol{x}$ 的可行下降方向可通过解下列线性规划问题求得：

$$\begin{aligned}
\min\ & f(\boldsymbol{p})=\Delta f(\boldsymbol{x})^{\mathrm{T}}\boldsymbol{p}\\
\text{s.t.}\ & \boldsymbol{A}_1\boldsymbol{p}\geqslant 0\\
& \boldsymbol{C}\boldsymbol{p}=0\\
& -1\leqslant p_j\leqslant 1\ (j=1,2,\cdots,n)
\end{aligned} \tag{5-74}$$

这里加约束$-1\leqslant p_j\leqslant 1(j=1，2,\cdots,n)$，目的是获得一个有限解。就线性规划［式（5-74)］本身而论，由于 $\boldsymbol{p}=0$ 也是可行解，因此最优解的目标函数 $f(\boldsymbol{p}^*)\leqslant 0$，如果 $f(\boldsymbol{p}^*)<0$ 则可得可行下降方向 $\boldsymbol{p}^*$，如果 $f(\boldsymbol{p}^*)=0$ 则可行点 $\boldsymbol{x}$ 为 KKT 点。

5.4.1.2 步长的确定

假设 $\boldsymbol{x}^k$ 为式（5-71)的一个可行解，$\boldsymbol{p}^k$ 为求解式（5-74)得到的从点 $\boldsymbol{x}^k$ 出发的可行下降方向。那么下一个迭代点可由下式得到

$$\boldsymbol{x}^{k+1}=\boldsymbol{x}^k+\lambda_k\boldsymbol{p}^k \tag{5-75}$$

这里步长 λ_k 的选择，必须使 $\boldsymbol{x}^{k+1}$ 仍为可行点，且目标函数值应尽可能下降。因此可通过解下列一维问题确定步长 λ_k，即

$$\begin{aligned}
\min\ & f(\lambda_k)=f(\boldsymbol{x}^k+\lambda_k\boldsymbol{p}^k)\\
\text{s.t.}\ & \boldsymbol{A}_1^k(\boldsymbol{x}^k+\lambda_k\boldsymbol{p}^k)\geqslant\boldsymbol{b}_1^k\\
& \boldsymbol{A}_2^k(\boldsymbol{x}^k+\lambda_k\boldsymbol{p}^k)\geqslant\boldsymbol{b}_2^k\\
& \boldsymbol{C}(\boldsymbol{x}^k+\lambda_k\boldsymbol{p}^k)=\boldsymbol{d}\\
& \lambda_k\geqslant 0
\end{aligned} \tag{5-76}$$

根据点$\boldsymbol{x}^k$起作用约束和不起作用约束，将矩阵$\boldsymbol{A}$分解成$\boldsymbol{A}=\begin{pmatrix}\boldsymbol{A}_1^k\\ \boldsymbol{A}_2^k\end{pmatrix}$，向量$\boldsymbol{b}$分解为$\boldsymbol{b}=\begin{pmatrix}\boldsymbol{b}_1^k\\ \boldsymbol{b}_2^k\end{pmatrix}$，则式（5-76）可以写成

$$\min f(\lambda_k)=f(\boldsymbol{x}^k+\lambda_k\boldsymbol{p}^k) \tag{5-77a}$$

$$\text{s.t. } \boldsymbol{A}_1^k(\boldsymbol{x}^k+\lambda_k\boldsymbol{p}^k)\geqslant b_1^k \tag{5-77b}$$

$$\boldsymbol{A}_2^k(\boldsymbol{x}^k+\lambda_k\boldsymbol{p}^k)\geqslant \boldsymbol{b}_2^k \tag{5-77c}$$

$$\boldsymbol{C}(\boldsymbol{x}^k+\lambda_k\boldsymbol{p}^k)=\boldsymbol{d} \tag{5-77d}$$

$$\lambda_k\geqslant 0 \tag{5-77e}$$

实际上，式（5-77）可以进一步简化。首先，由$\boldsymbol{C}\boldsymbol{x}^k=\boldsymbol{d}$，$\boldsymbol{C}\boldsymbol{p}^k=0$知，对于任何$\lambda$总有

$$\boldsymbol{C}(\boldsymbol{x}^k+\lambda_k\boldsymbol{p}^k)=\boldsymbol{d}$$

说明约束式（5-77d）是多余的。其次，由$\boldsymbol{A}_1^k\boldsymbol{x}^k=\boldsymbol{b}_1^k$和$\boldsymbol{A}_1^k\boldsymbol{p}^k\geqslant 0$知，对于任何$\lambda_k\geqslant 0$，总有$\boldsymbol{A}_1^k(\boldsymbol{x}^k+\lambda_k\boldsymbol{p}^k)\geqslant \boldsymbol{b}_1^k$，这说明约束式（5-77b）也是多余的。于是式（5-77）可以简化为

$$\begin{aligned}&\min f(\lambda_k)=(\boldsymbol{x}^k+\lambda_k\boldsymbol{p}^k)\\ &\text{s.t. } \boldsymbol{A}_2^k(\boldsymbol{x}^k+\lambda_k\boldsymbol{p}^k)\geqslant \boldsymbol{b}_2^k\\ &\lambda_k\geqslant 0\end{aligned} \tag{5-78}$$

因此，λ_k的选择有两点限制：第一$\lambda_k\geqslant 0$，第二应使

$$\boldsymbol{A}_2^k\boldsymbol{x}^k-\boldsymbol{b}_2^k\geqslant -\lambda_k\boldsymbol{A}_2^k\boldsymbol{p}^k \tag{5-79}$$

这两点限制就可以确定λ_k取值的上限。令

$$\boldsymbol{A}_2^k\boldsymbol{x}^k-\boldsymbol{b}_2^k=\boldsymbol{\mu}^k=(\mu_1{}^k,\mu_2{}^k,\cdots,\mu_\tau{}^k)^{\mathrm{T}} \tag{5-80a}$$

$$\boldsymbol{A}_2^k\boldsymbol{p}^k=\boldsymbol{v}^k=(v_1{}^k,v_2{}^k,\cdots,v_\tau{}^k)^{\mathrm{T}} \tag{5-80b}$$

式中，$\boldsymbol{\mu}^k$和$\boldsymbol{v}^k$都是与$\boldsymbol{b}_2^k$维数（这里假设为τ）相等的向量。于是式（5-79）可简写为

$$\boldsymbol{\mu}^k\geqslant -\lambda_k\boldsymbol{v}^k \tag{5-81}$$

注意到$\boldsymbol{A}_2{}^k\boldsymbol{x}^k\geqslant \boldsymbol{b}^k$，可知$\boldsymbol{\mu}^k\geqslant 0$。显然，当$\boldsymbol{v}^k\geqslant 0$时，对于任意的$\lambda_k\geqslant 0$，式（5-81）总是成立的，因此式（5-79)也总是成立的。在这种情况下，λ_k的上限$\lambda_k{}^U$为$+\infty$。当$\boldsymbol{v}^k<0$时，至少有一个$v_i{}^k<0$，为使式（5-81)成立，对于$i=1，2,\cdots，\tau$总有

$$\boldsymbol{\mu}^k\geqslant -\lambda_k\boldsymbol{v}_i{}^k \tag{5-82}$$

这样，只需考虑$v_i{}^k<0$的那些不等式，若取

$$\lambda_k^U=\min_{1\leqslant i\leqslant\tau,v_i^k<0}-\frac{\mu_i^k}{v_i^k}$$

则对于$\lambda_k\in(0,\lambda_k{}^U)$，式（5-82）成立，因而式（5-79）也成立。

综上所述，最优步长因子λ_k^*可由如下有约束的一维搜索求得：

$$\min f(\boldsymbol{x}^k+\lambda_k\boldsymbol{p}^k)$$
$$\text{s.t. } 0\leqslant\lambda_k\leqslant\lambda_k^U$$

其中
$$\lambda_k^U=\begin{cases}+\infty, & v^k\geqslant 0\\ \min\limits_{1\leqslant i\leqslant\tau}-\dfrac{\mu_i^k}{v_i^k}, & v^k<0\end{cases}\tag{5-83}$$

例 5-12 用 Zoutendijk 可行方向法求解下列问题：

$$\min\ x_1^2+x_2^2-2x_1-4x_2+6$$
$$\text{s.t. }\begin{cases}-2x_1+x_2+1\geqslant 0\\ -x_1-x_2\geqslant -2\\ x_1\geqslant 0\\ x_2\geqslant 0\end{cases}$$

解：取初始可行点 $\boldsymbol{x}^{(1)}=(0,0)^{\mathrm{T}}$。

① 第 1 次迭代：$\nabla f(\boldsymbol{x}^{(1)})=(-2,-4)^{\mathrm{T}}$，在 $\boldsymbol{x}^{(1)}$ 起作用约束和不起作用约束的系数矩阵及右端项分别为

$$\boldsymbol{A}_1=\begin{bmatrix}1&0\\0&1\end{bmatrix},\quad \boldsymbol{A}_2=\begin{bmatrix}-2&1\\-1&-1\end{bmatrix};\quad \boldsymbol{b}_1=\begin{bmatrix}0\\0\end{bmatrix},\quad \boldsymbol{b}_2=\begin{bmatrix}-1\\-2\end{bmatrix}$$

先求在 $\boldsymbol{x}^{(1)}$ 处的下降可行方向，解线性规划问题：

$$\min\ \nabla f(\boldsymbol{x}^{(1)})^{\mathrm{T}}\boldsymbol{d}$$
$$\text{s.t. }\begin{cases}A_1 d\geqslant 0\\ |d_j|\leqslant 1,\ j=1,2,\cdots\end{cases}$$

即
$$\min\ -2d_1-4d_2$$
$$\text{s.t. }\begin{cases}d_1,d_2\geqslant 0\\ -1\leqslant d_1\leqslant 1\\ -1\leqslant d_2\leqslant 1\end{cases}$$

易见 $\boldsymbol{d}^{(1)}=\begin{bmatrix}1\\1\end{bmatrix}$。

再求步长 λ_1
$$\boldsymbol{v}^{(1)}=\boldsymbol{A}_2\boldsymbol{d}^{(1)}=\begin{bmatrix}-2&1\\-1&-1\end{bmatrix}\begin{bmatrix}1\\1\end{bmatrix}=\begin{bmatrix}-1\\-2\end{bmatrix}$$
$$\boldsymbol{\mu}^{(1)}=\boldsymbol{A}_2\boldsymbol{x}^{(1)}-\boldsymbol{b}_2=\begin{bmatrix}-2&1\\-1&-1\end{bmatrix}\begin{bmatrix}0\\0\end{bmatrix}-\begin{bmatrix}-1\\-2\end{bmatrix}=\begin{bmatrix}1\\2\end{bmatrix}$$
$$\lambda_{\max}=\min\left\{\frac{-1}{-1},\frac{-2}{-2}\right\}=1$$

解一维搜索问题
$$\min f(\boldsymbol{x}^{(1)}+\lambda\boldsymbol{d}^{(1)})=2\lambda^2-6\lambda+6$$
$$\text{s.t. } 0\leqslant\lambda\leqslant 1$$

得到 $$\lambda_1 = 1$$

令 $$\boldsymbol{x}^{(2)} = \boldsymbol{x}^{(1)} + \lambda_1 \boldsymbol{d}^{(1)} = \begin{bmatrix} 1 \\ 1 \end{bmatrix}$$

② 第 2 次迭代：

$$\nabla f(\boldsymbol{x}^{(2)}) = (0, -2)^{\mathrm{T}}$$

$$\boldsymbol{A}_1 = \begin{bmatrix} -2 & 1 \\ -1 & 1 \end{bmatrix}，\quad \boldsymbol{A}_2 = \begin{bmatrix} 1 & 0 \\ 0 & 1 \end{bmatrix}；\quad \boldsymbol{b}_1 = \begin{bmatrix} -1 \\ -2 \end{bmatrix}，\quad \boldsymbol{b}_2 = \begin{bmatrix} 0 \\ 0 \end{bmatrix}$$

解线性规划问题

$$\begin{aligned} &\min \ -2d_2 \\ &\text{s.t.} \ -2d_1 + d_2 \geqslant 0 \\ &\qquad -d_1 - d_2 \geqslant 0 \\ &\qquad -1 \leqslant d_1 \leqslant 1 \\ &\qquad -1 \leqslant d_2 \leqslant 1 \end{aligned}$$

用单纯形方法求解得最优解 $$\boldsymbol{d}^{(2)} = \begin{bmatrix} -1 \\ 1 \end{bmatrix}$$

再沿 $\boldsymbol{d}^{(2)}$ 搜索，求步长 λ_2：

$$\boldsymbol{v}^{(2)} = \boldsymbol{A}_2 \boldsymbol{d}^{(2)} = \begin{bmatrix} 1 & 0 \\ 0 & 1 \end{bmatrix} \begin{bmatrix} -1 \\ 1 \end{bmatrix} = \begin{bmatrix} -1 \\ 1 \end{bmatrix}$$

$$\boldsymbol{\mu}^{(2)} = \boldsymbol{A}_2 \boldsymbol{x}^{(2)} - \boldsymbol{b}_2 = \begin{bmatrix} 1 & 0 \\ 0 & 1 \end{bmatrix} \begin{bmatrix} 1 \\ 1 \end{bmatrix} - \begin{bmatrix} 0 \\ 0 \end{bmatrix} = \begin{bmatrix} 1 \\ 1 \end{bmatrix}$$

得到 $\lambda_{\max} = 1$。

求解问题

$$\begin{aligned} &\min \ f(\boldsymbol{x}^{(2)} + \lambda \boldsymbol{d}^{(2)}) = 2\lambda^2 - 2\lambda + 2 \\ &\text{s.t.} \ 0 \leqslant \lambda \leqslant 1 \end{aligned}$$

得到 $\lambda_2 = \dfrac{1}{2}$，令 $$\boldsymbol{x}^{(3)} = \boldsymbol{x}^{(2)} + \lambda_2 \boldsymbol{d}^{(2)} = \begin{bmatrix} 1 \\ 1 \end{bmatrix} + \frac{1}{2} \begin{bmatrix} -1 \\ 1 \end{bmatrix} = \begin{bmatrix} \frac{1}{2} \\ \frac{3}{2} \end{bmatrix}$$

③ 第 3 次迭代：

$$\nabla f(\boldsymbol{x}^{(3)}) = (-1, -1)^{\mathrm{T}}$$

$$\boldsymbol{A}_1 = (-1, -1)，\quad \boldsymbol{A}_2 = \begin{bmatrix} -2 & 1 \\ 1 & 0 \\ 0 & 1 \end{bmatrix}；\quad \boldsymbol{b}_1 = (-2)，\quad \boldsymbol{b}_2 = \begin{bmatrix} -1 \\ 0 \\ 0 \end{bmatrix}$$

解线性规划

$$\begin{aligned} &\min \ -d_1 - d_2 \\ &\text{s.t.} \ -d_1 - d_2 \geqslant 0 \\ &\qquad -1 \leqslant d_1 \leqslant 1 \\ &\qquad -1 \leqslant d_2 \leqslant 1 \end{aligned}$$

用单纯形法求得最优解 $$\boldsymbol{d}^{(3)}=\begin{bmatrix}0\\0\end{bmatrix}$$

$\boldsymbol{x}^{(3)}=\left(\dfrac{1}{2},\dfrac{3}{2}\right)^{\mathrm{T}}$ 是 KKT 点，因此 $\boldsymbol{x}^{(3)}$ 是最优解，目标函数的最优值为

$$f_{\min}=f(\boldsymbol{x}^{(3)})=\frac{3}{2}$$

5.4.2 非线性约束的 Topkis-Veinott 法

以下介绍一种适合求解仅有非线性不等式优化问题的 Topkis-Veinott 法，即考虑优化问题如下：

$$\begin{aligned}&\min f(\boldsymbol{x})\\&\text{s.t. } g_i(\boldsymbol{x})\geqslant 0\ \ (i=1,2,\cdots,m)\end{aligned}\tag{5-84}$$

5.4.2.1 可行下降方向的确定

对于问题［式（5-84）］，设 $\boldsymbol{x}$ 是一个可行点，如果满足

$$\nabla f(\boldsymbol{x})^{\mathrm{T}}\boldsymbol{p}<0\tag{5-85}$$

则向量 $\boldsymbol{p}$ 为点 $\boldsymbol{x}$ 处的一个下降方向。假如在 $\boldsymbol{x}$ 处起作用约束的下标集合为 $I=\{i\mid g_i(\boldsymbol{x})=0\}$，且函数 $f(\boldsymbol{x})$及起作用约束 $g_i(\boldsymbol{x})$ $(i\in I)$在 $\boldsymbol{x}$ 处可微，不起作用约束函数 $g_i(\boldsymbol{x})(i\notin I)$在 $\boldsymbol{x}$ 处连续，则满足下式的向量 $\boldsymbol{p}$ 是点 $\boldsymbol{x}$ 处的一个可行方向：

$$\nabla g_i(\boldsymbol{x})^{\mathrm{T}}\boldsymbol{p}>0\ (i\in I)\tag{5-86}$$

当 $i\notin I$ 时，由于 $g_i(\boldsymbol{x})$在 $\boldsymbol{x}$ 处连续和 $g_i(\boldsymbol{x})>0$，则对于足够小的 $\lambda>0$，必有 $g_i(\boldsymbol{x}+\lambda\boldsymbol{p})\geqslant 0(i\notin I)$。当 $i\in I$ 时，由于 $g_i(\boldsymbol{x})$在 $\boldsymbol{x}$ 处可微，必有

$$g_i(\boldsymbol{x}+\lambda\boldsymbol{p})=g_i(\boldsymbol{x})+\lambda\nabla g_i(\boldsymbol{x})^{\mathrm{T}}\boldsymbol{p}+o(\lambda)$$

其中，当 $\lambda\to 0$，$o(\lambda)\to 0$，则

$$\frac{g_i(\boldsymbol{x}+\lambda\boldsymbol{p})-g_i(\boldsymbol{x})}{\lambda}=\nabla g_i(\boldsymbol{x})^{\mathrm{T}}\boldsymbol{p}+o(\lambda)$$

由于 $\lambda\nabla g_i(\boldsymbol{x})^{\mathrm{T}}\boldsymbol{p}>0$，所以对于足够小的 $\lambda(>0)$必有

$$g_i(\boldsymbol{x}+\lambda\boldsymbol{p})-g_i(\boldsymbol{x})>0$$

即 $$g_i(\boldsymbol{x}+\lambda\boldsymbol{p})>0\ \ (i\in I)$$

由以上分析可知，存在足够小的 $\lambda(>0)$，使得

$$g_i(\boldsymbol{x}+\lambda\boldsymbol{p})\geqslant 0\ \ (i=1,2,\cdots,m)$$

从而$(\boldsymbol{x}+\lambda\boldsymbol{p})$为一可行点，根据可行方向的定义，$\boldsymbol{p}$ 为从 $\boldsymbol{x}$ 点出发的一个可行方向。

同时满足式（5-85）和式（5-86）的向量 $\boldsymbol{p}$ 就是点 $\boldsymbol{x}$ 处的一个可行下降方向。根据这一要求，只需求出令 $\nabla f(\boldsymbol{x})^{\mathrm{T}}\boldsymbol{p}$ 和 $-\nabla g_i(\boldsymbol{x})^{\mathrm{T}}\boldsymbol{p}$ $(i\in I)$ 中的最大值小于零的方向 $\boldsymbol{p}$ 即可，设

$$y=\max\{\nabla f(\boldsymbol{x})^{\mathrm{T}}\boldsymbol{p},-\nabla g_i(\boldsymbol{x})^{\mathrm{T}}\boldsymbol{p}\ (i\in I)\}$$

这样，求可行下降方向可归结为解下列线性规划问题:

$$\min\ y$$
$$\text{s.t.}\begin{cases}\nabla f(\boldsymbol{x})^{\mathrm{T}}\boldsymbol{p}\leqslant y\\ -\nabla g_i(\boldsymbol{x})^{\mathrm{T}}\boldsymbol{p}\leqslant y\ (i\in I)\\ -1\leqslant \boldsymbol{p}_j\leqslant 1\ (j=1,2,\cdots,m)\end{cases}\tag{5-87}$$

如果线性规划问题［式（5-87）］的最优解为$(\boldsymbol{p}^*，y^*)^{\mathrm{T}}$，则其目标函数最优值为$y^*$。当$y^*<0$时，$\boldsymbol{p}^*$即满足式（5-85）和式（5-86），从而$\boldsymbol{p}^*$是点$\boldsymbol{x}$处的一个可行下降方向。

实践和理论分析均表明，在迭代计算中用式（5-87）来确定可行下降方向所产生的点列，不一定收敛于 KKT 点。为保证算法的收敛，Topkis 和 Veinott 对式（5-87）做了如下改进。

$$\min\ y$$
$$\text{s.t.}\begin{cases}\nabla f(\boldsymbol{x})^{\mathrm{T}}\boldsymbol{p}\leqslant y\\ -\nabla g_i(\boldsymbol{x})^{\mathrm{T}}\boldsymbol{p}-y\leqslant g_i(x)\ (i=1,2,\cdots,m)\\ -1\leqslant p_j\leqslant 1\ (j=1,2,\cdots,m)\end{cases}\tag{5-88}$$

同样，若用$(\boldsymbol{p}^*，y^*)^{\mathrm{T}}$表示式（5-88）的最优解，那么容易证明，当$y^*<0$时，$\boldsymbol{p}^*$是点$\boldsymbol{x}$处的一个可行下降方向。当$y^*<0$时，由式（5-88）中的不等式约束得知$\nabla f(\boldsymbol{x})^{\mathrm{T}}\boldsymbol{p}^*\leqslant y^*<0$，故$\boldsymbol{p}^*$是点 $\boldsymbol{x}$ 处的下降方向。另外，由于 $i\in I$，$\nabla g_i(\boldsymbol{x})^{\mathrm{T}}\boldsymbol{p}^*\geqslant -y-g_i(\boldsymbol{x})=-y^*>0$，因此$\boldsymbol{p}^*$又是点$\boldsymbol{x}$处的可行方向。

5.4.2.2 一维搜索

如第k次迭代得到$\boldsymbol{x}^k$点，那么下一个迭代点应为

$$\boldsymbol{x}^{k+1}=\boldsymbol{x}^k+\lambda_k\boldsymbol{p}^k$$

式中，$\boldsymbol{p}^k$为求解式（5-88）所得到的从$\boldsymbol{x}^k$点出发的一个可行下降方向，λ需要从点$\boldsymbol{x}^k$出发，沿方向$\boldsymbol{p}^k$做受约束的一维搜索得到。但是这里步长因子λ^k的上界$\lambda_k{}^U$已不像线性约束的情形那样具有显式计算公式，而是根据新迭代点的可行性通过如下线性搜索确定：

$$\lambda_k^U=\max\{\lambda_k\mid g_i(\boldsymbol{x}^k+\lambda_k\boldsymbol{p}^k)\geqslant 0\ (i=1,2,\cdots,m\}$$

并同时求解

$$\min\ f(\lambda_k)=f(\boldsymbol{x}^k+\lambda_k\boldsymbol{p}^k)$$
$$\text{s.t.}\ \ 0\leqslant\lambda_k\leqslant\lambda_k^U$$

例 5-13 求解以下问题：

$$\min\ (x_1-2)^2+(x_2-0.5)^2$$
$$\text{s.t.}\begin{cases}1.5-x_1^2-x_2\geqslant 0\\ -x_1+2x_2\geqslant 0\\ x_1\geqslant 0\end{cases}$$

解：目标函数和约束函数的梯度表达式为

$$\nabla f(\boldsymbol{x})=[2(x_1-2),2(x_2-0.5)]^{\mathrm{T}}$$
$$\nabla g_1(\boldsymbol{x})=(-2x_1,-1)^{\mathrm{T}}$$
$$\nabla g_2(\boldsymbol{x})=(-1,2)^{\mathrm{T}}$$
$$\nabla g_3(\boldsymbol{x})=(1,0)^{\mathrm{T}}$$

选择可行点 $\boldsymbol{x}^0=(0，1)^{\mathrm{T}}$ 为初始点。

① 第一次迭代：

a. 在点 $\boldsymbol{x}^0$ 处仅有第三个约束是起作用的约束，计算

$$g_1(\boldsymbol{x}^0)=0.5，g_2(\boldsymbol{x}^0)=2$$
$$\nabla f(\boldsymbol{x}^0)=(-4,1)^{\mathrm{T}}，\nabla g_1(\boldsymbol{x}^0)=(0,-1)^{\mathrm{T}}$$
$$\nabla g_2(\boldsymbol{x}^0)=(-1,2)^{\mathrm{T}}，\nabla g_3(\boldsymbol{x}^0)=(1,0)^{\mathrm{T}}$$

因此，确定可行下降方向 $\boldsymbol{p}^0$ 的线性规划问题为

$$\min\ y^0$$
$$\text{s.t.}\begin{cases}-4p_1+p_2-y^0\leqslant 0\\ p_2-y^0\leqslant 0.5\\ p_1-2p_2-y^0\leqslant 2\\ -p_1-y^0\leqslant 0\\ -1\leqslant p_1\leqslant 1\\ -1\leqslant p_2\leqslant 1\end{cases}$$

解得最优解 $\boldsymbol{p}^0=(0.75，-0.25)^{\mathrm{T}}$，$y^0=-0.75$。因为$|y^0|\neq 0$，所以还需要迭代。

b. 通过非线性约束条件计算得 λ_0 的上界 $\lambda_0^U=1.1908$，进行如下一维搜索：

$$\min f(\lambda_0)=(0.75\lambda_0-2)^2+(0.5-0.25\lambda_0)^2$$
$$\text{s.t. } 0\leqslant\lambda_0\leqslant 1.1908$$

得 $\lambda_0=1.1908$，由此 $\boldsymbol{x}^1=\boldsymbol{x}^0+\lambda_0\boldsymbol{p}^0=(0.8931,0.7023)^{\mathrm{T}}$

② 第二次迭代：

a. 在点 $\boldsymbol{x}^1$ 处仅有第一个约束是起作用的约束，计算：

$$g_2(\boldsymbol{x}^1)=0.5115,\ g_3(\boldsymbol{x}^1)=0.8931$$
$$\nabla f(\boldsymbol{x}^1)=(-2.2138,0.4046)^{\mathrm{T}},\ \nabla g_1(\boldsymbol{x}^1)=(-1.7862,-1)^{\mathrm{T}}$$
$$\nabla g_2(\boldsymbol{x}^1)=(-1,2)^{\mathrm{T}},\ \nabla g_3(\boldsymbol{x}^1)=(1,0)^{\mathrm{T}}$$

因此，确定可行下降方向 $\boldsymbol{p}^1$ 的线性规划是

$$\min\ y^1$$
$$\text{s.t.}\begin{cases}-2.2138p_1+0.4046p_2-y^1\leqslant 0\\ 1.7862p_1+p_2-y^1\leqslant 0\\ p_1-2p_2-y^1\leqslant 0.5115\\ -p_1-y^1\leqslant 0.8931\\ -1\leqslant p_1\leqslant 1\\ -1\leqslant p_2\leqslant 1\end{cases}$$

解得 $\boldsymbol{p}^1=(0.0264，-0.1774)^{\mathrm{T}}$，$y^1=-0.1302$。因为$|y^1|\neq 0$，不收敛，所以还需继续迭代。

b. 通过计算先求出步长因子 λ_1 的上界为 $\lambda_1^U=1.3416$。进行一维搜索：

$$\min f(\lambda_1)=(0.0264\lambda_1-1.1069)^2+(0.2023-0.1774\lambda_1)^2$$
$$\text{s.t. } 0\leqslant\lambda_1\leqslant 1.3416$$

得 $\lambda_1=1.3416$，所以

$$\boldsymbol{x}^2=\boldsymbol{x}^1+\lambda_1\boldsymbol{p}^1=(0.9285,0.4643)^{\mathrm{T}}$$

表 5-8 给出了前 4 次迭代的计算结果。

表 5-8 计算结果

k	迭代点 $\boldsymbol{x}^k$	搜索方向 $\boldsymbol{p}^k$	y^k
0	(0, 1)	$(0.75, -0.25)^{\mathrm{T}}$	−0.75
1	$(0{,}8931, 0.7023)^{\mathrm{T}}$	$(0.0264, -0.1174)^{\mathrm{T}}$	−0.1302
2	$(0.9285, 0.4643)^{\mathrm{T}}$	$(0.0698, 0.1138)^{\mathrm{T}}$	−0.1578
3	$(0.9776, 0.5444)^{\mathrm{T}}$	$(0.0091, -0.0400)^{\mathrm{T}}$	−0.111
4	$(0.9890, 0.4945)^{\mathrm{T}}$		

本题的最优值 $\boldsymbol{x}^*=(1，0.5)^{\mathrm{T}}$，从表中可以看出第四次迭代点 $\boldsymbol{x}^4=(0.9890，0.4945)^{\mathrm{T}}$ 与最优点 $\boldsymbol{x}^*=(1，0.5)^{\mathrm{T}}$ 已经非常接近。

5.4.3 Rosen 投影梯度法

前面讲述了 Zoutendijk 法和 Topkis- Veinott 法，它们都是以线性规划来确定可行下降方向，每迭代一次都要求解一次线性规划。以下讨论 Rosen 投影梯度法，这种方法避免了线性规划问题的求解，它是以迭代点处目标函数的负梯度向起作用约束超平面的交集上投影来确定可行下降方向的。

考虑如下线性约束问题：

$$\begin{aligned}&\min f(\boldsymbol{x})\\&\text{s.t.}\begin{cases}\boldsymbol{Ax}\geqslant\boldsymbol{b}\\\boldsymbol{Cx}=\boldsymbol{d}\end{cases}\end{aligned}\tag{5-89}$$

式中，$\boldsymbol{A}$ 和 $\boldsymbol{C}$ 分别为 $m\times n$ 和 $l\times n$ 矩阵；$\boldsymbol{b}$ 和 $\boldsymbol{d}$ 分别为 m 维和 l 维向量；函数 $f(\boldsymbol{x})$在 R^n 空间内连续可微。

显然，投影梯度法的迭代点必须在可行域内，如果迭代点处的目标函数负梯度方向同时是可行方向，那么可取这一方向作为可行下降方向。当负梯度方向不是可行方向时，即当前点 $\boldsymbol{x}$ 处的负梯度方向指向可行域的外部，此时将 $-\nabla f(\boldsymbol{x})$ 向可行域作投影便产生一个可行方向 $\boldsymbol{p}$，如图 5-10 所示。

5.4.3.1 投影矩阵的概念

首先讨论只有等式约束的情形，即

$$\begin{aligned}&\min f(\boldsymbol{x})\\&\text{s.t. } \boldsymbol{Cx}-\boldsymbol{d}=0\end{aligned}$$

假定从某一可行点 $\boldsymbol{x}$ 沿可行下降方向 $\mathrm{d}\boldsymbol{x}$ 到达邻近点 $\boldsymbol{x}+\mathrm{d}\boldsymbol{x}$，则

$$\boldsymbol{C}\boldsymbol{x}-\boldsymbol{d}=0$$
$$\boldsymbol{C}(\boldsymbol{x}+\mathrm{d}\boldsymbol{x})-\boldsymbol{d}=0$$

所以 $$\boldsymbol{C}\mathrm{d}\boldsymbol{x}=0$$

若向量 $\mathrm{d}\boldsymbol{x}$ 的长度为 $\mathrm{d}l$，则其方向余弦为 $\dfrac{\mathrm{d}x_i}{\mathrm{d}l}(i=1,2,\cdots,n)$。如图 5-11 所示的三维向量，向量 $\mathrm{d}\boldsymbol{x}$ 的方向余弦可用该向量在坐标轴上的投影表示出来。

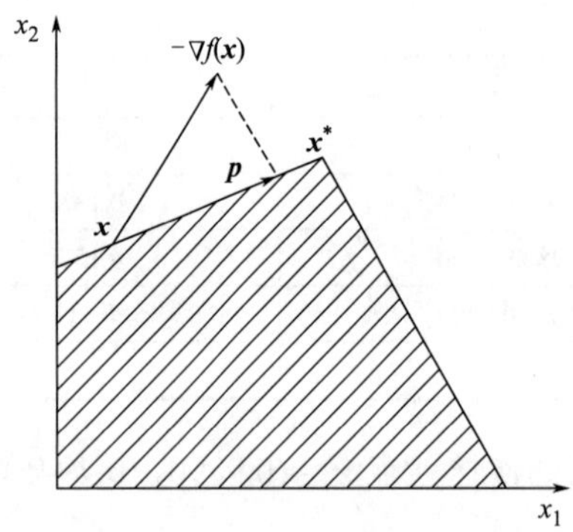

图 5-10　不可行负梯度在可行域上的投影

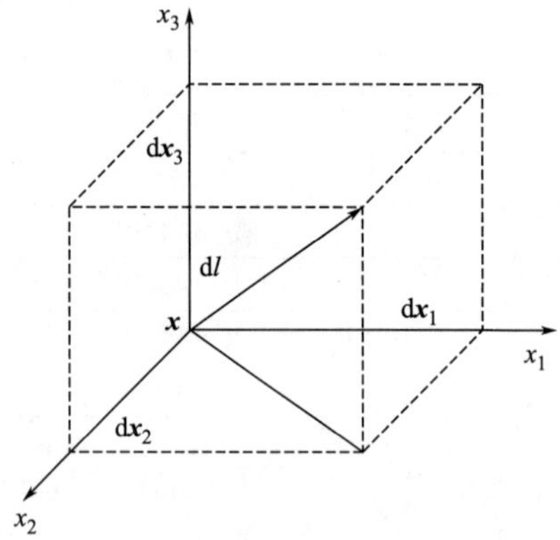

图 5-11　三维向量的方向余弦

向量的方向余弦有如下性质：

$$\frac{\mathrm{d}\boldsymbol{x}}{\mathrm{d}l}^{\mathrm{T}}\frac{\mathrm{d}\boldsymbol{x}}{\mathrm{d}l}=1$$

那么应选择 $\mathrm{d}l$ 使得

$$\frac{\mathrm{d}f(\boldsymbol{x})}{\mathrm{d}l}=\frac{\mathrm{d}f(\boldsymbol{x})}{\mathrm{d}\boldsymbol{x}}^{\mathrm{T}}\frac{\mathrm{d}\boldsymbol{x}}{\mathrm{d}l}=\nabla f(\boldsymbol{x})^{\mathrm{T}}\frac{\mathrm{d}\boldsymbol{x}}{\mathrm{d}l}\to\max$$

即目标函数变化率为最大，或者

$$-\frac{\mathrm{d}f(\boldsymbol{x})}{\mathrm{d}l}=-\frac{\mathrm{d}f(\boldsymbol{x})}{\mathrm{d}\boldsymbol{x}}^{\mathrm{T}}\frac{\mathrm{d}\boldsymbol{x}}{\mathrm{d}l}=-\nabla f(\boldsymbol{x})^{\mathrm{T}}\frac{\mathrm{d}\boldsymbol{x}}{\mathrm{d}l}\to\min$$

此外，还应满足 $$\boldsymbol{C}\frac{\mathrm{d}\boldsymbol{x}}{\mathrm{d}l}=0$$

因此，其数学模型为 $$\min\ -\nabla f(\boldsymbol{x})^{\mathrm{T}}\frac{\mathrm{d}\boldsymbol{x}}{\mathrm{d}l}$$

$$\text{s.t.}\begin{cases}\dfrac{\mathrm{d}\boldsymbol{x}}{\mathrm{d}l}^{\mathrm{T}}\dfrac{\mathrm{d}\boldsymbol{x}}{\mathrm{d}l}=1\\ \boldsymbol{C}\dfrac{\mathrm{d}\boldsymbol{x}}{\mathrm{d}l}=0\end{cases}$$

用 Lagrange 法求解，以 $\dfrac{\mathrm{d}\boldsymbol{x}}{\mathrm{d}l}$ 为变量，其 Lagrange 函数为

$$L\left(\frac{\mathrm{d}\boldsymbol{x}}{\mathrm{d}l},\boldsymbol{\lambda},\mu\right)=-\nabla f(\boldsymbol{x})^{\mathrm{T}}\frac{\mathrm{d}\boldsymbol{x}}{\mathrm{d}l}-\boldsymbol{\lambda}^{\mathrm{T}}\ C\frac{\mathrm{d}\boldsymbol{x}}{\mathrm{d}l}-\mu\left(1-\frac{\mathrm{d}\boldsymbol{x}}{\mathrm{d}l}^{\mathrm{T}}\ \frac{\mathrm{d}\boldsymbol{x}}{\mathrm{d}l}\right)$$

根据最优性条件，应有 $\Delta_{\frac{\mathrm{d}x}{\mathrm{d}l}}L=2\mu\frac{\mathrm{d}\boldsymbol{x}}{\mathrm{d}l}-[\nabla f(\boldsymbol{x})+\boldsymbol{C}^{\mathrm{T}}\lambda]=0$ （5-90）

$$\Delta_{\lambda}L=\boldsymbol{C}\frac{\mathrm{d}\boldsymbol{x}}{\mathrm{d}l}=0 \tag{5-91}$$

$$\Delta_{\mu}L=1-\frac{\mathrm{d}\boldsymbol{x}}{\mathrm{d}l}^{\mathrm{T}}\frac{\mathrm{d}\boldsymbol{x}}{\mathrm{d}l}=0 \tag{5-92}$$

将式（5-90）代入式（5-92），可得

$$\mu=\frac{1}{2}[(\nabla f(\boldsymbol{x})+\boldsymbol{C}^{\mathrm{T}}\boldsymbol{\lambda})^{\mathrm{T}}(\nabla f(\boldsymbol{x})+\boldsymbol{C}^{\mathrm{T}}\boldsymbol{\lambda})]^{\frac{1}{2}}=\frac{1}{2}\|\nabla f(\boldsymbol{x})+\boldsymbol{C}^{\mathrm{T}}\boldsymbol{\lambda}\| \tag{5-93}$$

将式（5-93）代入式（5-90），则

$$\frac{\mathrm{d}\boldsymbol{x}}{\mathrm{d}l}=\frac{\nabla f(\boldsymbol{x})+\boldsymbol{C}^{\mathrm{T}}\boldsymbol{\lambda}}{\|\nabla f(\boldsymbol{x})+\boldsymbol{C}^{\mathrm{T}}\boldsymbol{\lambda}\|} \tag{5-94}$$

将式（5-94）代入式（5-91）后有

$$\boldsymbol{C}(\nabla f(\boldsymbol{x})+\boldsymbol{C}^{\mathrm{T}}\boldsymbol{\lambda})=0$$

或

$$\lambda=-(\boldsymbol{C}\boldsymbol{C}^{\mathrm{T}})^{-1}\boldsymbol{C}\nabla f(\boldsymbol{x}) \tag{5-95}$$

若 $\boldsymbol{C}\boldsymbol{C}^{\mathrm{T}}$ 为非奇异，则式（5-95)成立，并代入式（5-94)有

$$\frac{\mathrm{d}x}{\mathrm{d}l}=\frac{(\boldsymbol{I}-\boldsymbol{C}^{\mathrm{T}}(\boldsymbol{C}\boldsymbol{C}^{\mathrm{T}})^{-1}\boldsymbol{C})\nabla f(\boldsymbol{x})}{\|\nabla f(\boldsymbol{x})+\boldsymbol{C}\boldsymbol{\lambda}\|}=\frac{\boldsymbol{Q}\nabla f(\boldsymbol{x})}{\|\boldsymbol{Q}\nabla f(\boldsymbol{x})\|} \tag{5-96}$$

其中 $\boldsymbol{I}$ 为单位矩阵，而

$$\boldsymbol{Q}=\boldsymbol{I}-\boldsymbol{C}^{\mathrm{T}}(\boldsymbol{C}\boldsymbol{C}^{\mathrm{T}})^{-1}\boldsymbol{C} \tag{5-97}$$

称为正交投影矩阵。由于 dl 和 $\|\boldsymbol{Q}\nabla f(\boldsymbol{x})\|$ 均为常数，所以由式（5-96）所确定的向量 d$\boldsymbol{x}$，即为目标函数的梯度到约束集定义的线性子空间的投影。

如果 $\boldsymbol{Q}$ 为正交投影矩阵，则有如下自反性与幂等性成立：① $\boldsymbol{Q}^{\mathrm{T}}=\boldsymbol{Q}$；② $\boldsymbol{Q}^{\mathrm{T}}\boldsymbol{Q}=\boldsymbol{Q}$。

5.4.3.2 可行下降方向的确定

现在再来考虑问题［式（5-89)］的一般情形。如果将式（5-89）中的 $\boldsymbol{A}$ 和 $\boldsymbol{b}$ 在可行点 $\boldsymbol{x}$ 处分解为

$$\boldsymbol{A}=\begin{pmatrix}\boldsymbol{A}_1\\\boldsymbol{A}_2\end{pmatrix},\quad \boldsymbol{b}=\begin{pmatrix}\boldsymbol{b}_1\\\boldsymbol{b}_2\end{pmatrix}$$

使得

$$\boldsymbol{A}_1\boldsymbol{x}=\boldsymbol{b}_1,\boldsymbol{A}_2\boldsymbol{x}>\boldsymbol{b}_2$$

因此，$\boldsymbol{A}_1\boldsymbol{x}=\boldsymbol{b}_1$ 与 $\boldsymbol{C}\boldsymbol{x}=\boldsymbol{d}$ 是点 $\boldsymbol{x}$ 的全部起作用约束，若记

$$N=\begin{pmatrix}A\\C\end{pmatrix}$$

则矩阵 $\boldsymbol{N}$ 是满秩的。设其秩为 r（否则可删除多余变量），依照正交投影矩阵 $\boldsymbol{Q}$ 的定义［式（5-97）］，则

$$\boldsymbol{Q}=\boldsymbol{I}-\boldsymbol{N}^{\mathrm{T}}(\boldsymbol{N}\boldsymbol{N}^{\mathrm{T}})^{-1}\boldsymbol{N} \tag{5-98}$$

假定 $\boldsymbol{x}$ 为问题［式（5-89）］的一个可行点，则其可行下降方向可分以下两种情况加以讨论。

第一种情况：如果 $\boldsymbol{Q}\nabla f(\boldsymbol{x})\neq 0$，则 $\boldsymbol{p}=-\boldsymbol{Q}\nabla f(\boldsymbol{x})$ 就是点 $\boldsymbol{x}$ 处的一个可行下降方向。这是因为

$$\Delta f(\boldsymbol{x})^{\mathrm{T}}\boldsymbol{p}=-\nabla f(\boldsymbol{x})^{\mathrm{T}}\boldsymbol{C}=-\nabla f(\boldsymbol{x})^{\mathrm{T}}\boldsymbol{Q}^{\mathrm{T}}\boldsymbol{Q}\nabla f(\boldsymbol{x})\text{（由投影矩阵性质）}$$

$$=-\|\boldsymbol{Q}\nabla f(\boldsymbol{x})\|^2<0$$

所以 $\boldsymbol{p}$ 是一个下降方向。又因为

$$\boldsymbol{NP}=-\boldsymbol{NQ}\nabla f(\boldsymbol{x})=-\boldsymbol{N}(\boldsymbol{I}-\boldsymbol{N}^{\mathrm{T}}(\boldsymbol{NN}^{\mathrm{T}})^{-1}\boldsymbol{N})\nabla f(\boldsymbol{x})=-(\boldsymbol{N}-\boldsymbol{N})\nabla f(\boldsymbol{x})=0$$

由于 $\boldsymbol{N}$ 为满秩矩阵，所以上式可写成

$$\boldsymbol{A}_1\boldsymbol{p}=0,\ \ \boldsymbol{Cp}=0$$

根据对式（5-72)的分析可知 $\boldsymbol{p}$ 又是一个可行方向。

第二种情况：$\boldsymbol{Q}\nabla f(\boldsymbol{x})=0$ 时，因为

$$\boldsymbol{Q}\nabla f(\boldsymbol{x})=(\boldsymbol{I}-\boldsymbol{N}^{\mathrm{T}}(\boldsymbol{NN}^{\mathrm{T}})^{-1}\boldsymbol{N})\nabla f(\boldsymbol{x})=\nabla f(\boldsymbol{x})-\boldsymbol{Nq}=0 \tag{5-99}$$

记 $\boldsymbol{q}=(\boldsymbol{NN}^{\mathrm{T}})^{-1}\boldsymbol{N}\nabla f(\boldsymbol{x})$。因为 $\boldsymbol{N}=\begin{pmatrix}\boldsymbol{A}_1\\\boldsymbol{C}\end{pmatrix}$ 是 $r\times n$ 矩阵，所以 $\boldsymbol{q}$ 是 r 维向量。与 $\boldsymbol{N}$ 的分解相对应，将 $\boldsymbol{q}$ 分解为 $\boldsymbol{q}=\begin{pmatrix}\boldsymbol{y}\\\boldsymbol{z}\end{pmatrix}$。若 $\boldsymbol{y}\geqslant 0$，则 $\boldsymbol{y}$ 与 KKT 条件［式（5-14c)］中 $\mu\geqslant 0$ 相对应，再加上式（5-99），正好说明点 $\boldsymbol{x}$ 满足 KKT 条件，$\boldsymbol{x}$ 为 KKT 点，这时计算可以终止。

当发生了 $\boldsymbol{Q}\nabla f(\boldsymbol{x})=0$，但 $\boldsymbol{y}<0$ 的情况时，可以从 $\boldsymbol{A}_1$ 中删去与 $\boldsymbol{y}$ 的某个负分量相对应的行向量，将 $\boldsymbol{N}$ 改为 $\boldsymbol{Q}$，用 $\boldsymbol{Q}$ 重新构造下降方向，即令 $\boldsymbol{Q}=\boldsymbol{I}-\boldsymbol{Q}^{\mathrm{T}}(\boldsymbol{QQ}^{\mathrm{T}})^{-1}\boldsymbol{Q}\nabla f(\boldsymbol{x})$，则可以证明 $\boldsymbol{p}=-\boldsymbol{Q}\nabla f(\boldsymbol{x})$ 为点 $\boldsymbol{x}$ 处的一个可行下降方向。

5.4.3.3 一维搜索

如果求得迭代点 $\boldsymbol{x}^k$ 和根据该点的正交投影矩阵计算出的可行下降方向 $\boldsymbol{p}^k$，则下一个点可由

$$\boldsymbol{x}^{k+1}=\boldsymbol{x}^k+\lambda_k\boldsymbol{p}^k$$

得到。其中最优步长因子 λ_k 由一维搜索

$$\begin{aligned}&\min f(\lambda_k)=f(\boldsymbol{x}^k+\lambda_k\boldsymbol{p}^k)\\&\text{s.t. }0\leqslant\lambda_k\leqslant\lambda_k^U\end{aligned}$$

确定，λ_k^U 为步长因子的上限，可根据式（5-83）来计算。

5.4.3.4 递推公式

由可行下降方向的确定中可以看到，在每一次迭代中都要重新计算正交投影矩阵和矩阵的逆矩阵，这要花费很多机时。但是在迭代中只有两种情况发生：一是当$\boldsymbol{Q}\nabla f(\boldsymbol{x})=0$，但$\boldsymbol{y}<0$时，需要从$\boldsymbol{N}$中删去一个行向量；二是当一维搜索产生新的起作用约束时，又需要在$\boldsymbol{N}$中添加一个行向量。$\boldsymbol{N}$增减一个行向量后，再计算新的正交投影矩阵。为避免其中的矩阵求逆运算，下面给出两个递推公式。

设$\boldsymbol{N}$是$r\times n$满秩矩阵($r<n$)，分解为$\boldsymbol{N}=\begin{bmatrix}\tilde{\boldsymbol{N}}\\ \boldsymbol{N}^{\mathrm{T}}\end{bmatrix}$，其中$\boldsymbol{N}^{\mathrm{T}}$是$\boldsymbol{N}$的第$r$行向量，$\tilde{\boldsymbol{N}}$是$\boldsymbol{N}$删去$\boldsymbol{N}^{\mathrm{T}}$后而得到的$(r-1)\times n$矩阵。

① 如果已知：

$$(\tilde{\boldsymbol{N}}\tilde{\boldsymbol{N}}^{\mathrm{T}})^{-1}=\begin{bmatrix}\boldsymbol{W} & \tilde{\boldsymbol{\omega}}\\ \tilde{\boldsymbol{\omega}} & \alpha\end{bmatrix} \tag{5-100}$$

式中，$\boldsymbol{W}$是$(r-1)\times(v-1)$矩阵；$\tilde{\boldsymbol{\omega}}$是$(r-1)\times 1$向量；$a$是常数，则

$$(\tilde{\boldsymbol{N}}\tilde{\boldsymbol{N}}^{\mathrm{T}})^{-1}=\boldsymbol{W}-a^{-1}\tilde{\boldsymbol{\omega}}\tilde{\boldsymbol{\omega}}^{\mathrm{T}}$$

② 若已知$(\tilde{\boldsymbol{N}}\tilde{\boldsymbol{N}}^{\mathrm{T}})^{-1}=\tilde{\boldsymbol{M}}$，则$(\tilde{\boldsymbol{N}}\tilde{\boldsymbol{N}}^{\mathrm{T}})^{-1}$可由式（5-100）给出，其中

$$m=\tilde{\boldsymbol{M}}\tilde{\boldsymbol{N}}n$$
$$a=(\boldsymbol{N}^{\mathrm{T}}n-\boldsymbol{N}^{\mathrm{T}}\tilde{\boldsymbol{N}}^{\mathrm{T}}m)^{-1}$$
$$\tilde{\boldsymbol{\omega}}=-am$$
$$\boldsymbol{W}=\tilde{\boldsymbol{M}}+amm^{\mathrm{T}}$$

5.4.3.5 计算步骤

设已知$f(\boldsymbol{x})$，$\nabla f(\boldsymbol{x})$；$\boldsymbol{A}_{m\times n}$和$\boldsymbol{b}_{m\times 1}$；$\boldsymbol{C}_{1\times n}$和$\boldsymbol{d}_{1\times 1}$并设定收敛精度$\varepsilon$，则计算步骤如下：

① 选定$\boldsymbol{x}^0\in D=\{\boldsymbol{x}\mid \boldsymbol{A}\boldsymbol{x}\geqslant\boldsymbol{b}，\boldsymbol{C}\boldsymbol{x}=\boldsymbol{d}\}$，置$k=0$。

② 分解$\boldsymbol{A}=\begin{pmatrix}\boldsymbol{A}_1^k\\ \boldsymbol{A}_2^k\end{pmatrix}$，$\boldsymbol{b}=\begin{pmatrix}\boldsymbol{b}_1^k\\ \boldsymbol{b}_2^k\end{pmatrix}$，使得$\boldsymbol{A}_1{}^k\boldsymbol{x}^k=\boldsymbol{b}_1{}^k,\boldsymbol{A}_2{}^k\boldsymbol{x}^k>\boldsymbol{b}_2{}^k$，$\boldsymbol{b}_2{}^k$为$\tau$维。

③ 置$\boldsymbol{N}^k=\begin{pmatrix}\boldsymbol{A}_1^k\\ \boldsymbol{C}\end{pmatrix}$，设$\boldsymbol{N}^k$有$\gamma$行。

④ 若$\gamma\neq 0$，则计算$\boldsymbol{M}^k=(\boldsymbol{N}^k(\boldsymbol{N}^k)^{\mathrm{T}})^{-1}$；否则，转入步骤⑤。

⑤ 若$\gamma=0$，则令$\boldsymbol{Q}^k=\boldsymbol{I}$，转入步骤⑥；否则，令$\boldsymbol{Q}^k=\boldsymbol{I}-(\boldsymbol{N}^k)^{\mathrm{T}}\boldsymbol{M}^k\boldsymbol{N}^k$。

⑥ 计算$\boldsymbol{p}^k=-\boldsymbol{Q}^k\nabla f(\boldsymbol{x}^k)$。若$\|\boldsymbol{p}^k\|>\varepsilon$，转入步骤⑨。

⑦ 若$\gamma=0$，则$\boldsymbol{x}^*=\boldsymbol{x}^k$，输出$\boldsymbol{x}^*$，计算结束；否则，计算$\boldsymbol{q}=\boldsymbol{M}^k\boldsymbol{N}^k\nabla f(\boldsymbol{x}^k)$，与$\boldsymbol{N}^k$相对应将$\boldsymbol{q}$分为$\begin{pmatrix}\boldsymbol{y}\\ \boldsymbol{z}\end{pmatrix}$。

⑧ 若$\boldsymbol{y}\geqslant 0$，则$\boldsymbol{x}^*=\boldsymbol{x}^k$，输出$\boldsymbol{x}^*$，计算结束；否则，设$\boldsymbol{q}^l$是$\boldsymbol{y}$中的最负分量，删去$\boldsymbol{N}^k$

中与 $\boldsymbol{q}^l$ 相对应的行向量(即第 l 行)，余下部分仍用 $\boldsymbol{N}^k$ 表示。把删去的行加到 $\boldsymbol{A}_2{}^k$ 中，$\boldsymbol{b}_2{}^k$ 也增加相应的分量，令 $\tau=\tau+1$。交换 $\boldsymbol{M}^k$ 的第 l 行与第 γ 行、第 l 列与第 γ 列。$\boldsymbol{M}^k$ 分解为

$$\boldsymbol{M}^k=\begin{pmatrix}\boldsymbol{W} & \boldsymbol{\omega}\\ \boldsymbol{\omega}^{\mathrm{T}} & \alpha\end{pmatrix}$$

计算 $\boldsymbol{M}^k=\boldsymbol{W}-\alpha^{-1}\boldsymbol{\omega}\boldsymbol{\omega}^{\mathrm{T}}$ 。置 $\gamma=\gamma-1$，转入步骤⑤。

⑨ 计算 $u=\boldsymbol{A}_2^k\boldsymbol{x}^k-\boldsymbol{b}_2^k,\ \boldsymbol{v}=\boldsymbol{A}_2^k\boldsymbol{p}^k$ 。若 $v\geqslant 0$ ，求

$$\begin{aligned}&\min f(\lambda_k)=f(\boldsymbol{x}^k+\lambda_k\boldsymbol{p}^k)\\ &\text{s.t. }\ \lambda_k\geqslant 0\end{aligned}$$

令 $\boldsymbol{x}^{k+1}=\boldsymbol{x}^k+\lambda_k\boldsymbol{p}^k$ ，令 $\boldsymbol{M}^{k+1}=\boldsymbol{M}^k$， $\boldsymbol{N}^{k+1}=\boldsymbol{N}^k$， $\boldsymbol{Q}^{k+1}=\boldsymbol{Q}^k$， $k=k+1$，转入步骤⑥；否则，计算 $\lambda_k^v=\min\limits_{1\leqslant i\leqslant\tau,v_i<0}-\dfrac{u_i}{v_i}$，再求解

$$\begin{aligned}&\min f(\lambda_k)=f(\boldsymbol{x}^k+\lambda_k\boldsymbol{p}^k)\\ &\text{s.t. }\ 0\leqslant\lambda_k\leqslant\lambda_k^v\end{aligned}$$

得
$$\boldsymbol{x}^{k+1}=\boldsymbol{x}^k+\lambda_k\boldsymbol{p}^k$$

⑩ 若 $\boldsymbol{x}^{k+1}$ 使 $\boldsymbol{A}_2^k$ 中的某一行向量 $\boldsymbol{N}^{\mathrm{T}}$ 所对应的约束变为起作用约束，则从 $\boldsymbol{A}_2^k$ 中删去 $\boldsymbol{N}^{\mathrm{T}}$，余下的矩阵记为 $\boldsymbol{A}_2^{k+1}$，同时删去 $\boldsymbol{b}_2^k$ 中相应分量，置 $\tau=\tau-1$ 。然后计算

$$\begin{aligned}&\boldsymbol{m}=\boldsymbol{M}^k\boldsymbol{N}^k n\\ &\alpha=(\boldsymbol{N}^{\mathrm{T}}n-\boldsymbol{N}^{\mathrm{T}}(\boldsymbol{N}^k)^{\mathrm{T}}\boldsymbol{m})^{-1}\\ &\boldsymbol{\omega}=-\alpha\boldsymbol{m}\\ &\boldsymbol{W}=\boldsymbol{M}^k+\alpha\boldsymbol{m}\boldsymbol{m}^{\mathrm{T}}\end{aligned}$$

$$\boldsymbol{M}^{k+1}=\begin{bmatrix}\boldsymbol{W} & \boldsymbol{\omega}\\ \boldsymbol{\omega}^{\mathrm{T}} & \alpha\end{bmatrix},\quad \boldsymbol{N}^{k+1}=\begin{bmatrix}\boldsymbol{N}^k\\ \boldsymbol{N}^{\mathrm{T}}\end{bmatrix}$$

计算
$$\boldsymbol{Q}^{k+1}=\boldsymbol{I}-(\boldsymbol{N}^{k+1})^{\mathrm{T}}\boldsymbol{M}^{k+1}\boldsymbol{N}^{k+1}$$

令 $\gamma=\gamma+1$，$k=k+1$，转入步骤⑥；否则，若没有增加新的起作用的约束，则保持原正交投影矩阵 $\boldsymbol{Q}^k$ 不变，即令 $\boldsymbol{M}^{k+1}=\boldsymbol{M}^k$，$\boldsymbol{N}^{k+1}=\boldsymbol{N}^k$，$\boldsymbol{Q}^{k+1}=\boldsymbol{Q}^k$，$k=k+1$，转入步骤⑥。

例 5-14 用投影梯度法求解：

$$\begin{aligned}&\min f(\boldsymbol{x})=2x_1^2+2x_2^2-2x_1x_2-4x_1-6x_2\\ &\text{s.t.}\begin{cases}-x_1-x_2\geqslant -2\\ -x_1-5x_2\geqslant -5\\ x_1\geqslant 0\\ x_2\geqslant 0\end{cases}\end{aligned}$$

解： 取初始可行点 $\boldsymbol{x}^{(1)}=(0,0)^{\mathrm{T}}$，在点 $\boldsymbol{x}$ 处的梯度为

$$\nabla f(\boldsymbol{x})=\begin{bmatrix}4x_1-2x_2-4\\ 4x_2-2x_1-6\end{bmatrix}$$

第一次迭代在点 $\boldsymbol{x}^{(1)}$ 的梯度为

$$\nabla f(\boldsymbol{x}^{(1)})=\begin{bmatrix}-4\\-6\end{bmatrix}$$

在 $\boldsymbol{x}^{(1)}$ 处起作用约束指标集 $I=\{3,4\}$，即 $x_1\geqslant 0$ 和 $x_2\geqslant 0$ 是在 $\boldsymbol{x}^{(1)}=(0,0)$ 处的起作用约束，因此将约束系数矩阵 $\boldsymbol{A}$ 和右端 $\boldsymbol{b}$ 分解为

$$\boldsymbol{A}_1=\begin{bmatrix}1&0\\0&1\end{bmatrix},\quad \boldsymbol{A}_2=\begin{bmatrix}-1&-1\\-1&-5\end{bmatrix};\quad \boldsymbol{b}_1=\begin{bmatrix}0\\0\end{bmatrix},\quad \boldsymbol{b}_2=\begin{bmatrix}-2\\-5\end{bmatrix}$$

投影矩阵为

$$\boldsymbol{Q}=\boldsymbol{I}-\boldsymbol{A}_1^{\mathrm{T}}(\boldsymbol{A}_1\boldsymbol{A}_1^{\mathrm{T}})^{-1}\boldsymbol{A}_1=\begin{bmatrix}0&0\\0&0\end{bmatrix}$$

令
$$\boldsymbol{d}^{(1)}=-\boldsymbol{Q}\nabla \boldsymbol{f}(\boldsymbol{x}^{(1)})=\begin{bmatrix}0\\0\end{bmatrix}$$

$$\boldsymbol{W}=(\boldsymbol{A}_1\boldsymbol{A}_1^{\mathrm{T}})^{-1}\boldsymbol{A}_1\nabla f(\boldsymbol{x}^{(1)})=\begin{bmatrix}-4\\-6\end{bmatrix}=\begin{bmatrix}u_1\\u_2\end{bmatrix}$$

去掉 $\boldsymbol{A}_1$ 中对应 u_2=−6 的行，即第二行，得到

$$\hat{\boldsymbol{A}}_1=(1,0)$$

再求投影矩阵 $\hat{\boldsymbol{Q}}$
$$\hat{\boldsymbol{Q}}=\boldsymbol{I}-\hat{\boldsymbol{A}}_1^{\mathrm{T}}(\hat{\boldsymbol{A}}_1\hat{\boldsymbol{A}}_1^{\mathrm{T}})^{-1}\hat{\boldsymbol{A}}_1=\begin{bmatrix}0&0\\0&1\end{bmatrix}$$

令
$$\hat{\boldsymbol{d}}^{(1)}=-\hat{\boldsymbol{Q}}\nabla f(\boldsymbol{x}^{(1)})=\begin{bmatrix}0\\6\end{bmatrix}$$

求步长 λ_1
$$\begin{aligned}&\min\ f(\boldsymbol{x}^{(1)}+\lambda\hat{\boldsymbol{d}}^{(1)})\\&\text{s.t.}\ \ 0\leqslant\lambda\leqslant\lambda_{\max}\end{aligned}$$

由于
$$\boldsymbol{u}=\boldsymbol{A}_2\boldsymbol{x}^{(1)}-\boldsymbol{b}_2=\begin{bmatrix}2\\5\end{bmatrix}$$

$$\boldsymbol{v}=\boldsymbol{A}_2\hat{\boldsymbol{d}}^{(1)}=\begin{bmatrix}-6\\-30\end{bmatrix}$$

因此
$$\lambda_{\max}=\min\left\{\frac{-2}{-6},\frac{1}{6}\right\}=\frac{1}{6}$$

这样求步长 λ_1 的问题即为
$$\begin{aligned}&\min\ \ 72\lambda^2-36\lambda\\&\text{s.t.}\ 0\leqslant\lambda\leqslant\frac{1}{6}\end{aligned}$$

解得 $\lambda_1=\dfrac{1}{6}$，令
$$\boldsymbol{x}^{(2)}=\boldsymbol{x}^{(1)}+\lambda_1\hat{\boldsymbol{d}}^{(1)}=\begin{bmatrix}0\\1\end{bmatrix}$$

第二次迭代，在点 $\boldsymbol{x}^{(2)}$ 处起作用约束指标集 $I=\{2,3\}$，梯度为

$$\nabla f(\boldsymbol{x}^{(2)})=\begin{bmatrix}-6\\-2\end{bmatrix}$$

故 A 和 b 分解成 $\boldsymbol{A}_1=\begin{bmatrix}-1&-5\\1&0\end{bmatrix}$，$\boldsymbol{A}_2=\begin{bmatrix}-1&-1\\0&1\end{bmatrix}$；$\boldsymbol{b}_1=\begin{bmatrix}-5\\0\end{bmatrix}$，$\boldsymbol{b}_2=\begin{bmatrix}-2\\0\end{bmatrix}$

相应投影矩阵计算为 $\boldsymbol{Q}=\boldsymbol{I}-\boldsymbol{A}_1^{\mathrm{T}}(\boldsymbol{A}_1\boldsymbol{A}_1^{\mathrm{T}})^{-1}\boldsymbol{A}_1=\begin{bmatrix}0&0\\0&0\end{bmatrix}$

这样，方向为 $\boldsymbol{d}^{(2)}=-\boldsymbol{Q}\nabla f(\boldsymbol{x}^{(2)})=\begin{bmatrix}0\\0\end{bmatrix}$

$$\boldsymbol{W}=(\boldsymbol{A}_1\boldsymbol{A}_1^{\mathrm{T}})^{-1}\boldsymbol{A}_1\nabla f(\boldsymbol{x}^{(2)})=\begin{bmatrix}\dfrac{2}{5}\\-\dfrac{28}{5}\end{bmatrix}=\begin{bmatrix}u_1\\u_2\end{bmatrix}$$

从 $\boldsymbol{A}_1$ 中去掉 $u_2=-\dfrac{28}{5}$ 所对应的第二行，得到

$$\hat{\boldsymbol{A}}_1=(-1,-5)$$

令 $$\hat{\boldsymbol{Q}}=\boldsymbol{I}-\hat{\boldsymbol{A}}_1^{\mathrm{T}}(\hat{\boldsymbol{A}}_1\hat{\boldsymbol{A}}_1^{\mathrm{T}})^{-1}\hat{\boldsymbol{A}}_1=\begin{bmatrix}\dfrac{25}{26}&-\dfrac{25}{26}\\-\dfrac{25}{26}&\dfrac{1}{26}\end{bmatrix}$$

$$\hat{\boldsymbol{d}}^{(2)}=-\hat{\boldsymbol{Q}}\nabla f(\boldsymbol{x}^{(2)})=\frac{14}{13}\begin{bmatrix}5\\-1\end{bmatrix}$$

不妨去掉前面的系数，取搜索方向：

$$\hat{\boldsymbol{d}}^{(2)}=\begin{bmatrix}5\\-1\end{bmatrix}$$

这时，有 $$\boldsymbol{u}=\boldsymbol{A}_2\boldsymbol{x}^{(2)}-\boldsymbol{b}_2=\begin{bmatrix}1\\1\end{bmatrix}$$

$$\boldsymbol{v}=\boldsymbol{A}_2\boldsymbol{d}^{(2)}=\begin{bmatrix}-4\\-1\end{bmatrix}$$

$$\lambda_{\max}=\min\left\{\frac{-1}{-4},\frac{-1}{-1}\right\}=\frac{1}{4}$$

$$\boldsymbol{x}^{(2)}+\lambda\boldsymbol{d}^{(2)}=\begin{bmatrix}5\lambda\\1-\lambda\end{bmatrix}$$

$$f(\boldsymbol{x}^{(2)}+\lambda\boldsymbol{d}^{(2)})=6\lambda^2-28\lambda-4$$

求解问题

$$\min\ 6\lambda^2-28\lambda-4$$
$$\text{s.t.}\ 0\leqslant\lambda\leqslant\frac{1}{4}$$

得到 $\lambda_2=\dfrac{7}{31}$，令

$$\boldsymbol{x}^{(3)}=\boldsymbol{x}^{(2)}+\lambda_2\boldsymbol{d}^{(2)}=\begin{bmatrix}\dfrac{35}{31}\\ \dfrac{24}{31}\end{bmatrix}$$

第三次迭代，在点 $\boldsymbol{x}^{(3)}$ 处起作用约束指标集 $I=\{2\}$，梯度为

$$\nabla f(\boldsymbol{x}^{(3)})=\begin{bmatrix}\dfrac{24}{31}\\ -\dfrac{160}{31}\end{bmatrix}$$

将 $\boldsymbol{A}$ 和 $\boldsymbol{b}$ 分解成

$$\boldsymbol{A}_1=(-1,\ -5),\quad \boldsymbol{A}_2=\begin{bmatrix}-1&-1\\1&0\\0&1\end{bmatrix},\quad \boldsymbol{b}_1=(-5),\quad \boldsymbol{b}_2=\begin{bmatrix}-2\\0\\0\end{bmatrix}$$

投影矩阵为

$$\hat{\boldsymbol{Q}}=\boldsymbol{I}-\hat{\boldsymbol{A}}_1^{\mathrm{T}}(\hat{\boldsymbol{A}}_1\hat{\boldsymbol{A}}_1^{\mathrm{T}})^{-1}\hat{\boldsymbol{A}}_1=\frac{1}{26}\begin{bmatrix}25&-5\\-5&1\end{bmatrix}$$

$$\boldsymbol{d}^{(3)}=-\boldsymbol{Q}\nabla f(\boldsymbol{x}^{(3)})=\begin{bmatrix}0\\0\end{bmatrix}$$

$$\boldsymbol{W}=(\boldsymbol{A}_1\boldsymbol{A}_1^{\mathrm{T}})^{-1}\boldsymbol{A}_1\nabla f(\boldsymbol{x}^{(3)})=\frac{32}{31}>0$$

必有

$$\boldsymbol{x}^{(3)}=\begin{bmatrix}\dfrac{35}{31}\\ \dfrac{24}{31}\end{bmatrix}$$

$\boldsymbol{x}^{(3)}$ 为 KKT 点，是全局最优解。

5.5 本章小结

本章对有约束非线性最优化问题进行了讨论。首先对等式约束最优化问题进行了分析求解，这类问题一般采用 Lagrange 乘子法进行求解。此外对 Lagrange 乘子法进行改进，引入剩余变量的概念，也可以将 Lagrange 乘子法用于处理不等式约束的最优化问题。在此基础之上，本章还介绍了罚函数法、序列二次（SQP）法、可行方向法三种求解有约束非线性最优化问题的方法。罚函数的基本思想是根据约束的特点构造某种“惩罚”函数，将其加入目标函数，使得约束问题的求解转化为一系列无约束问题的求解。序列二次（SQP）法核心思想是将复杂的非线性约束最优化问题转化为比较简单的二次规划（QP）问题求解。二次规划问题就是目标函数为二次函数，约束函数为线性函数的最优化问题。可行性方法是解决约束最

优化的另外一个方法。可行性方法的核心思想是从一个可行点出发，设法使迭代产生的新点仍为可行点，并且使目标函数值有所下降，最后得到极值点。本章详细介绍了有约束非线性最优化问题的各种方法，为实际生产过程中可能遇到的约束非线性最优化问题的求解提供了翔实的理论方法。

习题

1. 用 Lagrange 乘子法求解下列最优化问题：

$$\begin{aligned}&\min\ f(x)=x_1^{\ 2}+x_2^{\ 2}\\&\text{s.t.}\ x_1+x_2-1=0\end{aligned}$$

2. 判断 $\boldsymbol{x}^{(k)}=[1\quad 0]$ 是否为下列约束最优化问题的最优点：

$$\begin{aligned}&\min\ f(x_1-2)^2+x_2^2\\&\text{s.t.}\ g_1(x_1,x_2)=-x_1\leqslant 0\\&\qquad g_2(x_1,x_2)=-x_2\leqslant 0\\&\qquad g_3(x_1,x_2)=x_2-(1-x_1)^3\leqslant 0\end{aligned}$$

3. 有如下约束：

$$\begin{aligned}&\min\ f(x)=-x_1\\&\text{s.t.}\ 1-x_1^2-x_2^2\geqslant 0\\&\qquad x_2-(x_1-1)^3\geqslant 0\end{aligned}$$

试判断 $\boldsymbol{x}^1=(1,0)^{\mathrm{T}}$ 和 $\boldsymbol{x}^2=(0,\ -1)^{\mathrm{T}}$ 是否为 KKT 点？

4. 判断 $\boldsymbol{x}^1=\left(\dfrac{3}{2},\dfrac{9}{4}\right)^{\mathrm{T}}$，$\boldsymbol{x}^2=\left(\dfrac{9}{4},2\right)^{\mathrm{T}}$，$\boldsymbol{x}^3=(0,2)^{\mathrm{T}}$ 是否为下列问题的 KKT 点：

$$\begin{aligned}&\min\ f(x)=\left(x_1-\frac{9}{4}\right)^2+(x_2-2)^2\\&\text{s.t.}\ g_1(x)=-x_1^2+x_2\geqslant 0\\&\qquad g_2(x)=x_1+x_2\leqslant 6\\&\qquad x_1\geqslant 0,x_2\geqslant 0\end{aligned}$$

5. 检验 $\boldsymbol{x}=(2,2)^{\mathrm{T}}$ 是否是满足下列问题的最优解的充分条件：

$$\begin{aligned}&\min\ f(\boldsymbol{x})=-x_1^2x_2\\&\text{s.t.}\ h_1(\boldsymbol{x})=x_1x_2+\frac{x_1^2}{2}=6\\&\qquad g_1(\boldsymbol{x})=x_1+x_2\geqslant 0\end{aligned}$$

6. 求下列约束问题的 KKT 最优性条件：

$$\begin{aligned}&\min\ f(x)=x_1^{\ 2}+x_2^{\ 2}-6x_1-6x_2+8\\&\text{s.t.}\ x_1+x_2\leqslant 4\\&\qquad x_1,x_2\geqslant 0\end{aligned}$$

7. 用外点罚函数法求解下列问题：

（1） $\min\ x_1^2+x_2^2$
s.t. $x_2=1$;

（2） $\min\ x_1^2+x_2^2$
s.t. $x_1+x_2-1=0$;

（3） $\min\ -x_1-x_2$
s.t. $1-x_1^2-x_2^2=0$;

（4） $\min\ x_1^2+x_2^2$
s.t. $2x_1+x_2-2\leqslant 0$;
$x_2\geqslant 1$

（5） $\min\ -x_1x_2x_3$
s.t. $72-x_1-2x_2-2x_3=0$

8. 用内点罚函数法求解下列问题：

（1） $\min\ x$
s.t. $x\geqslant 1$;

（2） $\min\ (x+1)^2$
s.t. $x\geqslant 0$

9. 对于约束最优化问题

$$\begin{aligned}&\min f(\boldsymbol{x})\\&\text{s.t. } g_i(\boldsymbol{x})\geqslant 0,\ i=1,2,\cdots,m\end{aligned}$$

还可以采用如下的对数惩罚函数来求它的极小点：

$$F(\boldsymbol{x},\mu)=f(\boldsymbol{x})-\mu\sum_{i=1}^{m}\ln g_i(\boldsymbol{x})$$

试用这种罚函数求解：

$$\begin{aligned}&\min f(x)=-x\\&\text{s.t. } 0\leqslant x\leqslant 1\end{aligned}$$

10. 试写出可行域 $D=(\boldsymbol{x}\mid \boldsymbol{A}\boldsymbol{x}=\boldsymbol{b},\boldsymbol{x}\geqslant 0)$ 内在点 $\boldsymbol{x}$ 处可行方向向量 $\boldsymbol{P}$ 所满足的充要条件，并利用这个条件写出由约束

$$\begin{aligned}&x_1-2x_2+x_3+4x_4=5\\&3x_1+5x_2-4x_3-2x_4=4\\&x_j\geqslant 0\ (j=1,2,3,4)\end{aligned}$$

所确定的可行域内，在点 $\boldsymbol{x}=(0，2，0，3)^{\mathrm{T}}$ 处的可行方向向量 $\boldsymbol{P}=(P_1，P_2，P_3，P_4)^{\mathrm{T}}$ 所满足的条件。

11. 用 Zoutendijk 法求解：

（1） $\min f(x)=x_1^2+4x_2^2-34x_1-32x_2$
s.t. $2x_1+x_2\leqslant 6$
$x_2\leqslant 2$
$x_1\geqslant 0,x_2\geqslant 0$

（2） $\min f(x)=x_1^2+2x_2^2+3x_3^2+x_1x_2-2x_1x_3+x_2x_3-4x_1-6x_2$
s.t. $x_1+2x_2+x_3\leqslant 4$
$x_1,x_2,x_3\geqslant 0$

12. 用投影梯度法求解下列问题：

（1） $\min f(\boldsymbol{x})=(4-x_2)(x_1-3)^2$

s.t. $x_1+x_2\leqslant 3$

$x_1\leqslant 2$

$x_2\leqslant 2$

$x_1,x_2\geqslant 0;$

取初始点 $\boldsymbol{x}^{(1)}=(1,2)^{\mathrm{T}}$

（2） $\min x_1^2+x_2^2+2x_2+5$

s.t. $x_1-2x_2\geqslant 0$

$x_1,x_2\geqslant 0$

取初始点 $\boldsymbol{x}^{(1)}=(2,0)^{\mathrm{T}}$

（3） $\min x_1^2+x_1x_2+2x_2^2-6x_1-2x_2-12x_3$

s.t. $x_1+x_2+x_3=2$

$x_1-2x_2\geqslant -3$

$x_1,x_2,x_3\geqslant 0$

取初始点 $\boldsymbol{x}^{(1)}=(1,0,1)^{\mathrm{T}}$

第 6 章 全局最优化新方法

顾名思义，全局最优问题就是在满足所有的限制条件后，在所给的定义域内找出使得问题达到最优的解。局部最优则是在满足条件的前提下，在所给定义域的某个子集中找出使得问题达到最优的解。实际优化计算中获得的最优解往往为局部最优。在带有凸可行域和凸目标的连续变量最小化问题中，任何局部最小值就是全局最小值。这里针对这一命题给出严格的证明。

设目标函数是 $\min\limits_{x} f(\boldsymbol{x})$，$f(\boldsymbol{x})$为凸函数。

假设 $\boldsymbol{x}^*$是一个局部最优解，也即意味着 $\boldsymbol{x}^*$周围存在某邻域 $\delta(\boldsymbol{x}^*)$，在这个邻域内点的函数值都比 $f(\boldsymbol{x}^*)$大。

对于任意点 $\boldsymbol{y}$ 利用凸函数构造一个点 $(1-t)\boldsymbol{x}^*+t\boldsymbol{y}$，$t\in[0,1]$。倘若将 t 取得足够小，那么一定可以使得 $(1-t)\boldsymbol{x}^*+t\boldsymbol{y}$ 出现在 $\boldsymbol{x}^*$的邻域内，则有 $f(\boldsymbol{x}^*)<f[(1-t)\boldsymbol{x}^*+t\boldsymbol{y}]$。

利用凸函数的性质，则有

$$f(\boldsymbol{x}^*)\leqslant f[(1-t)\boldsymbol{x}^*+t\boldsymbol{y}]\leqslant(1-t)f(\boldsymbol{x}^*)+tf(\boldsymbol{y}) \tag{6-1}$$

对上式进行整理，则有

$$f(\boldsymbol{x}^*)\leqslant f(\boldsymbol{y}) \tag{6-2}$$

由于这里 $\boldsymbol{y}$ 是任意属于函数定义域的一点，而且又有 $f(\boldsymbol{x}^*)\leqslant f(\boldsymbol{y})$，这里证明 $\boldsymbol{x}^*$是全局最优点。

对于凸可行域和凸目标函数的最优化问题，我们不必考虑全局和局部的区别，局部最优则是全局最优。但是在实际中，有很多问题并不满足凸优化这一条件，而且往往也很难证明所求优化问题是否满足凸优化这一条件。例如包含非线性等式约束条件的模型就属于难以确定是否满足凸优化的条件。另一个非凸性的来源则是目标函数为非凸函数。在一个由线性约束条件定义的凸区域上，对一个非凸目标函数所进行的最小化寻优可能会出现很多个局部最小值，这些值在区域的端点上。

在解决非凸优化的全局问题时，一般有两种处理方法。第一种是传统的精确算法，第二种则是有别于传统算法的启发式算法。图 6-1 对求解全局最优的方法进行了简单归纳与分类。精确算法如果能够运行到最终的判据，应当能够找到一个接近于全局最优的近似值，并且能够检验它是否已经接近了全局最优解。这些方法包括混合整形线性和非线性规划问题中应用的分支定界法、基于区间运算的方法（插值法），以及从多个起始点调用局部求解算法的多起点法。随着当前生产生活规模的迅速扩张以及工程应用领域的不断深化，不断涌现出众多面向实际的复杂优化问题，这些问题往往具有大规模化、非线性化、强约束化、高维度化等特点，这无疑在很大程度上增加了问题求解的规模和难度。此时，传统的精确算法在求解此类复杂优化问题时表现出难以应对的局面。随着优化问题复杂度的不断增加以及传统方法局限性不断凸显，智能算法不断发展壮大，在求解此类问题上表现出了强大的生命力。智能搜索最优值方法通常可以找到一个最优解，但是并不能保证一定能找到全局最优解，而且即使找到全局最优解时或者接近全局最优解时，也无法进行证明。这主要是由于待求解的优化问题可能并没有分析解或者实际问题难以抽象出标准的最优化问题表达式。这就导致智能优化算法求得的解难以确定是否为全局最优解，但是至少可以保证能够求得一个全局最优解。在实际的优化问题中，这个最优解往往足以指导实际的生产生活过程，因此智能算法在近些年的发展之中产生了大量的实际应用案例。智能算法的应用比较广泛，既可以应用于混合整形问题也可以应用于组合问题，甚至可以应用于没有显式优化函数的问题。智能优化算法在搜索方向上不需要像传统方法一样给出准确的定位，仅通过模拟自然现象分享求解过程中的信息和机制来得到问题的最优解。凭借概念简单、易实现、鲁棒性高等优点，智能算法在传统方法难以解决的问题的求解思路上取得了突破性进展。

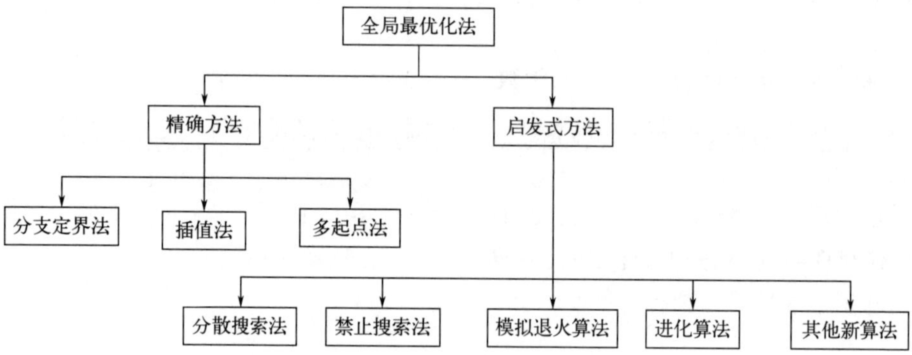

图 6-1　全局最优化方法的分类

6.1　智能算法

在处理包含整型变量的全局优化问题时，分支定界法和外推逼近法可以保证得到确定条件下的全局最优解，但是计算工作量会随着整型变量的数目迅速增大。而且在找到每一个松弛子问题最优解的前提下，分支定界法才可以保证找到一个全局最优解。如果子问题是非凸的，那么就很难找到最优解。外推逼近法也需要凸假设来保证得到最优解。如何绕过凸假设并且在较大的变量数目情况下快速找到一个比较好的解，是一个值得思考的问题。此时，就需要开发新的算法来替代传统算法解决上述问题。启发式搜索算法就是针对此类问题开发的，尽管该算法不能保证找到一个最优解，但可以比分支定界法和外推逼近法更快地找到一个好的解。启发式搜索算法包括分散搜索法、禁止搜索法、进化算法、模拟退火算法等。分散搜索和禁止搜索属于比较经典的启发式搜索，而进化算法以及模拟退火算法则通常被称为智能算法。

智能算法也被称为“软计算”，是通过模拟人类智能的某些特性，能够自主学习、推理并解决优化问题的一类算法。自然界一直是人类创造力的丰富源泉，人类认识事物的能力来源于与自然界的相互作用之中，自然界的许多自适应优化现象不断给人类以启示。近几十年来，一些与经典的数学规划原理截然不同的、试图通过模拟自然生态系统机制以求解复杂优化问题的仿生智能优化算法相继被提出、发展。模拟退火算法（simulated annealing algorithm，SAA）和遗传算法（genetic algorithm，GA）就属于智能算法。SAA 主要是模拟金属退火开发的综合启发式算法，GA 主要是模拟遗传信息在生物体内的传递开发的启发式算法。智能算法中有一类算法是通过模拟自然界中生物群体的活动机制来求解最优化问题，这类算法统称为群体智能（swarm intelligence，SI）算法。群体智能指组成一个群体中的众多简单个体通过相互合作和学习表现出的智能行为特性。群体中的个体在自身活动的同时向周围个体共享消息，参与合作交流，使得群体中的个体不孤立，高度结构化。在进化机制的引导下，结合群体信息的流动，群体往往能够完成单独个体无法解决的任务，如鱼群觅食、蜜蜂采蜜、鸟群觅食等。群体算法具有全局、并行、效率高和鲁棒性强等特点，在求解一些复杂优化问题时被广泛采用。目前群体智能算法发展比较成熟并且具有一定代表性的有蚁群算法（ant colony optimization，ACO）和粒子群优化（particle swarm optimization，PSO）。

6.2 模拟退火算法

6.2.1 模拟退火算法概述

模拟退火算法最早是由 N. Metropolis 等人于 1953 年提出。1983 年，S. Kirkpatrick 等人将退火思想成功引入组合优化领域。模拟退火算法顾名思义就是模拟固体热处理过程开发的算法。将一种晶体结构的固体加热到融化状态，然后使其冷却到凝固状态。如果冷却速度比较快，固体将会出现不规则的晶体结构。不规则的晶体结构要比规则晶体结构的能级高很多。如果冷却速度足够慢，可以实现在每个温度下都保持平衡态，即温度可以在很长时间内稳定保持在一定水平，使其可以与环境充分进行热交换，最终与环境达到热平衡状态。在经历平衡态的冷却之后，固体的晶体结构相对是规则的，而且处于能级最低状态。在给定温度下，系统获得平衡时，状态可以随机改变，但是在低温下进行状态转换要比在高温下可能获得低能级状态。目前，模拟退火算法已经广泛应用于超大规模集成电路设计、图像处理、组合优化问题、生产调度、控制工程、机器学习、神经网络、信号处理等领域。

在讨论模拟退火算法之前，我们首先需要了解一下为什么需要利用模拟退火算法来求解全局最优问题。如图 6-2 所示，存在这样的一个函数，我们需要求其全局最优值。首先我们选择一点 A，然后从 A 点向前开始试探到达 B 点，如果 B 点函数值 $f(B)$小于 A 点函数值 $f(A)$，则证明我们的试探方向是正确的。然后继续从 B 点试探到 C 点，C 点函数值 $f(C)$ 此时也小于 B 点函数值 $f(B)$，证明试探方向正确。随后我们需要从 C 点开始出发试探，但是发现无论向前试探还是向后试探，C 点附近任何一点的函数值都要比 C 点函数值大。此时我们认为 C 点就是最优值。实际上，C 点其实是一个局部最优值，并非函数定义域上的全局最优值。以上求解最优值的过程属于贪心算法的思想。贪心算法是指，在对问题求解时，总是做出在当前看来是最好的选择。也就是说，不

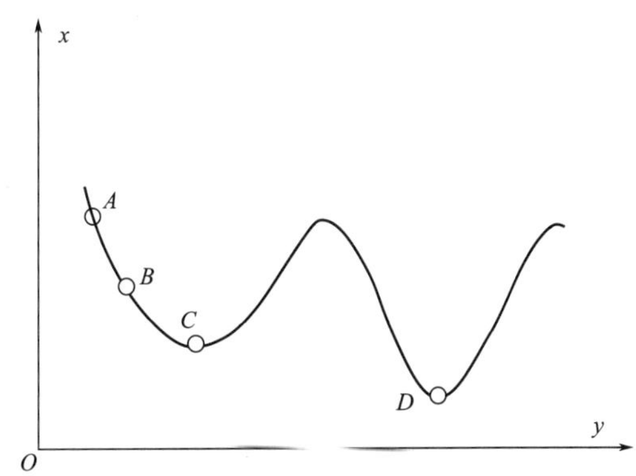

图 6-2　贪心算法求解最优化问题示意图

从整体最优上加以考虑，所得到的是局部最优解。贪心算法存在的问题主要有：①不能保证求得的最后解是最佳的；②不能用来求最大值或最小值的问题；③只能确定某些问题的可行性范围。

模拟退火算法实际上也是一种贪心算法，但是其过程引入了随机因素，以一定的概率来接受一个比当前解要差的解，这样就可能跳出局部最优解，实现全局最优解。以图 6-2 为例，模拟退火算法在搜索到局部最优解 C 点后，会以一定概率接受向右继续移动的操作，这样在经过多次非局部最优的移动之后可能会达到 C 点和 D 点的峰点，跳出局部最优点 C 点。

6.2.2 模拟退火算法中的 Metropolis 准则

上文提到，模拟退火算法中会存在一定概率接受一个比当前解要差的解，这个概率规则被称为 Metropolis 准则。1953 年，Metropolis 等提出了重要性采样方法，可以用下述方法产生固体的状态序列。

先给定以微粒相对位置表征的初始状态 i 作为固体的当前状态，该状态的能量为 E_i，然后使用摄动装置使随机选取的某个微粒的位移随机地产生一个微小变化，得到一个新状态 j，新状态的能量为 E_j，如果 $E_j<E_i$，则该新状态就作为重要状态；如果 $E_j>E_i$，则考虑热运动的影响，判断该新状态是否为重要状态。判断的依据则是根据式（6-3）来进行判断。

$$r=\exp\left(\frac{E_i-E_j}{kT}\right) \tag{6-3}$$

式中，r 是一个小于 1 的数；T 是绝对温度；k 为 Boltzmann 常数。在区间（0,1）上产生一个随机数 s，如果 $s<r$，则新状态 j 作为重要状态，否则舍去。

若新状态 j 是重要状态，则以状态 j 代替状态 i 成为当前状态；否则仍以状态 i 为当前状态，在大量迁移即固体的状态变换后，系统趋于能量较低的平衡状态，固体状态的概率分布趋近于 Gibbs 分布，即

$$P_i=\frac{1}{Z}\exp\left(\frac{-E_i}{kT}\right) \tag{6-4}$$

式中，$Z=\sum_i \exp\left(\frac{-E_i}{kT}\right)$ P_i 为系统处于微观状态 i 的概率；$\exp\left(\frac{-E_i}{kT}\right)$ 为 Boltzmann 因子。

由式（6-4）可知，高温下可接受与当前状态能差较大的新状态，而在低温时只能接受与当前状态能差较小的新状态，这与不同温度下的热运动的影响完全一致，在温度为 0 时，就不能接受任何 $E_j>E_i$ 的新状态 j 了。这其实也意味着接受新状态为重要状态的概率不是一个定值，是随着能量的变化量以及温度 T 决定的。

上述接受新状态的准则即 Metropolis 准则。

6.2.3 模拟退火算法求解全局最优化问题基本原理

上述内容对模拟退火算法的基本原理和用到的 Metropolis 概率准则进行了介绍。由于模拟退火算法是用于求解全局最优问题，仅仅使用上述物理原理在解决问题时还不够清晰明了。为了更清楚明晰地使用模拟退火算法求解优化问题，本节将给出算法的具体实现流程以及算

法流程框图。表 6-1 给出了退火过程和模拟退火算法二者专有名词的对比，以便于更好地理解模拟退火算法的实现步骤。

表 6-1　退火过程和模拟退火算法二者专有名词对比

固体退火	模拟退火算法
粒子状态	可行解
粒子能量最低状态	最优解
设置初始温度	初始解
能量	目标函数
冷却	控制参数的下降
等温过程	Metropolis 抽样过程

在给出模拟退火算法的实现流程之前，需要对算法流程中的相关参数进行分析。Metropolis 概率准则中涉及的参数为 T，如果 T 过大，则意味着退火过快；数学上来说，则会导致 r 较小，当 $E_j>E_i$ 时重要状态的更新概率会减小，达到局部最优值时就比较容易结束迭代，难以跳出局部最优，比较难以获得全局最优解。相反，当 T 取值较大时，比较容易跳出局部最优，但是会使得计算时间增加。实际应用中采用退火温度表来确定以上参数。退火温度表是一组控制模拟退火算法进程的参数，它是影响模拟退火算法性能的重要因素，其合理选取是算法应用的关键。

在介绍退火温度表之前，需要引入 Markov 链长的概念。模拟退火算法的基本原理可以由以下几个步骤构成：

① 给定初始温度 T_0，随机产生一点 x_0，并计算相应的目标函数值 $E(x_0)$。

② 随机产生扰动 Δx，得到新点 $x' = x_0 + \Delta x$，计算新点的目标函数值 $E(x')$ 和差值 $\Delta E = E(x') - E(x_0)$。

③ 如果 $\Delta E \leqslant 0$，则接受新点作为下一次模拟退火的初始点。

④ 如果 $\Delta E > 0$，则计算新点的接受概率 $P(\Delta E) = \exp\left(\dfrac{-\Delta E}{kT}\right)$，产生（0,1）区间均匀分布的伪随机数 s，若 $P(\Delta E) \leqslant s$，则接受新点作为下一次模拟的初始点；否则，仍取原来的点作为下一次模拟退火的初始点。

以上步骤称为 Metropolis 过程。按照一定的退火方案逐渐降低控制温度，重复 Metropolis 过程，直至达到结束准则，就构成了模拟退火算法。该算法能收敛到全局最优点或者近似全局最优点。在同一温度下，重复 Metropolis 过程的次数称为 Markov 链长。

退火温度表就是一组控制模拟退火算法进程的参数，其合理选取是算法应用的关键。根据上述模拟退火算法的原理步骤分析，退火温度表应该包含的参数有初始温度 T_0、温度更新函数、算法终止条件和 Markov 链长度。

关于初始温度，实验表明，初始温度越大，获得高质量的概率越大，但花费的时间将增加，要折中考虑优化质量和优化效率来确定初始温度，常用方法包括：

① 均匀抽样一组状态，以各状态目标值的方差为初始温度。

② 随机产生一组状态，确定两两状态间的最大目标值差 $|\varDelta_{\max}|$，然后依据差值，利用一定的函数确定初始温度，例如 $T_0 = -\varDelta_{\max} / \ln P_r$，$P_r$ 为初始接受概率。若取 P_r 接近于 1，且随机产生的初始状态能够一定程度上表征整个状态空间时，算法将以几乎等同的概率接受任何状态，完全不受极小解的限制。

③ 利用经验公式给出温度更新函数即温度的下降方式，常见的温度更新函数为 $T_{k+1}=\lambda T_k$，λ 是一个接近于 1 的常数，这个更新函数是 Kirkpatrick 等提出的，在 Kirkpatrick 的研究工作中取 $\lambda=0.95$。

终止条件包含外循环终止条件和内循环终止条件。内循环终止条件指的是重复 Metropolis 过程的次数，也即 Markov 链长。内循环终止条件用来决定各温度下产生候选解的数目。常用的内循环终止条件有：

① 检验目标函数的均值是否稳定。

② 连续若干步的目标值变化较小。

③ 按一定的步数抽样。

外循环终止即算法整体终止条件，用来决定算法何时结束。设置温度终值是一种简单的方法，但 SA 的收敛性理论要求温度终值趋于 0，这是一个不现实的条件，通常的做法有以下几点：

① 设置终止温度的阈值。

② 设置外循环迭代次数。

③ 算法搜索到的最优值连续若干部保持不变。

④ 检查系统熵是否稳定。

6.2.4 模拟退火算法的程序实现

在掌握了模拟退火算法的基本原理以及相应参数设置方法之后，本小节给出模拟退火算法的伪代码以及程序实现框图（图 6-3）。

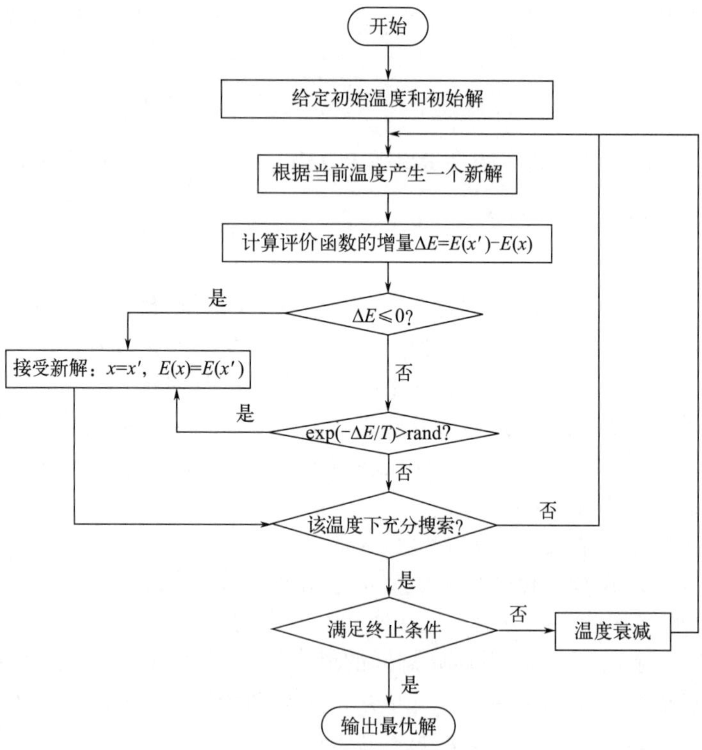

图 6-3 模拟退火算法的实现流程框图

根据上述流程框图，给出模拟退火算法的伪代码。

```
//The list of parameters
//E(i): The current state
//E(i+1): The new state
//dE: The value of the evaluation function at state i
//r: Cooling rate
//T: The temperature of the solid, the solid should start out at a high temperature
//T_min: Lower limit of temperature. If variable T reaches T_min, the search
is stopped
While (T > Tmin)
{
dE = E(i+1) -E(i));
    if (dE<0) //表示移动后得到更优解，则总是接受移动
        E(i+1) = E(i); //接受从 Y(i)到 Y(i+1)的移动
    else
    {
        if (exp(-dE/T)>random (0,1))
        E(i+1) = E(i); //接受从 E(i)到 E(i+1)的移动
    }
    T = r*T; //降温退火，0<r<1。r 越大，降温越慢；r 越小，降温越快
    // 若 r 过大，则搜索到全局最优解的可能会较高，但搜索的过程也就较长。若 r 过小，则搜索的
过程会很快，但最终可能会达到一个局部最优值//
    i ++ ; //计数变量，可以用于内循环终止条件的判断
}
```

6.2.5 模拟退火算法的算例应用

模拟退火算法作为一种通用的随机搜索算法，广泛应用于超大规模集成电路设计、神经网计算机、图像处理、组合优化等问题。大量模拟实验表明，模拟退火算法在求解组合优化问题（如 TSP 和 Knapsack 问题等）时能产生令人满意的近似最优解，而且所用的时间也不是很长。下面为了直观地展示模拟退火算法在全局最优问题上的应用，选择函数类最优化问题作为算例，对模拟退火算法的实现过程进行展示。

例 6-1 利用模拟退火算法求解 $f=x+10\sin(3x)+\cos x$ 在[0,9]范围内的最小值，并体会全局最优解和局部最优解的区别。

解：为了更好地分析该函数的图像形态，先采用数学软件 Matlab 绘制出该函数的图像，并采用 Matlab 内置优化函数标记出该函数在[0,9]范围内的最小值，如图 6-4 所示。从图中可以看到，该函数在[0,9]范围内有一个全局最小值，三个局部最小值。全局最小值位于[1,2]范围内。如果采用梯度下降法求解全局最小值，若参数设置不合理，很容易掉入某个局部最优区域出不来。而采用模拟退火算法，则不会那么容易陷入局部最优解。

下面我们采用模拟退火算法求解上述全局最优问题。首先我们设置 Markov 链长为 1000，初始温度为 100℃，退火速度为 0.95。为了求解该问题，我们在 Matlab 环境下实现算法流程，

具体程序如下。优化结果如图 6-5 所示。从图中可看到，优化后的结果为 y_{min}=−8.4284，初始解 x_0 的选择在区间[7,8]内。采用模拟退火算法求解的全局最优解与 Matlab 内置优化函数求得的全局最优解十分接近。这说明模拟退火算法能够跳出局部最优，实现全局最优，说明了该算法在求解全局最优问题上的可靠性。

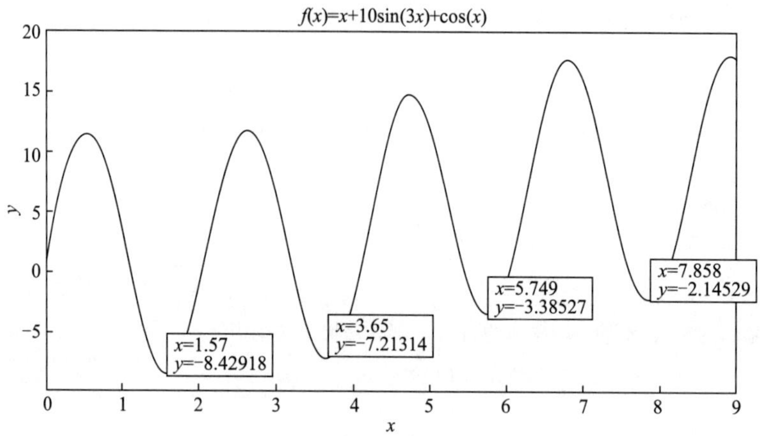

图 6-4 待求函数的图像以及全局最小值和局部最小值

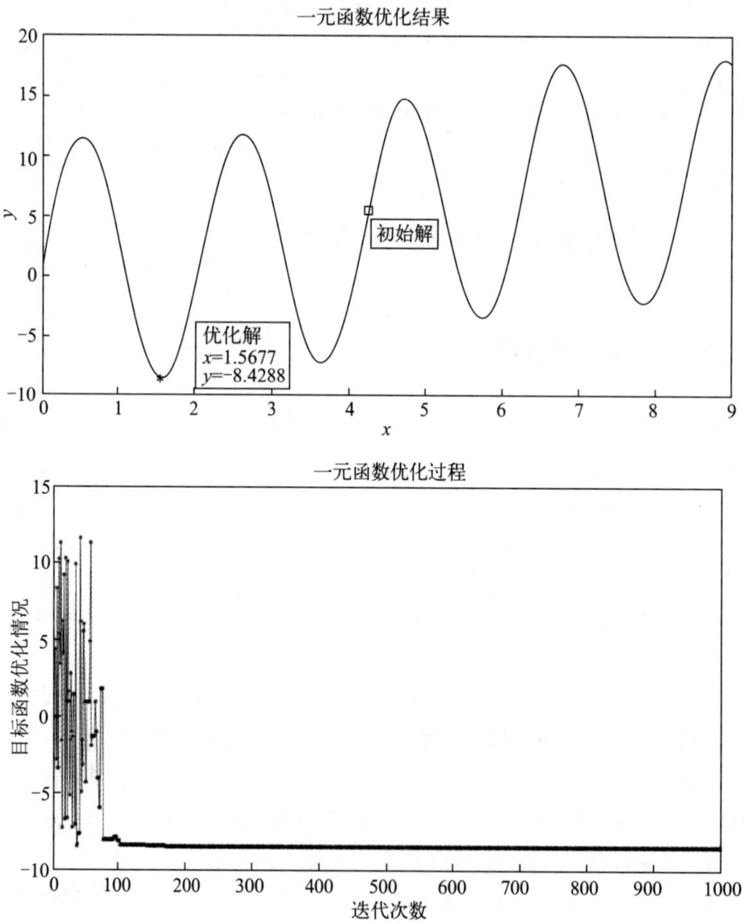

图 6-5 优化结果与迭代次数示意图

值得注意的是初始温度、退火速度以及 Markov 链长都对算法的收敛速度以及最终结果有着明显的影响。例如图 6-6 展示了 Markov 链长为 100 和 1000 时候的计算结果。可以看到迭代次数在 100～150 之间可以得到收敛解，而 Markov 链长为 100 时，明显没有得到最优解。一般来说初始温度越高，且 Markov 链越长，算法搜索越充分，得到全局最优解的可能性越大，但这也意味着需要耗费更多的计算时间。而温度衰减系数越小，温度下降越快，对应的迭代次数也就越少，算法搜索的次数也就越少，搜索也就越不充分，得到全局最优解的可能性越小。

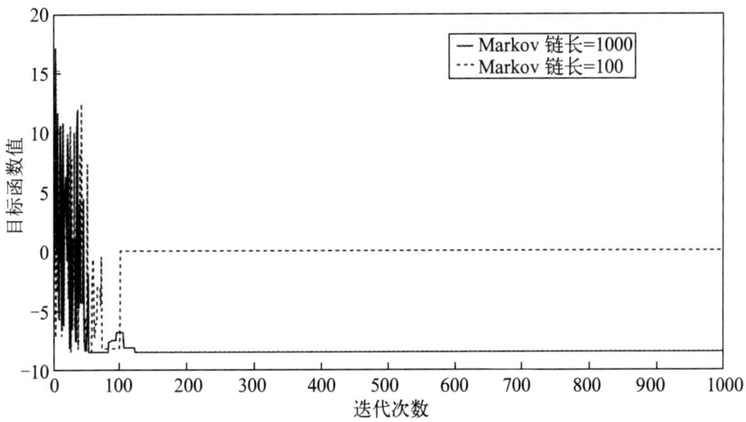

图 6-6　不同 Markov 链长的模拟退火算法结果比较

```
%一元函数模拟退火算法
opt_minmax=-1;%目标优化类型：1 最大化、-1 最小化
sub=0;%变量取值下限
up=9;%变量取值上限
delt=(up-sub)/5;
yita=0.95;%退火速度
trace=[];
%模拟退火迭代性能跟踪器
k_total=100;
tx=sub:0.001:up;
y=fun_sigv(tx);
T=100;%初始温度 100℃
%模拟温度初始化
plot(tx,y)
xlabel('x')
ylabel('y')
title('一元函数优化结果')
hold on
x0=sub+(up-sub)*rand;
f0=fun_sigv(x0);
%随机产生初始点
k=0;
```

```
 plot(x0,f0,'ro','linewidth',2) %在函数图像上标出初始点位置
while k<k_total
   x1=x0+(2*rand-1)*delt;
   x1=min(x1,up);
   x1=max(x1,sub);
   %在当前点附近随机产生下一个迭代点位置，并保证在所考查区域内
   f1=fun_sigv(x1);
   if opt_minmax*f1>opt_minmax*f0
       %迭代点优于当前点，接受迭代结果并设置为当前点
       x0=x1;
       f0=f1;
   elseif rand<exp(opt_minmax*(f1-f0)/T)
       %迭代点劣于当前点，以 boltzmann 概率接受迭代结果并设置为当前点
        x0=x1;
        f0=f1;
   end
   T=yita*T; %以缓慢速度衰减温度 T
   k=k+1;
   trace=[trace;f0]; %跟踪模拟退火的迭代优化过程
   [x0,f0];
end
plot(x0,f0,'r*','linewidth',2)
figure
plot(trace(:),'r-*')
hold on
xlabel('迭代次数')
ylabel('目标函数优化情况')
title('一元函数优化过程')

%函数表达式
function my=fun_sigv(x)
    my=x+10*sin(3*x)+cos(x);
```

例 6-2 利用模拟退火算法求解 $f\left(x,y\right)=\sum_{k=1}^{5}k\cos[(k+1)x+k]\cdot\sum_{k=1}^{5}k\cos[(k+1)y+k]$ 在$[-10,10]\times[-10,10]$范围内的最大值，并体会全局最优解和局部最优解的区别。

解：为了进一步验证模拟退火算法在二元函数全局上的应用，选择算例求解 $f(x,y)=\sum_{k=1}^{5}k\cos[(k+1)x+k]\sum_{k=1}^{5}k\cos[(k+1)y+k]$ 在$[-10,10]\times[-10,10]$范围内的最大值。同样地，采用模拟退火算法对该问题进行求解，设置 Markov 链长为 10000，初始温度为函数最大值与最小值之差，退火速度为 0.99。图 6-7 是最终优化后的结果，黑色实心点标注的是最终优化后的

全局最小值点。可以看到该函数在[−10,10]×[−10,10]范围内的全局最大值为 208.1890，对应的自变量坐标为 x=−7.1115，y=−7.0952。从函数图像可以看到，尽管该函数有多个局部最小值，但是模拟退火算法可以跳出局部最大值区域，寻求到一个全局最小值。该算例说明了模拟退火算法在多元函数全局优化问题上也是同样适用的，而且能够有较好的鲁棒性和较短的搜索时间。

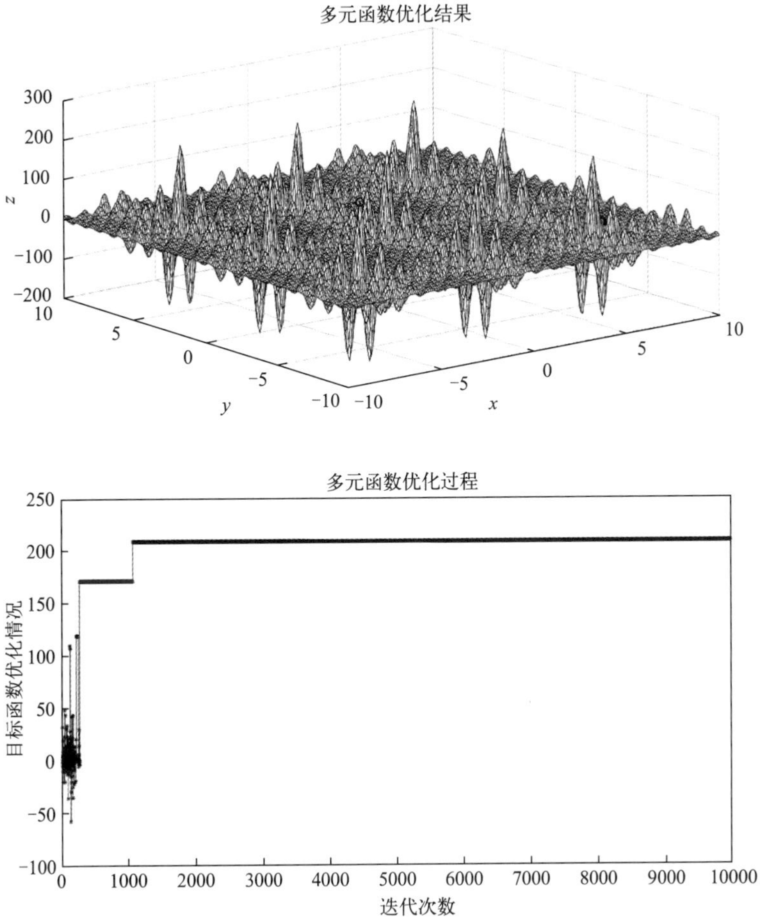

图 6-7　二元函数优化结果与迭代次数示意图

二元函数模拟退火优化算法求解最优化问题的求解程序如下：

```
%多元函数模拟退火算法
clc
clear all
opt_minmax=1;   %目标优化类型：1 最大化、-1 最小化
sub=-10;  %变量取值下限
up=10;  %变量取值上限
delt=(up-sub)/5;
yita=0.99;
trace=[];  %模拟退火迭代性能跟踪器
```

```
k_total=3000;  %迭代总次数
[tx,ty]=meshgrid(sub:.1:up)
tz=fun_mutv(tx,ty);
T=max(max(tz))-min(min(tz)); %模拟温度初始化
mesh(tx,ty,tz)
xlabel('x')
ylabel('y')
zlabel('z')
title('多元函数优化结果')
hold on
x0=[sub+(up-sub)*rand,sub+(up-sub)*rand];
f0=fun_mutv(x0(1),x0(2));  %随机产生初始点
k=0;
plot3(x0(1),x0(2),f0,'ko','linewidth',5)  %在函数图像上标出初始点位置
while k<k_total
   x1=[x0(1)+(2*rand-1)*delt,x0(2)+(2*rand-1)*delt];
   x1=[min(x1(1),up),min(x1(2),up)];
   x1=[max(x1(1),sub),max(x1(2),sub)]; %在当前点附近随机产生下一个迭代点位置，并保
证在所考查区域内
   f1=fun_mutv(x1(1),x1(2));
   if opt_minmax*f1>opt_minmax*f0 %迭代点优于当前点，接受迭代结果并设置为当前点
      x0=x1;
      f0=f1;
   elseif rand<exp(opt_minmax*(f1-f0)/T) %迭代点劣于当前点，以boltzmann概率接受
迭代结果并设置为当前点
       x0=x1;
       f0=f1;
   end
   T=yita*T;  %以缓慢速度衰减温度T
    k=k+1;
    trace=[trace;f0]; %跟踪模拟退火的迭代优化过程
    [x0,f0]
end
plot3(x0(1),x0(2),f0,'k*','linewidth',2)
figure
plot(trace(:),'r-*')
hold on
xlabel('迭代次数')
ylabel('目标函数优化情况')
title('多元函数优化过程')
%函数表达式
```

```
function my=fun_mutv(x,y)
t1=zeros (size(x));
t2=t1;
for i=1:5
    t1=t1+i*cos((i+1)*x+i);
    t2=t2+i*cos((i+1)*y+i);
end
my=t1.*t2;
```

6.3 最优化方法的发展趋势

相比于局部优化问题的众多成熟算法，全局优化算法仍然需要进一步发展。全局优化算法主要有两个发展方向，一种是解析性优化方法，另一种则是启发式随机优化算法。由于解析性方法对目标函数和约束域有较强的解析要求，对于诸如目标函数不连续、约束域不连通、目标函数难以用表达式解析或者难以精确估计（如基于实际问题的仿真优化问题、数据驱动优化问题等），解析确定型优化方法此时就会难以适应，甚至于难以求出合理的优化解。

为了适应当今生产生活中对优化问题提出的新挑战，开发了一系列基于元启发式的随机型优化方法。元启发式随机型优化方法对优化函数的解析性质要求较低甚至不做要求，例如上述介绍的模拟退火算法并未对优化函数性态做任何要求，只是需要可以计算出函数值即可，这就奠定了元启发式算法在实际生产生活问题中的广泛应用基础。目前全局优化问题求解方法的发展也主要集中于元启发式算法，其主要研究目标则是鲁棒性好、适应性广、收敛性强。目前元启发式算法经过多年发展，已经开发了许多用于全局优化的算法。这些算法都是研究人员通过模拟自然界的一些自然现象而发展起来的一系列仿生型智能优化算法，例如前面提到的模拟退火算法、遗传算法（genetic algorithm，GA）、粒子群算法（particle swarm optimization algorithm，PSOA）等。智能优化算法在过去的研究中得到了长足的发展，目前已经形成了超过 30 种新型算法，如表 6-2 所示。表 6-2 中这些算法作为解决全局优化问题的一大类算法，尽管脱胎于不同的自然界机制，但是都有一定的共同点。简单可以概括如下：

① 都有跳出局部最优解的能力，这是这类算法求解全局最优化问题的基本要求，采用的手段以引入随机函数为主要方式。

② 都有超参数需要提前进行设置。不同类型的算法，超参数的数量有一定的区别。大部分情况下，基于进化机制和基于物理原理的只能优化算法超参数设置能少一些。

③ 都需要在全局探索和局部开发上做折中。

在算法区别方面，主要有以下三点：

① 优化算法的来源以及自然机制不同，这也可以从每个算法的题目中可以看出来；

② 无限制的全局探索会导致算法不收敛，仅专注局部开发会使得算法陷入局部最优解，因此在两者之间做平衡；

③ 从优化算法的本质来讲，优化算法的核心在于迭代方向以及迭代步长，而这些算法在这两点上都有不同的考虑。在表 6-2 中，一些算法由于提出较早，如基于进化机制的遗传

算法、基于群体智能的粒子群算法等，已经受住了大量问题的检验，得到了研究人员的广泛认同。下面就对这些在实际问题中常用的优化算法做简要介绍，对某一算法有兴趣或者特殊需要的读者可以查阅某个算法的具体步骤。下面一节将以粒子群算法为例，介绍该算法的原理和具体应用。

表 6-2 智能优化算法汇总

类型	算法
进化机制	遗传算法，Genetic Algorithm，GA
	差分进化算法，Differential Evolution，DE
	进化规划，Evolutionary Programming，EP
	遗传规划，Genetic Programming，GP
	文化基因算法，Memetic Algorithm，MA
	地理优化算法，Biogeography-Based Optimizer，BBO
	帝国竞争算法， Imperialist Competitive Algorithm，ICA
物理原理	模拟退火算法，Simulated Annealing，SA
	大爆炸大收敛算法，Big-Bang Big-Crunch，BBBC
	引力搜索算法，Gravitational Search Algorithm，GSA
	电核系统搜索，Charged System Search，CCS
	黑洞算法， Black Hole，BH
	射线优化，Ray Optimization，RO
	小世界优化算法，Small-World Optimization Algorithm，SWOA
	基于银河系搜索算法，Galaxy-based Search Algorithm，GbSA
	曲面空间优化，Curved Space Optimization，CSO
	单调盆地跳跃算法，Monotonic Basin Hopping，MBH
群体智能	粒子群算法，Particle Swarm Optimization，PSO
	蚁群算法，Ant Colony Optimization，ACO
	人工蜂群算法，Artificial Bee Colony，ABC
	蝙蝠算法，Bat-inspired Algorithm，BA
	改进蜂群算法，Marriage in Honey Bee Optimization Algorithm，MBO
	人工鱼群算法，Artificial Fish-Swarm Algorithm，AFSA
	黄蜂群算法，Wasp Swarm Algorithm
	猴子搜索，Monkey Search
	蜜蜂花粉采集算法，Bee Collecting Pollen Algorithm，BCPA
	布谷鸟算法，Cuckoo Search，CS
	海豚伙伴优化，Dolphin Partner Optimization，DPO
	萤火虫算法，Firefly Algorithm，FA
	鸟类交配优化器，Bird Mating Optimizer，BMO
	鳞虾群算法，Krill Herd，KH
	果蝇优化算法，Fruit fly Optimization Algorithm，FOA
	灰狼优化器，Grey Wolf Optimizer，GWO

粒子群优化算法（PSO）是 1995 年 Kennedy 和 Eberhart 源于对鸟群和鱼群捕食行为的简化社会模型的模拟而提出来的一种基于群体智能的演化计算技术。该算法具有并行处理、鲁棒性好等特点，能以较大的概率找到问题的全局最优解，且计算效率比传统随机方法高，其

最大的优势在于实现容易、收敛速度快，而且有深刻的智能背景，既适合科学研究，又适合工程应用。因此，PSO 一经提出立刻引起了演化计算领域研究者的广泛关注，并在短短几年时间里涌现出大量的研究成果，在函数优化、神经网络训练、模糊系统控制、分类、模式识别、信号处理、机器人技术等领域获得了成功应用。

粒子群算法主要是通过模拟鸟类捕食行为设计的。假设区域里就只有一块食物（即通常优化问题中所讲的最优解），鸟群的任务是找到这个食物源。鸟群在整个搜寻的过程中，通过相互传递各自所获得的信息，让其他的鸟知道自己的位置，通过这样的协作，来判断自己找到的是不是最优解，同时也将最优解的信息传递给整个鸟群，最终，整个鸟群都能聚集在食物源周围，即优化问题找到了最优解。PSO 算法不像遗传算法那样对个体进行选择、交叉和变异操作，而是将群体中的每个个体视为多维搜索空间中一个没有质量和体积的粒子（点），这些粒子在搜索空间中以一定的速度飞行，并根据粒子本身的飞行经验以及同伴的飞行经验对自己的飞行速度进行动态调整，即每个粒子通过统计迭代过程中自身的最优值和群体的最值来不断地修正自己的前进方向和速度大小，从而形成群体寻优的正反馈机制。PSO 算法就是这样依据每个粒子对环境的适应度将个体逐步移到较优的区域，并最终搜索、寻找到问题的最优解。

根据上述对粒子群算法的描述，可以给出算法操作的基本流程。首先需要两个变量（速度 V 和位置 X）来记录粒子的状态，速度代表移动的快慢，位置则代表粒子现在所处的位置。每个粒子在搜索空间中单独地搜索最优解，将其记为当前个体极值 P_{best}，并将个体极值与整个粒子群里的其他粒子共享，找到最优的那个个体极值作为整个粒子群的当前全局最优解 G_{best}，粒子群中的所有粒子根据自己找到的当前个体极值和整个粒子群共享的当前全局最优解 G_{best} 来调整自己的速度和位置。在给出粒子群算法的流程步骤之前，需要对相关参数进行定义。假设在 D 维搜索空间，共有 m 个粒子组成一个群体，第 i 个粒子在 D 维空间的位置表示为 $x_{\mathrm{i}}=(x_{\mathrm{i}1},x_{\mathrm{i}2},x_{\mathrm{i}3},\cdots,x_{\mathrm{i}D})$，第 i 个粒子经历过的最好位置（根据适应度判断）为 $P_{\mathrm{i}}=(P_{\mathrm{i}1},P_{\mathrm{i}2},P_{\mathrm{i}3},\cdots,P_{\mathrm{i}D})$，每个粒子的飞行速度为 $V=(V_{\mathrm{i}1},V_{\mathrm{i}2},V_{\mathrm{i}3},\cdots,V_{\mathrm{i}D})$。在整个群体中，所有粒子经过的最好位置为 $P_{\mathrm{g}}=(P_{\mathrm{g}1},P_{\mathrm{g}2},P_{\mathrm{g}3},\cdots,P_{\mathrm{g}D})$。第 i 个粒子最好位置的更新方法如式（6-5）所示。所有粒子经过的最好位置的更新方法如式（6-6）所示。

$$P_i(t+1)=\begin{cases}P_i(t), & f[x_i(t+1)]\geqslant f[p_i(t)]\\ x_i(t+1), & f[x_i(t+1)]<f[p_i(t)]\end{cases} \tag{6-5}$$

$$P_g(t)\in\{P_1,P_2,\cdots,P_s\}=\min\{f[P_1(t)],f[P_2(t)],\cdots,f[P_s(t)]\} \tag{6-6}$$

s 代表群体的大小。

每一代粒子根据下面的公式更新自己的速度和位置。

$$v_{id}(t+1)=wv_{id}(t)+c_1r_1[P_{id}(t)-v_{id}(t)]+c_2r_2[P_{gd}(t)-x_{id}(t)] \tag{6-7}$$

$$x_{id}(t+1)=x_{id}(t)+v_{id}(t) \tag{6-8}$$

式中，w 为惯性权重；c_1 和 c_2 为学习因子；r_1 和 r_2 是[0,1]之间的随机数。

粒子群算法的主要步骤如下：

① 初始化粒子群，包括群体规模，每个粒子的位置和速度；

② 计算每个粒子的适应度值；

③ 对每个粒子，根据式（6-5）更新粒子的个体最佳位置；

④ 对每个粒子，根据式（6-6）更新粒子群体的最佳位置；

⑤ 对每个粒子，根据式（6-7）和式（6-8）更新粒子群体的最佳位置；

⑥ 如果满足结束条件（误差足够好或到达最大循环次数）则退出，否则回到第②步。

例 6-3 利用粒子群算法求解 $f(x_1,x_2)=x_1^2+x_2^2-x_1x_2-10x_1-4x_2+60$ 在 $[-15,15]\times[-15,15]$ 范围内的最小值。

解：用粒子群算法求解函数最小值时，粒子适应度的评价函数可以设定为目标函数值，此时希望找到适应度最小的解。这里设置粒子数量为 30，变量个数为 2，迭代次数为 100。粒子在最后迭代步的空间分布如图 6-8 所示，目标函数的优化结果如图 6-9 所示。可以看到目标函数在给定的范围内的最小值为 8.0001，最佳的粒子位置（也就是优化变量的取值）为（7.9915，5.9942）。求解过程和结果说明，粒子群算法对优化问题的解决是非常有效的，在后续的优化问题中，也可以考虑粒子群算法作为求解工具。

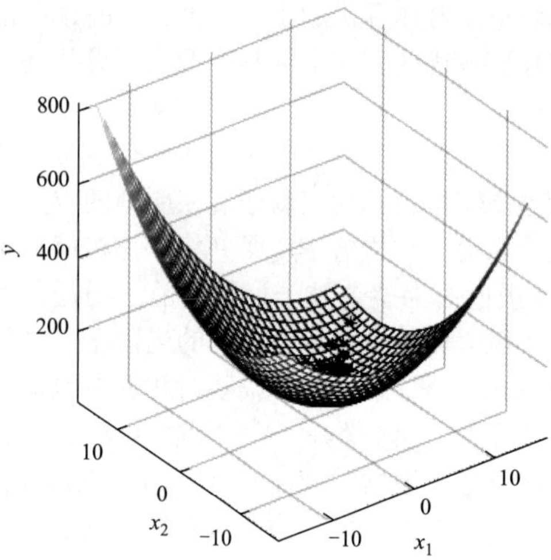

图 6-8 粒子在最后迭代步的空间分布

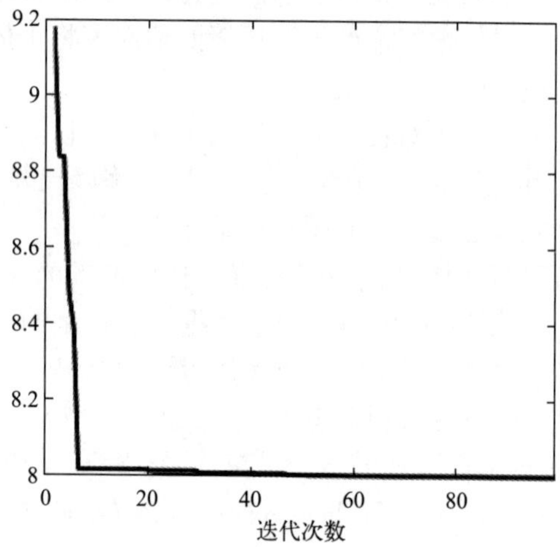

图 6-9 粒子群算法求解优化问题的迭代优化结果

具体的 Matlab 程序如下：

```
%% 粒子群算法 PSO：求解函数"y = x1^2+x2^2-x1*x2-10*x1-4*x2+60"在[-15,15]内的最小值
% clear; clc
x1 = -15:1:15;
x2 = -15:1:15;
[x1,x2] = meshgrid(x1,x2);
y = x1.^2 + x2.^2 - x1.*x2 - 10*x1 - 4*x2 + 60;
mesh(x1,x2,y)
xlabel('x1'); ylabel('x2'); zlabel('y'); % 加上坐标轴的标签
axis vis3d
hold on
n = 30;% 粒子数量
narvs = 2;% 变量个数
c1 = 2; % 每个粒子的个体学习因子，也称为个体加速常数
```

```
c2 = 2; % 每个粒子的社会学习因子，也称为社会加速常数
w=0.9; % 惯性权重
K=100; % 迭代的次数
vmax=[6 6];% 粒子的最大速度
x_lb=[-15 -15];% x 的下界
x_ub=[15 15]; % x 的上界
%% 初始化粒子的位置和速度
x=zeros(n,narvs);
for i = 1: narvs
x(:,i) = x_lb(i)+(x_ub(i)-x_lb(i))*rand(n,1);
end
v=-vmax + 2*vmax.* rand(n,narvs);

fit = zeros(n,1); % 初始化这 n 个粒子的适应度全为 0
for i = 1:n % 循环整个粒子群，计算每一个粒子的适应度
    fit(i) = Obj_fun2(x(i,:)); % 调用 Obj_fun2 函数来计算适应度
end
pbest = x;% 初始化这 n 个粒子迄今为止找到的最佳位置(是一个 n×narvs 的向量)
ind = find(fit == min(fit),1);
gbest = x(ind,:);
h = scatter3(x(:,1),x(:,2),fit,'*r'); % scatter3 是绘制三维散点图的函数

fitnessbest=ones(K,1); %初始化每次迭代得到的最佳适应度
for d = 1:K % 开始迭代，一共迭代 K 次
    for i = 1:n % 依次更新第 i 个粒子的速度与位置
        v(i,:) = w*v(i,:) + c1*rand(1)*(pbest(i,:) - x(i,:)) + c2*rand(1)*
(gbest-x(i,:)); % 更新第 i 个粒子的速度
            for j = 1: narvs
            if v(i,j) < -vmax(j)
                v(i,j) = -vmax(j);
            elseif v(i,j) > vmax(j)
                v(i,j) = vmax(j);
            end
        end
        x(i,:) = x(i,:) + v(i,:); % 更新第 i 个粒子的位置
        for j = 1: narvs
            if x(i,j) < x_lb(j)
                x(i,j) = x_lb(j);
            elseif x(i,j) > x_ub(j)
                x(i,j) = x_ub(j);
            end
```

```
        end
        fit(i) = Obj_fun2(x(i,:));
        if fit(i)< Obj_fun2(pbest(i,:))
            pbest(i,:) =x(i,:);
        end
        if fit(i)< Obj_fun2(gbest)
            gbest =pbest(i,:); % 更新所有粒子迄今为止找到的最佳位置
        end
    end
    fitnessbest(d) = Obj_fun2(gbest); % 更新第 d 次迭代得到的最佳的适应度
    pause(0.1) % 暂停 0.1s
    h.XData = x(:,1); % 更新散点图句柄的 x 轴的数据(此时粒子的位置在图上发生了变化)
    h.YData = x(:,2); % 更新散点图句柄的 y 轴的数据(此时粒子的位置在图上发生了变化)
    h.ZData = fit; % 更新散点图句柄的轴的数据(此时粒子的位置在图上发生了变化)
end
figure(2)
plot(fitnessbest) % 绘制出每次迭代最佳适应度的变化图
xlabel('迭代次数')
disp('最佳的位置是:'); disp(gbest)
disp('此时最优值是:'); disp(Obj_fun2(gbest))

%需要求解的目标函数
function my=Obj_fun2 (x)
my= x(1)^2 + x(2)^2 - x(1)*x(2) - 10*x(1) - 4*x(2) + 60;
```

6.4 最优化新算法在化工生产中的应用

上述内容已经介绍了遗传算法、模拟退火算法、粒子群算法在求解最优化问题上的应用，并且已经给出了详细的求解程序。事实上，上述元启发式算法也可以应用于化工、能源、机械等实际生产过程。解决这类问题的思路可以归纳总结为以下步骤：①分析问题，明确优化函数和限制条件；②抽象优化数学模型，采用数学语言表示优化问题；③采用合适的算法求解优化问题，并且确定求解结果的正确性；④还原求解结果，确定优化结果的可靠性和可行性。

明确了求解实际最优化问题的一般过程，下面给出相应的案例来说明元启发式算法在实际化工优化问题种的应用。

例 6-4 换热器系列的优化设计

5.3.2 小节给出的换热器优化设计问题所得到的优化模型是一个典型的有约束非线性优化问题。该问题在 5.3.2 小节中已经采用 SQP 算法进行了求解。这里采用模拟退火算法再次进行求解以验证元启发式算法在实际问题中的可靠性和可行性。

这里给出具体的求解程序：

```
%Heat exchanger optimization
clc
clear all
opt_minmax=-1;
sub=0;
upx=300;
upy=400;
xx=sub:5:upx-1;
yy=sub:5:upy-1;
deltax=(upx-sub)/5;
deltay=(upy-sub)/5;
yita=0.99;
trace=[];
k_total=10000;
[tx,ty]=meshgrid(xx,yy);
tz=hf(tx,ty);
T=max(max(tz))-min(min(tz));
mesh(tx,ty,tz)
xlabel('x')
ylabel('y')
zlabel('z')
title('多元函数优化结果')
hold on
x0=[sub+(upx-sub)*rand,sub+(upy-sub)*rand];
f0=hf(x0(1),x0(2));
k=0;
plot3(x0(1),x0(2),f0,'ko','linewidth',5)
while k<k_total
   x1=[x0(1)+(2*rand-1)*deltax,x0(2)+(2*rand-1)*deltay];
   x1=[min(x1(1),upx),min(x1(2),upy)];
   x1=[max(x1(1),sub),max(x1(2),sub)];
   f1=hf(x1(1),x1(2));
   if opt_minmax*f1>opt_minmax*f0
       if(x1(2)>=x1(1))
       x0=x1;
       f0=f1;
       end
   elseif x1(2)<x1(1)
           x0=x0;
           f0=f0;
   elseif rand<exp(opt_minmax*(f1-f0)/T)
       x0=x1;
```

```
        f0=f1;
    end
    T=yita*T;
     k=k+1;
     trace=[trace;f0];
     [x0,f0]
end
plot3(x0(1),x0(2),f0,'k*','linewidth',2)
figure
plot(trace(:),'r-*')
hold on
xlabel('迭代次数')
ylabel('目标函数优化情况')
title('多元函数优化过程')

%函数表达式
function my=hf(x,y)
my=100000*(x-100)./(120*(300-x))+100000*(y-x)./(80*(400-y))+100000*(500-y)./
(40*100);
```

其中，hf(x，y)为目标函数（min 型）；sub，up，upy 分别是决策变量的约束条件；k_total 为迭代总次数；η 为温度下降速率。

在 Matlab 环境下运行程序可以得到 x_1=181.7，x_2=295.4，f=7049.3。上述结果表明，当 T_1=181.7℃，T_2=295.4℃，T_3=218.3℃，T_4=286.3℃，T_5=395.4℃时，换热器系列的总传热面积最小，为 7049.3m^2。通过模拟退火算法得到的结果与 5.3.2 小节采用 SQP 算法得到的结果非常接近，这说明元启发式算法在实际生产中应用的可靠性。

例 6-5 连续搅拌槽式反应器的优化设计

5.3.2 小节给出的连续搅拌槽式反应器的优化设计问题同样是一个带约束的非线性优化问题，可以调用 6.3.1 小节中给出的 PSO 算法进行求解。编写下列程序代码：

```
x1 = 0:0.01:1;
x2 = 0:0.01:1;
[x1,x2] = meshgrid(x1,x2);
y = 400*x1.^0.4./x2+4.183./x1.^1.2./(1-x2).^2;
mesh(x1,x2,y)
xlabel('x1'); ylabel('x2'); zlabel('y');
axis vis3d
hold on
n = 30;
narvs = 2;
c1 = 2;
c2 = 2;
w=0.9;
```

```
    K=200;
    vmax=[6 6];
    x_lb=[0 0];
    x_ub=[1 1];
    x=zeros(n,narvs);
    for i = 1: narvs
    x(:,i) = x_lb(i)+(x_ub(i)-x_lb(i))*rand(n,1);
    end
    v=-vmax + 2*vmax.* rand(n,narvs);
    fit = zeros(n,1);
    for i = 1:n
       fit(i) = Obj_fun2(x(i,:));
    end
    pbest = x;
    ind = find(fit == min(fit),1);
    gbest = x(ind,:);
    h = scatter3(x(:,1),x(:,2),fit,'*r');
    fitnessbest=ones(K,1);
    for d = 1:K
       for i = 1:n
          v(i,:) = w*v(i,:) + c1*rand(1)*(pbest(i,:) - x(i,:)) + c2*rand(1)*
(gbest-x(i,:));
          for j = 1: narvs
             if v(i,j) < -vmax(j)
                v(i,j) = -vmax(j);
             elseif v(i,j) > vmax(j)
                v(i,j) = vmax(j);
             end
          end
          x(i,:) = x(i,:) + v(i,:);
          for j = 1: narvs
             if x(i,j) < x_lb(j)
                x(i,j) = x_lb(j);
             elseif x(i,j) > x_ub(j)
                x(i,j) = x_ub(j);
             end
          end
          fit(i) = Obj_fun2(x(i,:));
          if fit(i) < Obj_fun2(pbest(i,:))
             pbest(i,:) = x(i,:);
          end
          if fit(i) < Obj_fun2(gbest)
```

```
            gbest = pbest(i,:);
        end
    end
    fitnessbest(d) = Obj_fun2(gbest);
    pause(0.1)
    h.XData = x(:,1);
    h.YData = x(:,2);
    h.ZData = fit;
end

function my=Obj_fun2 (x)
    my= 400*x(1).^0.4./x(2)+4.183./x(1).^1.2./(1-x(2)).^1.2;
end
```

其中，Obj_fun2 为目标函数（min 型）；*x*_lb，*x*_ub 是决策变量的约束条件；n 为粒子数量；narvs 为变量个数；*c*1，*c*2 分别为每个粒子的个体和社会学习因子；*w* 为惯性权重；*x* 为粒子位置；pbest，gbest 分别为个体和群体最佳位置；v 为粒子速度；fit 为粒子适应度；fitnessbest 为最佳适应度；K 为迭代次数。

在 Matlab 环境中运行上面的程序代码，得如下结果：

```
fitnessbest=
   420.6806
gbest=
   0.2383
   0.7143
```

由进料浓度 C_{A0}^{*} =0.2383mol/L 和转化率 x_{A}^{*} =0.7143，求得 F_{A0}^{*} =485.5956mol/L，V_{R}^{*} = 1.0787×10^{4}L。以上结果表明，当物料的进料量为 485.5956mol/L，进料物流浓度为 0.2383mol/L，反应器容积为 1.0787×10^{4} L 时，物料 A 的转化率为 0.7143，这时反应器每小时消耗费用最小，为 420.6806 元。

本书的计算结果与 Matlab 自带函数 fmincon 的计算结果对比情况见表 6-3。由表 6-3 可知，两者是一致的。这表明 PSO 对本例的求解是正确和有效的。

表 6-3　连续搅拌槽式反应器优化设计问题的计算结果对比

相关参数	PSO	finincon
进料物料浓度/(mol/L)	0.2383	0.2383
转化率	0.7143	0.7143
总消耗费用/元	420.6806	420.6806

6.5 本章小结

目前智能优化算法已经有了很大的发展，如上所述，已经有 30 余种算法被研究人员提出。但是智能优化算法毕竟是采用“随机性”来跳出局部最优解的，这就很难保证所得到的解一定是局部最优解，也很难通过相关理论去严格证明。因此智能优化算法在处理需要求解全局最优的问题时很难保证能够完成既定任务，但是在处理对全局最优要求不是那么严格的实际生产生活问题时，却有着很大的优势。这也是为什么智能优化算法有着巨大应用空间的原因。智能优化算法的发展可以简要总结为三点。第一点就是开发新的优化算法。在这个问题上开发出新的算法不是目的，主要是要使得开发的新算法相比于以往已经有的算法有着更好的适应性、收敛性和鲁棒性。如果新开发的算法还没有现在已经提出来的算法求解效果好，那么新开发的算法也就没有什么意义了。第二点就是针对已有算法进行一定的改进，或者将已有算法进行融合，提高已有算法的质量。例如对算法中的某些超参数做自适应设计等。第三点则是将已有算法应用于实际生产生活问题中，求解工程问题，使算法产生相应的工程价值。这就要求对实际问题有着深入的把握，抽象出合理的优化数学模型，并且能够选择合适的优化算法对数学模型进行快速、稳健地求解。

习 题

1. 利用模拟退火算法编写程序求解以下优化问题。要求：选择任一程序语言，并且需要比较数值解和理论解的误差大小。

（1）单峰测试函数；

$$f_1(x)=\sum_{i=1}^{n}x_1^2\text{，}S\text{: }[-100,100]^n\text{，}\ f_{\min}=0$$

$$f_2(x)=\sum_{i=1}^{n}|x_i|+\prod_{i=1}^{n}x_i\text{，}S\text{: }[-10,10]^n\text{，}\ f_{\min}=0$$

（2）多峰测试函数；

$$f_3(x)=\sum_{i=1}^{n}-x_i\sin(\sqrt{|x_i|})\text{，}S\text{: }[-500,500]^n\text{，}\ f_{\min}=-12569.5$$

$$f_4(x)=\sum_{i=1}^{n}[x_i^2-10\cos(2\pi x_i)+10]\text{，}S\text{: }[-5.12,5.12]^n\text{，}\ f_{\min}=0$$

（3）固定维多峰测试函数。

$$f_6(x)=\left[\frac{1}{500}+\sum_{i=1}^{11}\frac{1}{j+\sum_{i=1}^{2}(x_i-a_{ij})^6}\right]^{-1}\text{，S: }[-65.536,65.536]^n\text{，}\ f_{\min}=1$$

$$f_6(x)=\sum_{i=1}^{11}\left[a_i-\frac{x(b_i^2+b_ix_2)}{b_i^2+b_ix_3+x_4}\right]^2\text{，S: }[-5,5]^n\text{，}\ f_{\min}=0.0003075$$

2. 对于反应 A→B 有两种类型的反应器可以选择，如图 6-10 所示。反应器Ⅰ具有较高的转化率（80%），但价格比较昂贵，而反应器Ⅱ转化率（66.7%）较低，但价格比较便宜。假如产品 B 的产率为 10 kmol/h，反应物 A 的成本为 5 美元/kmol。试确定选择哪一种反应器，以满足产品 B 的产率要求又使反应器和原料的总费用最小。要求建立该问题的优化模型，并且采用传统求解方法和智能算法分别求解模型，并比较两种算法的优劣。

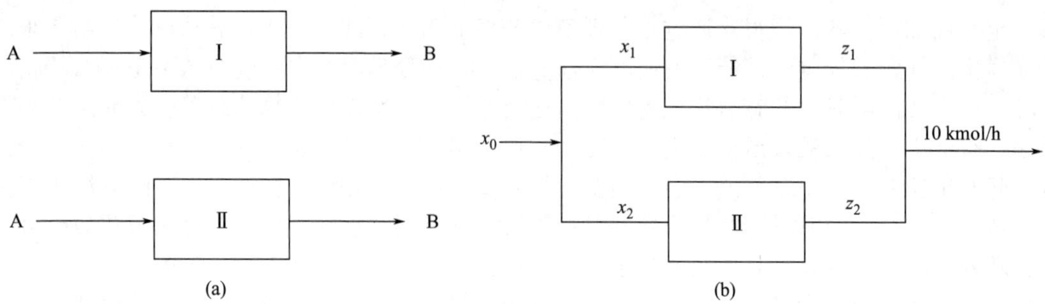

图 6-10　反应器网络示意图

3. 对于如图 6-11 所示的简单烷基化过程，确定其最优操作条件是长期以来一直存在的问题。烷基化过程的决策变量及其上下限和初值如表 6-4 所示。上限和下限代表着经济上、物理上或操作上的限制。将每天的总利润定义为烷基化产物的总价值减去进料成本和循环成本（不包括操作成本），则总利润的数学表达式为 $f(x)=C_1x_1x_2-C_2x_1-C_3x_2-C_4x_3-C_5x_5$。其中，$C_1$ 为烷基化产物的价值（辛烷，0.063 美元/桶）；C_2 为石蜡的进料成本（5.04 美元/桶）；C_3 为异丁烷的循环成本（0.035 美元/桶）；C_3 为所加入的酸的成本（10.00 美元/1000lb）；C_5 为补充异丁烷的成本（3.36 美元/桶）。

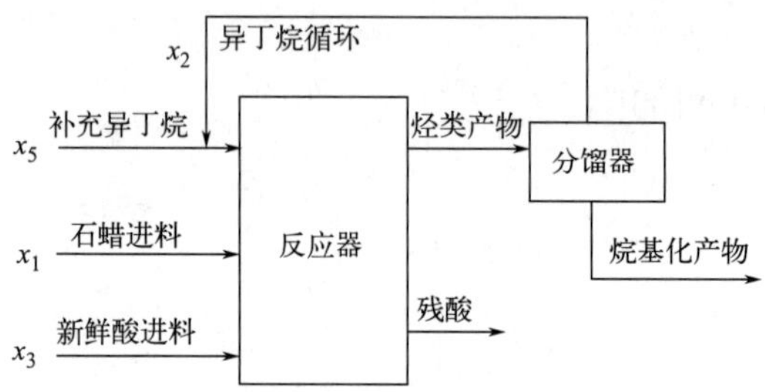

图 6-11　烷基化流程图

当石蜡进料、新鲜酸的添加速率和异丁烷的补充量设定为多少时，烷基化过程每天的总利润最大？建立上述问题的数学优化模型，并且采用传统求解方法和智能算法分别求解模型，并比较两种算法的结果差异。

表 6-4　烷基化过程的决策变量及其定义、上下限和初值

符号	变量	下限	上限	初值
x_1	石蜡进料/(桶/d)	0①	2000	1745
x_2	异丁烷循环量/(桶/d)	0	16000	12000
x_3	酸的添加速率/(klb/d)	0	120	110
x_4	烷基化产率/(桶/d)	0	5000	3048
x_5	异丁烷的补充量/(桶/d)	0	2000	1974
x_6	酸强度/%	85	93	89.2
x_7	车用辛烷值	90	95	92.8
x_8	外部异丁烷与石蜡之比	3	12	8
x_9	酸的稀释因子	0.01	4	3.6
x_{10}	F-4 操作数	145	162	145

① 采用 10^{-6} 代替 0。

4. 证券经理人将 100000 美元投资到 20 种股票中。估计第 2 年可以从股票 i 中获益 $r(i)$，因此如果在年初投资股票 i 为 $x(i)$美元，那么在年末的价值为$[1+r(i)]x(i)$。建立数学规划模型，确定每一种股票的投资数量，以期在年末可以获得最大证券价值。投资策略为：任何一种股票的投资额不超过 20000 美元，而且如果购买一种股票，那么至少要投资 5000 美元。

5. 一个化学品制造公司销售三种产品，其收入函数为 $y=10x+4.4y^2+2z$，这里 x,y 和 z 是每一种化学品的月产率。从这个函数的盈亏图表中发现，需要对产率增加如下限制：

$$x \geqslant 2$$

$$\frac{1}{2}z^2 + y^2 \geqslant 3$$

可供利用的原材料是有限的，因此在生产进度表中必须添加下面的约束条件：

$$x+4y+5z \leqslant 32$$

$$x+3y+2z \leqslant 29$$

确定这个公司的最佳生产进度表，并求出收入函数的最佳值。

6. 目标是拟合一个与曲线 $y=x^{1/3}$ 相吻合的五次多项式。为避免得到的曲线波动，将曲线分为 10 个点：

$$x_i(i=1,\cdots,10)=(0.5,1,4.5,8,17.5,27,45.5,64,94.5,125)$$

通过求解下面的问题，拟合适合的多项式（找到 a_i 的值）：

$$P(a,x)=a_1x+a_2x^2+a_3x^3+a_4x^4+a_5x^5$$

$$\min \quad f(x)=\sum_{i=1}^{10}[P(a,x)-x_i^{1/3}]^2$$

$$\text{s. t.} \quad 0 \leqslant P(a,j) \leqslant 5 \quad j=1,8,27,64$$

$$P(a,125)=5$$

7. 当需要从含两个锅炉的涡轮发电机组发出 50MW 电力时，考虑所需购买的最小燃料油量。锅炉可使用燃料油或焦炉气（BFG），或者二者的混合物。可用的最大 BFG 量已被指定。

通过使用非线性曲线拟合法，以 MW 产量为标准，得到两个发电机所需的燃料用量经验值。使用燃料油时，对于发电机 1（x_{11}）所需的燃料油用量如下，单位为 t/h：

$$f_1=1.4609+0.15186x_{11}+0.00145{x_{11}}^2$$

当使用 BFG 时（x_{12}），以燃料单位/h 表示：

$$f_2=1.5742+0.1631x_{12}+0.001358{x_{12}}^2$$

（$x_{11}+x_{12}$）是发电机 1 的发电量，单位为 MW。发电机 1 的操作范围如下：

$$18 \leqslant (x_{11}+x_{12}) \leqslant 30$$

发电机 2 对燃料油的需求为：

$$g_1=0.8008+0.2031x_{21}+0.000916{x_{21}}^2$$

对 BFG 的需求为：

$$g_2 = 0.7266 + 0.2256x_{22} + 0.000778{x_{22}}^2$$

（x_{21}+x_{22}）是发电机 2 的发电量，单位为 MW。发电机 2 的操作范围如下：

$$14 \leqslant (x_{21}+x_{22}) \leqslant 25$$

假设每小时只有 10 燃料单位的 BFG 可供利用，且每个发电机可以使用燃料油或 BFG 的任意组合。进一步假设，当使用燃料油和 BFG 的组合时，会产生加和作用。

问题为：用两台发电机发电 50MW，要求消耗的燃料油量最少，使用模拟退火算法求解。

第7章
多目标优化

7.1 多目标优化概念及定义

多目标优化问题与传统的单目标优化问题不一样，它需要同时处理几个互相矛盾的优化目标，因而几乎不存在能够使得多个目标函数同时取得最优的解。为了方便描述，下面给出多目标优化问题的基本模型以及其解的定义与性质。

典型且较为标准的多目标优化问题主要包括：目标函数、决策变量（或优化变量、操作变量）和约束条件。因此，任一多目标优化问题都可以用下面的通用数学模型表示：

$$\min\{y=f(x)=[f_1(x),f_2(x),\cdots,f_m(x)]^{\mathrm{T}}\}$$
$$\text{s.t.}\begin{cases}g_j(x)\leqslant 0\ (j=1,2,\cdots,p)\\ h_j(x)=0\ (j=1,2,\cdots,q)\\ x_i^{\min}\leqslant x_i\leqslant x_i^{\max}\ (i=1,2,\cdots,n)\\ x=[x_1,x_2,\cdots,x_n]^{\mathrm{T}}\in\Theta\\ y=[y_1,y_2,\cdots,y_m]^{\mathrm{T}}\in\Psi\end{cases}\tag{7-1}$$

其中，y 为 m 个需要被同时优化的目标函数组成的向量。当 m=1 时，称为单目标优化问题；当 $m\geqslant 2$ 时，称为多目标优化问题，所有目标均为求最小值（若为求最大值，可以对目标函数取负，即 min $\{f(x)\}\Leftrightarrow$max $\{-f(x)\}$。Θ 是 n 维搜索域空间，它由决策变量的上限 $x^{\max}=[x_1^{\max},x_2^{\max},\cdots,x_n^{\max}]^{\mathrm{T}}$ 和下限 $x^{\min}=[x_1^{\min},x_2^{\min},\cdots,x_n^{\min}]^{\mathrm{T}}$ 共同决定。Ψ 是 m 维的目标函数向量空间，它由 Θ 和目标函数 $f(x)$共同确定。$g_j(x)\leqslant 0$ (j=1,2,⋯,p)和 $h_j(x)=0$ (j=1,2,⋯,q)分别是 p 个不等式约束和 q 个等式约束。特别的，如果 $p=q=0$，那么，该问题就是一个无约束多目标优化问题。

定义 7.1：对于一个解向量 $x\in\Theta$，对所有的 i=1,2,⋯,p 和 i=1,2,⋯,q，如果同时满足 $g_i(x)\leqslant 0$ 和 $h_i(x)=0$，则称这个解向量是可行解，否则称为不可行解。

所有的可行解组成一个可行解的集合，称为可行域，表示为 Ω。所有的不可行解组成一个不可行解的集合，称为不可行域，可表示为 $\bar{\Omega}$。显然有 $\Omega+\bar{\Omega}=\Theta$，$\Omega\subseteq\Theta$ 及 $\bar{\Omega}\subseteq\Theta$。

定义 7.2：如果一个可行解下 x 对某个不等式约束满足 $g_j(x)=0$ (j=1,2,⋯,p)，那么就称该约束条件为起作用约束。因此，任何等式约束对所有可行解都是起作用约束。

定义 7.3：对于决策变量空间的两个向量 $\boldsymbol{a}=[a_1,\cdots,a_n]^{\mathrm{T}}$ 和 $\boldsymbol{b}=[b_1,\cdots,b_n]^{\mathrm{T}}$，称 $\boldsymbol{a}$ 支配 $\boldsymbol{b}$，表示为 $\boldsymbol{a}\succ\boldsymbol{b}$，则必须满足下面的条件：

$$\forall\ i\in\{1,\cdots,m\},\ f_i(a)\leqslant f_i(b)\ \text{and}\ \exists\ j\in\{1,\cdots,m\},\ f_j(a)<f_j(b) \tag{7-2}$$

对应的，称向量 $\boldsymbol{b}$ 被向量 $\boldsymbol{a}$ 支配，表示为 $\boldsymbol{b}\prec\boldsymbol{a}$。

定义 7.4：对于目标函数空间的向量 $\boldsymbol{u}=[u_1,u_2,\cdots,u_m]^{\mathrm{T}}$ 和 $\boldsymbol{v}=[v_1,v_2,\cdots,v_m]^{\mathrm{T}}$，称 $\boldsymbol{u}$ 支配 $\boldsymbol{v}$，表示为 $\boldsymbol{u}\succ\boldsymbol{v}$，则必须满足下面的条件：

$$\forall i\in\{1,\cdots,m\},\ u_i\leqslant v_i\ \text{and}\ \exists\ j\in\{1,\cdots,m\},\ u_i<v_i \tag{7-3}$$

对应的，称个体 $\boldsymbol{v}$ 被个体 $\boldsymbol{u}$ 支配，表示为 $\boldsymbol{v}\prec\boldsymbol{u}$。

值得说明的是，从定义 7.3 和定义 7.4 可以看出，决策变量空间中的支配关系和目标函数空间的支配关系是一致的，即决策变量空间的向量支配关系其实是通过计算其对应目标函数值在目标函数空间中的支配关系确定的。特别的，对于向量 $\boldsymbol{u}$ 和 $\boldsymbol{v}$，如果不存在 $\boldsymbol{u}\succ\boldsymbol{v}$ 且不存在 $\boldsymbol{v}\succ\boldsymbol{u}$，则称 $\boldsymbol{u}$ 和 $\boldsymbol{v}$ 是无差别的，表示为 $\boldsymbol{u}\approx\boldsymbol{v}$。

定义 7.5：记 $\hat{N}(\boldsymbol{x}_0,\boldsymbol{\delta})$ 为 x_0 的去心领域，如果存在一个充分小的 n 维正向量 $\boldsymbol{\delta}$，对任意 $\boldsymbol{x}\in\hat{N}(\boldsymbol{x}_0,\boldsymbol{\delta})$，有 $\neg\exists\boldsymbol{x}\succ\boldsymbol{x}_0$，称 $\boldsymbol{x}_0$ 为 Pareto 局部最优解，简称为局部最优解。

定义 7.6（Pareto 最优解、Pareto 最优解集）：如果向量 $\boldsymbol{x}^*=\{x_1^*,\cdots,x_n^*\}$ 满足 $\neg\exists\boldsymbol{x}\in\Theta,\boldsymbol{x}\succ\boldsymbol{x}^*$，称 $\boldsymbol{x}^*$ 为一个 Pareto 全局最优解（pareto optimal solution），简称为最优解。所有的 Pareto 最优解组成一个 Pareto 最优解集（pareto optimal set），表示为 PS。

定义 7.7（Pareto 最优前沿）：一个多目标优化问题的 Pareto 最优解集在目标函数空间的表现形式为该问题的 Pareto 最优前沿（pareto optimal front，PF），它可以表示为：

$$\mathrm{PF}=\{f(x^*)\mid x^*\in\mathrm{PS}\} \tag{7-4}$$

定义 7.8：在进化计算过程中，对每一代进化种群，其最优解称为非支配解（non-dominated solution），它们没有被任何其他解支配。所有这些非支配解构成一个非支配解集（non-dominated solutions，NDS）。多目标优化的目的就是寻找这样一个非支配解集，使得它不断地逼近真实最优解集。

为了更加形象地说明上述定义，图 7-1 示意地给出了某个两目标优化问题决策空间和目标函数空间之间的映射关系。图中阴影部分为不可行域，由约束条件确定。可以看出，决策空间的 5 个点映射到目标函数空间之后，可以得到这些点的优劣关系。其中 B 为不可行解，E 和 C 为当前非支配解，且有 $E\succ A$，$A\succ D$，$C\succ D$，$A\approx C$。

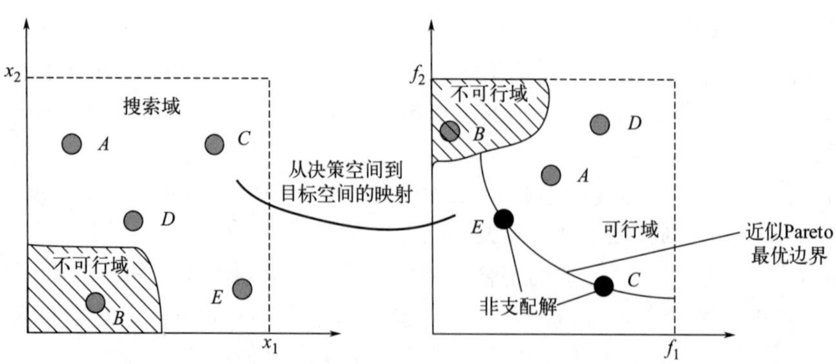

图 7-1　两个目标函数最小化问题决策空间和目标函数空间关系

从上面的定义可以看出多目标优化和单目标优化的区别，主要表现在：

① 单目标优化得到的最终结果通常是一个单一解，而多目标优化得到的最终结果是一系列折中解的集合。

② 多目标问题的各个目标函数通常是平等的，改善某一目标函数会导致其他至少一个目标函数有所恶化，而单目标优化不存在这样的问题。

③ 单目标优化得到的结果可以直接应用，而多目标优化问题的结果是一些折中解的集合，在实际应用之前，决策者必须根据具体问题或者是个人的偏好做出决策，从最优解集中挑选一个最优解。因此，即便是同一组最优解，不同的决策者之间的最终选择可能也会存在差异。

④ 单目标优化问题的候选解之间的优劣关系是十分明显的，而对于多目标优化问题则不一样。为了评价多目标优化解的优劣，必须提供相应的评价准则，即通过某一种映射将一组值转换为单一值，然后加以比较。

⑤ 相比单目标优化，多目标优化不可避免地会增加计算复杂度和资源消耗等。虽然单目标进化算法在实践中已经显示了较理想的效果，但是它的研究模式、方法等却不能直接应用于求解多目标优化问题。

7.2 求解多目标优化问题的方法

7.2.1 传统多目标优化方法

其主要思想是根据决策者提供的信息，将复杂的多个目标函数的问题转化为只有单个目标的优化问题，然后使用已有的单目标优化算法求解。其中的主要代表方法有加权求和法、约束法、极小极大法。

（1）加权求和法

加权求和法，即通过线性加权求和方法将多目标优化问题转换为一个单目标优化问题进行求解。加权求和得到的单目标优化模型为以下形式：

$$\begin{aligned}&\min F(x)=\sum_{i=1}^{m}\omega_i f_i(x)\\&\text{s.t. } x\in\Omega\end{aligned}\tag{7-5}$$

通过选取不同的权重组合，从而最终获得一组互不支配的 Pareto 最优解集。在该方法中，首先将待优化的各个目标函数进行无量纲化处理；然后，在优化问题中各个加权系数需满足 $\sum_{i=1}^{m}\omega_i=1$ 并且所有系数应该满足非负性，即 $\omega_i\geqslant 0, i=1,2,\cdots,m$ 。该类型方法最大的缺点就是在非凸形的 Pareto 面上不能得到均匀分布于整个 Pareto 面的一组解。

（2）约束法

约束法的原理是根据预先提供的信息，选择一个目标函数作为优化目标，并将其他目标函数作为约束函数，即在 m 个优化目标函数 $f_1(x),f_2(x),\cdots,f_m(x)$ 中，选择其中的一个目标函数作为该多目标优化问题的主要优化目标函数。例如将 $f_1(x)$ 设为主要优化目标函数，而其他优化目标函数 $f_2(x),\cdots,f_m(x)$ 在优化结果中只需满足事先设定的约束条件即可。

（3）极小极大法

极小极大法起源于博弈论，基于保守策略，希望在最差的情况下寻求最好的结果。其主要应用于类似棋类等双方对抗的游戏或者程序中。

以上传统多目标优化算法，主要局限性体现在以下几个方面：

① 用加权法在求解多目标问题时，算法的优化结果往往对多目标优化问题的 Pareto 面的形状很敏感，当 Pareto 面为凹面时，结果往往很差。

② 求解问题所需的与应用背景相关的启发式知识往往不能获得，导致无法正常进行优化。

③ 传统的优化方法必须经过多次优化才可以获得 Pareto 最优解。因为每次优化过程相互独立，不能保证获得的结果一样，使得决策者很难进行有效判断，而且需要巨大的时间开销。

④ 约束方法在解决每个目标函数处于平等情况下的问题时，其获得的结果往往不能满足要求。

⑤ 极大极小值的方法在特定情况下使用，并不具有广泛的实用性。

7.2.2 进化多目标优化方法

20 世纪 80 年代，一些可以并行操作、具有自主性的进化优化算法出现，它们通过模拟自然现象或模拟生物觅食过程来实现对问题的求解。其中，进化多目标优化算法已成为目前各领域的热点。由于进化算法是基于种群的操作，因此，其独特的可并行操作特性，使其能够在求解多目标时同时获得一组解。与传统的多目标优化算法相比，进化多目标优化算法有如下优点：第一，进化过程中搜索解不仅仅针对一个位置点、一个方向，随机选择搜索的方向和位置，增大了进化算法得到全局最优解的可能性；第二，进化算法中种群中每个个体同时进行搜索，因此可满足同时获得若干解，进而解决优化多个目标的优化问题；第三，能够处理常规数学方法不能解决的不连续、不可微等问题，同时，针对不规则的帕累托前沿，不需要太多的先验知识。因此，进化多目标优化算法（evolutionary multi-objective optimization，EMO）的对应算法称为多目标进化优化算法（multi-objective evolutionary algorithms，MOEAs），用来解决现实世界中的多目标优化问题越来越流行。目前这些多目标优化算法根据策略的不同可以分为三类：第一类为基于 Pareto 支配的多目标进化算法，以非支配排序选择个体，其代表算法有快速非支配排序遗传算法（NSGA-Ⅱ）；第二类为基于指标的多目标进化算法，该类型进化算法的主要思想是通过指标给每个个体分配合适的适应值，然后在环境选择中根据个体的适应值进行选择，其代表算法有 IBEA；第三类为基于分解方法的多目标进化算法，其将一个多目标优化问题分解成一组单目标优化问题并同时进行优化，代表算法有基于分解方法的多目标进化算法（MOEA/D）。其中，NSGA-Ⅱ由于具有较低的计算复杂度并且可以有效解决多目标优化问题，因此在实际问题中获得了广泛的应用，下面将对该方法进行详细介绍。

（1）NSGA-Ⅱ法基本概念

NSGA-Ⅱ的主要流程如下：

① 初始化种群。在决策变量搜索空间中，随机生成初始种群，计算每个个体的目标函数值，对初始种群进行非支配排序，计算每个个体非支配排序等级和拥挤度距离。

② 繁殖。对父代种群进行选择、复制后，执行交叉和变异操作，生成子代。

③ 非支配排序。合并父代种群和子代种群，得到过渡种群，对其进行非支配排序。

④ 选择父代种群。以非支配排序等级和拥挤度距离为选择基准，在排序后的过渡种群中，选取与种群规模大小相等的个体，作为下一次迭代的父代种群。

⑤ 判断是否达到终止条件：若是，则输出最后选出的父代种群，作为最终计算的 Pareto 最优解；若否，则返回第②步。

该算法的基本组成和计算框图分别如图 7-2 和图 7-3 所示。NSGA-Ⅱ算法与传统的标准遗传算法相比，其计算过程也要经历编码、交叉、变异和选择操作过程，只不过 NSGA-Ⅱ算法在执行选择算子前需要对个体进行非支配排序分层，并通过拥挤度的策略，判断同一组别中各个非支配解的差别。

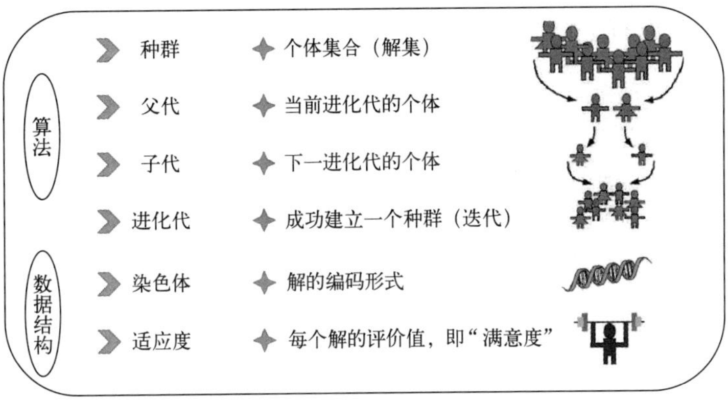

图 7-2　NSGA-Ⅱ的基本组成部分

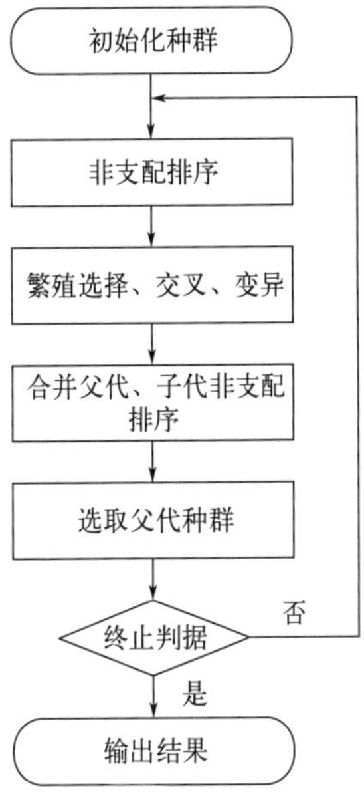

图 7-3　NSGA-Ⅱ计算框图

（2）交叉和变异

模拟二进制交叉(SBC)和多项式突变（PM）在 NSGA-Ⅱ中被证明是有效的进化策略，其表达式分别如式（7-6）～式（7-9）所示。式中 x_i、x_j 表示第 t 代第 d 维上互补相同的两个个体，η 和 u_d 为 0～1 之间的随机数。

$$x_i^d(t+1)=0.5[(1+\Upsilon_d)x_i^d(t)+(1-\Upsilon_d)x_j^d(t)],x_j^d(t+1)=0.5[(1-\Upsilon_d)x_i^d(t)+(1+\Upsilon_d)x_j^d(t)] \tag{7-6}$$

$$\Upsilon_d=\begin{cases}(2u_d)^{1/(\eta+1)}, & u_d<0.5\\ \{1/[2(1-u_d)]\}^{1/(\eta+1)}, & u_d\geqslant 0.5\end{cases} \tag{7-7}$$

$$x_1^d(t+1)=x_1^d(t)+\Delta d \tag{7-8}$$

$$\Delta d=\begin{cases}(2u_d)^{1/(\eta+1)}-1, & u_d<0.5\\ \{1-[2(1-u_d)]\}^{1/(\eta+1)}, & u_d\geqslant 0.5\end{cases} \tag{7-9}$$

（3）快速非支配排序方法

对规模为 N 的种群进行非支配排序，每个个体必须和种群中的其余个体进行比较才能知道它是否被支配。每个个体需要比较$O(mN)$次，m为目标函数个数，得到第一层非支配解集的计算复杂度为$O(mN^2)$。将剩余个体全部分层，最坏的情况下计算复杂度为$O(mN^3)$。NSGA-Ⅱ提出一种快速的非支配排序方法，计算时间的复杂度为$O(mN^2)$。该方法对种群P中的每个个体p都计算两个参数n_p和S_p，n_p表示支配p的个体数目，S_p是存放被p支配的个体的集合，用F来存放非支配解。具体操作流程如下：

① 对于种群P中的每个个体p，计算其n_p和S_p；

② i=1，找出所有n_p=0的个体，将其放入当前集合F_1，给F_1中所有个体的非支配排序为1，即p_{rank}=1；

③ 考查F_1中的每个个体q所对应的集合S_q，将S_q中的所有个体r的n_r减1，将所有$n_r-1=0$的个体放入构造集H中；

④ 构造集H即为当前的非支配解集，其中所有个体的非支配排序$p_{rank}=p_{rank}+1$，$i=i+1$，$F_i=H$；

⑤ 若 F_i不为空，则转步骤②，否则停止，所有个体均已分层。

上述排序方法对所有个体进行分层，但是只有一部分优秀个体能够保留下来，作为父代个体继续繁殖，其余分层较高的个体则被截断舍去。

（4）拥挤度距离

NSGA-Ⅱ提出采用拥挤度距离来描述解的分布密度。种群中个体i的拥挤度距离是基于当前分层的，与其目标函数值有关。个体i的拥挤度距离表示为与其相邻两个体的所有目标函数之差的和，如图7-4所示，i的拥挤度距离即为虚线框的平均边长，用$i_{instance}$表示。

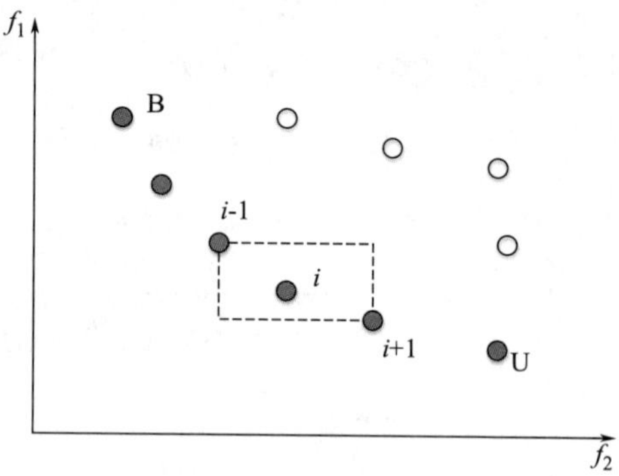

图 7-4 拥挤度距离示意图

对于一个含有m个目标函数的问题，设f_k为目标函数，$k=1,2,\cdots,m$，个体的拥挤度距离$i_{instance}$计算方法如下：

根据每个目标函数值，对所有个体进行升序排列，令处于首位和末位的个体的拥挤度距离为无穷大（如图7-4所示B点和U点），即对于每个目标函数，边界个体的拥挤度距离无穷大。一般个体i的拥挤度距离公式如式（7-10）所示。

$$i_{ins\tan ce}=\sum_{k=1}^{m}\frac{f_k(i+1)-f_k(i-1)}{f_k^{\max}-f_k^{\min}} \tag{7-10}$$

式中，$f_k^{\max}$、$f_k^{\min}$分别为第k个目标函数的最大值和最小值；$f_k^{(i+1)}$、$f_k^{(i-1)}$分别是第k个目标函数中最靠近i的两个个体的目标函数值。

通过非支配排序分层和拥挤度距离计算，每个个体i都有参数：i_{rank}、$i_{instance}$。NSGA-Ⅱ定义了拥挤度比较算子$\prec_n$：

$$i\prec j, \text{if } i_{rank}<j_{rank} \text{ or } i_{rank}=j_{rank} \ \& \ i_{rank}>j_{rank} \tag{7-11}$$

以上定义表明，非支配排序等级较低的个体优于等级较高的个体，当非支配排序等级相等时，拥挤度距离较大的个体优于较小的个体。

（5）精英选择策略

该方法是通过父代与子代共同竞争来提高种群的多样性。精英选择过程示意图如图 7-5

所示，其中父代 P_t 与子代 Q_t 共同组成了一个新的临时种群 R_t，并对 R_t 进行非支配排序分层，最后在 R_t 中通过非支配排序分层号与拥挤度距离来选出 N 个最优秀的个体组成下一代父代种群。

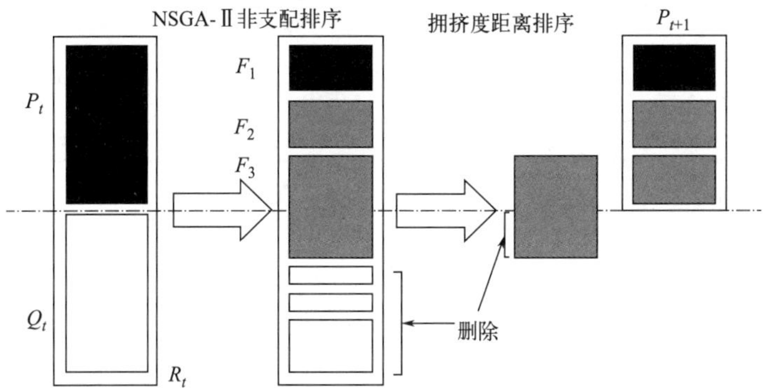

图 7-5 NSGA-Ⅱ精英选择过程

7.3 NSGA-Ⅱ算法应用示例

7.3.1 计算步骤

这里以 FON 函数为例，具体介绍 NSGA-Ⅱ算法的求解过程。

例 7.1 FON 是一个 Pareto 前沿连续的凸函数，数学函数表达式如式（7-12）所示。试采用 NSGA-Ⅱ算法进行一次优化迭代过程。

$$\min\{y=f(x)=[f_1(x),f_2(x)]^{\mathrm{T}}\}$$
$$\begin{cases} f_1(x)=1-\exp\left[-\sum_{i=1}^{3}\left(x_i-\dfrac{1}{\sqrt{3}}\right)^2\right] \\ f_2(x)=1-\exp\left[-\sum_{i=1}^{3}\left(x_i+\dfrac{1}{\sqrt{3}}\right)^2\right] \\ x\in[-4,4] \end{cases} \tag{7-12}$$

解： 采用实数编码，种群数目和进化代数分别设为 10 和 5，交叉概率=1，突变概率=1/n，交叉分布指数=20，突变分布指数=20。

① 确定初始解集，置 t=0。

根据变量取值域为[−4，4]的要求，在此区间内随机确定 10 个初始可行解，如表 7-1 所示。

表 7-1 初始种群

l	$x_1^{t,l}$	$x_2^{t,l}$	$x_3^{t,l}$	$f_1(x^{t,l})$	$f_2(x^{t,l})$
1	−0.060	−0.117	0.273	0.807	0.846
2	3.200	1.045	−1.833	1.000	1.000
3	0.969	3.404	1.056	1.000	1.000
4	2.120	−0.136	−2.650	1.000	1.000

续表

l	$x_1^{t,l}$	$x_2^{t,l}$	$x_3^{t,l}$	$f_1(x^{t,l})$	$f_2(x^{t,l})$
5	−1.650	−1.803	−1.662	1.000	0.989
6	−2.475	3.862	−0.718	1.000	1.000
7	3.185	−0.135	−3.416	1.000	1.000
8	3.895	3.550	−1.437	1.000	1.000
9	−2.771	−2.146	3.509	1.000	1.000
10	−3.375	−3.896	1.723	1.000	1.000

② 对 10 个初始可行解进行非支配排序，结果如表 7-2 所示。

表 7-2 初始种群非支配排序结果

l	$x_1^{t,l}$	$x_2^{t,l}$	$x_3^{t,l}$	$f_1(x^{t,l})$	$f_2(x^{t,l})$	拥挤度距离	非支配排序分层号
1	−0.060	−0.117	0.273	0.807	0.846	Inf	1
2	3.200	1.045	−1.833	1.000	1.000	0.994	2
3	0.969	3.404	1.056	1.000	1.000	Inf	2
4	2.120	−0.136	−2.650	1.000	1.000	1.010	2
5	−1.650	−1.803	−1.662	1.000	0.989	Inf	2
6	−2.475	3.862	−0.718	1.000	1.000	Inf	3
7	3.185	−0.135	−3.416	1.000	1.000	Inf	3
8	3.895	3.550	−1.437	1.000	1.000	Inf	4
9	−2.771	−2.146	3.509	1.000	1.000	Inf	4
10	−3.375	−3.896	1.723	1.000	1.000	Inf	5

③ 交叉变异产生子代。根据锦标赛选择的结果，对每个可行解进行模拟二进制交叉和多项式变异，得到的子代个体如表 7-3 所示。

表 7-3 交叉变异后的子代解

l	$x_1^{t,l}$	$x_2^{t,l}$	$x_3^{t,l}$	$f_1(x^{t,l})$	$f_2(x^{t,l})$
1	2.153	−0.136	−2.650	1.000	1.000
2	−1.842	3.525	−1.661	1.000	1.000
3	0.951	2.961	1.058	0.999	1.000
4	−0.045	−0.117	1.076	0.832	0.980
5	0.969	2.866	1.442	0.999	1.000
6	0.936	3.404	1.056	1.000	1.000
7	0.978	−1.924	1.189	0.999	1.000
8	0.532	−0.260	0.270	0.769	0.934
9	0.955	3.404	0.253	1.000	1.000
10	0.725	3.404	1.056	1.000	1.000

④ 合并父代和子代，并进行非支配排序，如表 7-4 所示。

表 7-4 父代、子代非支配排序结果

l	$x_1^{t,l}$	$x_2^{t,l}$	$x_3^{t,l}$	$f_1(x^{t,l})$	$f_2(x^{t,l})$	拥挤度距离	非支配排序分层号
1	−0.060	−0.117	0.273	0.807	0.846	Inf	1
2	0.532	−0.260	0.270	0.769	0.934	Inf	1
3	−0.045	−0.117	1.076	0.832	0.980	Inf	2

续表

l	$x_1^{t,l}$	$x_2^{t,l}$	$x_3^{t,l}$	$f_1(x^{t,l})$	$f_2(x^{t,l})$	拥挤度距离	非支配排序分层号
4	−1.650	−1.803	−1.662	1.000	0.989	Inf	3
5	0.951	2.961	1.058	0.999	1.000	Inf	3
6	0.978	−1.924	1.189	0.999	1.000	2	3
7	2.153	−0.136	−2.650	1.000	1.000	Inf	4
8	0.969	2.866	1.442	0.999	1.000	Inf	4
9	3.200	1.045	−1.833	1.000	1.000	2	5
10	2.120	−0.136	−2.650	1.000	1.000	Inf	5
11	0.955	3.404	0.253	1.000	1.000	Inf	5
12	−1.842	3.525	−1.661	1.000	1.000	Inf	6
13	0.725	3.404	1.056	1.000	1.000	Inf	6
14	0.936	3.404	1.056	1.000	1.000	Inf	7
15	0.969	3.404	1.056	1.000	1.000	Inf	8
16	−2.475	3.862	−0.718	1.000	1.000	Inf	9
17	3.185	−0.135	−3.416	1.000	1.000	Inf	9
18	3.895	3.550	−1.437	1.000	1.000	Inf	10
19	−2.771	−2.146	3.509	1.000	1.000	Inf	10
20	−3.375	−3.896	1.723	1.000	1.000	Inf	11

⑤ 二元锦标赛选择新一代父代种群，如表 7-5 所示。

表 7-5 新一代父代种群

l	$x_1^{t,l}$	$x_2^{t,l}$	$x_3^{t,l}$	$f_1(x^{t,l})$	$f_2(x^{t,l})$	拥挤度距离	非支配排序分层号
1	−0.060	−0.117	0.273	0.807	0.846	Inf	1
2	0.532	−0.260	0.270	0.769	0.934	Inf	1
3	−0.045	−0.117	1.076	0.832	0.980	Inf	2
4	−1.650	−1.803	−1.662	1.000	0.989	Inf	3
5	0.951	2.961	1.058	0.999	1.000	Inf	3
6	0.978	−1.924	1.189	0.999	1.000	2	3
7	2.153	−0.136	−2.650	1.000	1.000	Inf	4
8	0.969	2.866	1.442	0.999	1.000	Inf	4
9	2.120	−0.136	−2.650	1.000	1.000	Inf	5
10	0.955	3.404	0.253	1.000	1.000	Inf	5

至此，完成了初始解集的一次更新，产生了新一代可行解。后续过程与此类似，t=t+1，然后转至步骤③，直至达到收敛条件。

7.3.2 隔壁塔操作优化

苯、甲苯、二甲苯是重要的有机化工原料，如何降低其分离过程的能耗与投资是我国芳烃工业中一个值得研究的问题。作为一种内部完全热耦合的技术，隔壁塔恰好适用于该体系，塔结构如图 7-6 所示。

例 7-2 原料进料量为 240 kmol/h，苯、甲苯和二甲苯的物质的量比为 1∶3∶1，主塔的操作压力为 1 atm（标准大气压），苯、甲苯及二甲苯产品纯度分别不低于 0.990、0.995 和 0.970，回收率分别不低于 0.990、0.990 和 0.990。试应用 NSGA-Ⅱ方法对工艺进行多目标优化。

解：不妨以年度总费用 TAC 和热负荷 Q 为目标函数实施优化。由于工艺系统的复杂性，目标函数不能表示为设计变量的显式函数，故通过流程模拟的方式进行计算。选用 Aspen Plus 中 Radfrac 模型，物性方法为 SRK，建立 BTX 分离的隔壁塔工艺模型。

经自由度分析，该隔壁塔共有 11 个设计型变量（图 7-7），它们分别是主塔理论板数 N_i、预分馏段理论板数 N_j、进料位置 N_F、侧线抽出位置 N_s、液相分配位置 N_L、再沸器负荷 Q、气相分配量 β_g、液相分配量 β_L、塔顶抽出量 D、侧线抽出量 S 和回流温度 T。其中，气相分配量 β_g 指主塔公共精馏段顶部的气相分配进入侧线抽出段和预分馏段时，进入预分馏段的气相流量；液相分配量 β_L 指从公共精馏段底部抽出的液相进行分配时，进入预分馏段的液相流量。由物料守恒可知，塔顶抽出量和侧线抽出量分别为 48.00 kmol/h 和 143.28 kmol/h。此外，采用泡点温度回流，故实际可调节设计变量为 8 个。

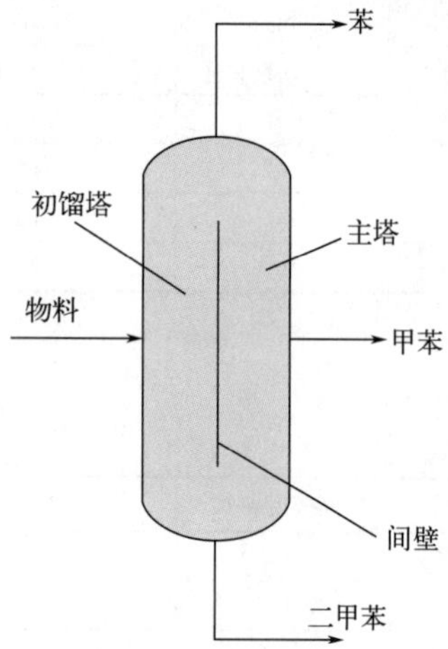

图 7-6　隔壁塔结构

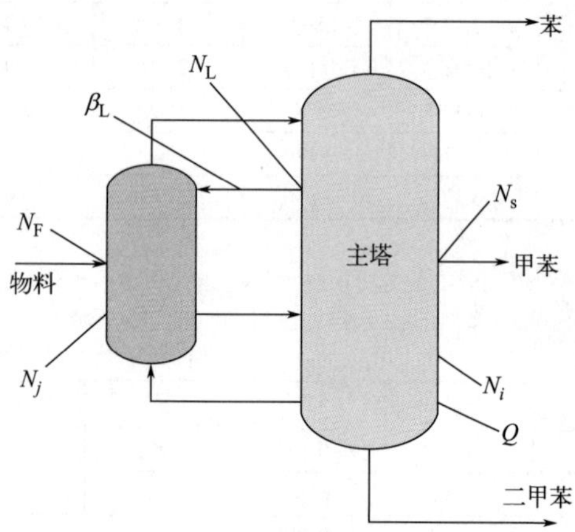

图 7-7　隔壁塔自由度分析

因此，优化问题表示为式（7-13），其中隔壁塔的 TAC 采用 Luyben 的计算程序通过 Matlab 计算［式（7-14）］。将 8 个实际可调设计变量作为决策变量，并由隔壁塔单变量分析的结果确定其可行域（表 7-6），约束条件为苯、甲苯和二甲苯的产品纯度分别不低于 0.990、0.995 和 0.970。

$$\begin{gathered}\min(\text{TAC},Q)=f(N_i,N_j,N_F,N_s,N_L,Q,\beta_L,\beta_g)\\ \textit{subject to}\ \overline{y_k}\geqslant\overline{x_k}\end{gathered}\tag{7-13}$$

$$\text{TAC}=\text{energy cost}+\frac{\text{capital cost}}{\text{payback period}}\tag{7-14}$$

其中，操作费用（energy cost）主要包括加热水蒸气和冷凝水消耗，设备费用（capital cost）则包括精馏塔、冷凝器、再沸器等费用，并假设资本回收周期（payback period）为 3 年。

表 7-6　决策变量的类型和可行域

序号	决策变量	变量类型	可行域
1	N_i	整数型	[35,80]
2	N_j	整数型	[18,56]

续表

序号	决策变量	变量类型	可行域
3	N_F	整数型	[8,45]
4	N_s	整数型	[15,25]
5	N_L	整数型	[8,14]
6	Q/kw	实数型	[2500,4000]
7	β_g/(kmol/h)	实数型	[180,210]
8	β_L/(kmol/h)	实数型	[75,105]

由于隔壁塔的优化具有很强的非线性和高度的耦合性，且 Aspen Plus 本身的优化算法具有一定的局限性，将 Aspen Plus、Matlab 和 NSGA-Ⅱ集成于一体来解决隔壁塔的优化问题。Aspen Plus 用户界面是一个 ActiveX 自动化服务器，外部程序 Matlab 可以通过接口工具箱 MAP 与 Aspen Plus 交互作用，同时 Matlab 又调用 NSGA-Ⅱ进行优化，从而间接地完成了遗传算法对流程模拟的优化。MAP 是基于 COM 技术编写的接口程序，实现了 Matlab 平台下对 Aspen Plus 软件的操作与控制，将 Matlab 的计算能力和 Aspen Plus 的流程模拟能力相结合，拓展了 Aspen Plus 的高级应用。如图 7-8 所示，NSGA-Ⅱ通过约束和目标函数评价 Aspen Plus 严格模拟的结果，并产生新的子种群，根据非劣和拥挤度距离进行排序，采用二元锦标赛选择来处理约束，直到满足最大遗传代数时将输出 Pareto 解；否则将继续产生新的种群，作为 Aspen Plus 的输入继续进行严格模拟。在保证收敛的前提下，进行 NSGA-Ⅱ参数整定，该过程以最小的遗传代数、避免局部最优和 Pareto 解的多样性为目标，整定后种群大小为 600，遗传代数 28，选择类型为二元锦标赛选择，交叉方式为中间交叉，交叉概率为 0.8，变异方法为高斯变异，变异概率为 0.1。

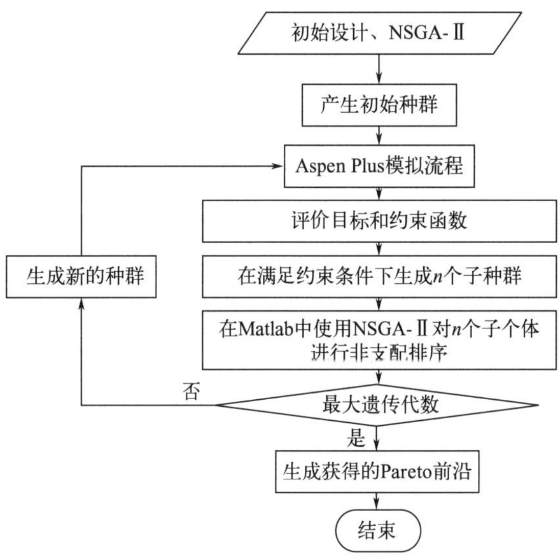

图 7-8　NSGA-Ⅱ与 Aspen Plus 联立的优化流程图

（1）优化参数分析

优化得到 10 组 Pareto 解，如表 7-7 所示，这些 Pareto 解允许化学工程师根据不同的情况在两目标之间进行权衡，从而选择适宜的 Pareto 最优解。

由 Pareto 解的分布看（图 7-9），从最小的能耗 Q 到最小的 TAC，这些 Pareto 解使得 TAC

和 Q 尽可能小，每一个 Pareto 解都是一个优化设计，TAC 和 Q 是两个竞争变量，在这些 Pareto 解之外不存在一个使 TAC 减小的同时 Q 也减小的解，对于 TAC 和 Q 都增大的可行解则不属于 Pareto 解集。此外，对于 TAC 和 Q 的 Pareto 解分布，这只是一个最优解集的分布，是一个两目标优化的结果，TAC 和 Q 没有因变量和自变量的数学关系。

表 7-7　模拟得到的 Pareto 解

项目	N_i	N_j	N_F	N_S	N_L	Q/kW	β_g/(kmol/h)	β_L/(kmol/h)	TAC/10^4 美元
1	67	42	27	23	11	3324	192	87	93.17
2	65	38	26	23	11	3324	196	90	92.26
3	64	37	26	22	11	3325	195	90	91.80
4	62	37	27	22	10	3325	194	89	91.33
5	61	36	24	21	10	3332	194	90	91.01
6	60	35	25	22	10	3334	196	91	90.60
7	58	35	23	21	10	3352	194	91	90.50
8	57	33	22	21	10	3360	195	91	90.20
9	55	31	21	20	10	3381	191	90	90.18
10	54	31	21	22	10	3398	196	92	90.06

从气相分配量 β_g 和液相分配量 β_L 的 Pareto 解分布上看（图 7-10），不管主塔板数、预分馏塔板数等变量如何变化，β_g 和 β_L 的流量分别稳定在 194～196 kmol/h 和 90～91 kmol/h。主塔板数从 54 块变化到 67 块时，最佳的侧线抽出位置和液相分配位置基本上不变（图 7-11），主塔板数对它们的影响较小。

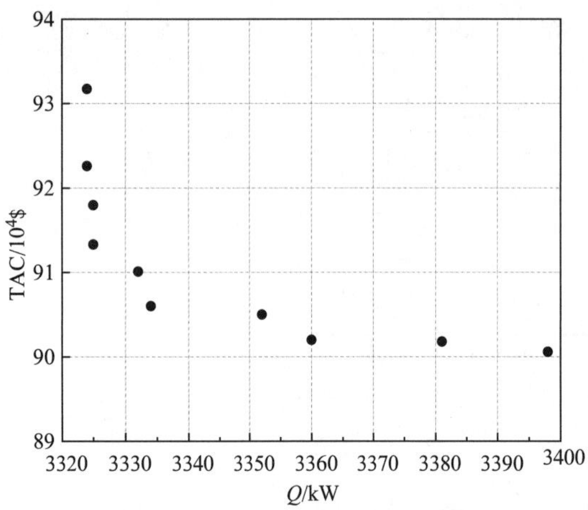

图 7-9　TAC 和 Q 的 Pareto 解分布

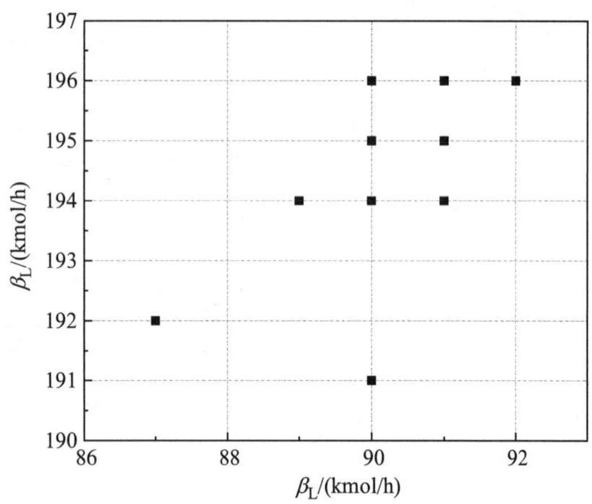

图 7-10　β_g 和 β_L 的 Pareto 解分布

尽管隔壁塔有高度的耦合性和复杂性，在其优化结果中，进料位置 N_F 和预分馏塔板数 N_j、预分馏塔板数 N_j 和主塔板数 N_i 之间存在一定的线性关系（图 7-12 和图 7-13），这对于隔壁塔的设计具有一定的参考意义。当初馏塔返回液相（LIQ2）在 311.5～316.5 kmol/h 变化（图 7-14）时，其主要组成甲苯和二甲苯的含量稳定在 0.773 和 0.226，此时，预分馏塔返回主塔气相的流量（VAP2）和组成也基本上稳定在一个很窄的范围内（图 7-15）。因此，在 Pareto 解集内，不管 8 个实际可调设计变量如何变化，预分馏塔所达到的分离效果是不变的，也意味着初馏塔要达到某个固定的最佳分离效果时，隔壁塔才能实现优化设计。

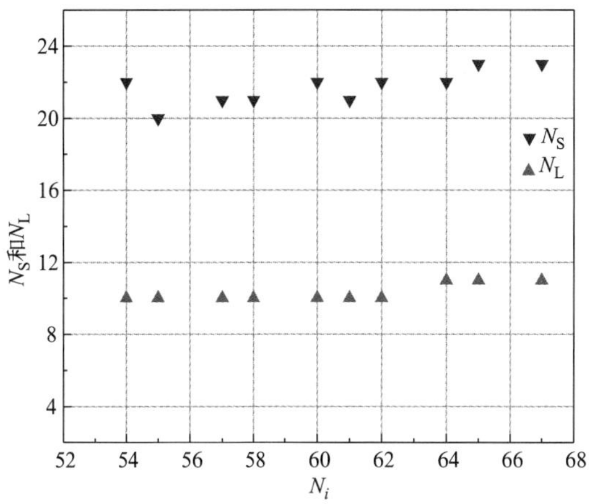

图 7-11　N_S和N_L随N_i的变化分布

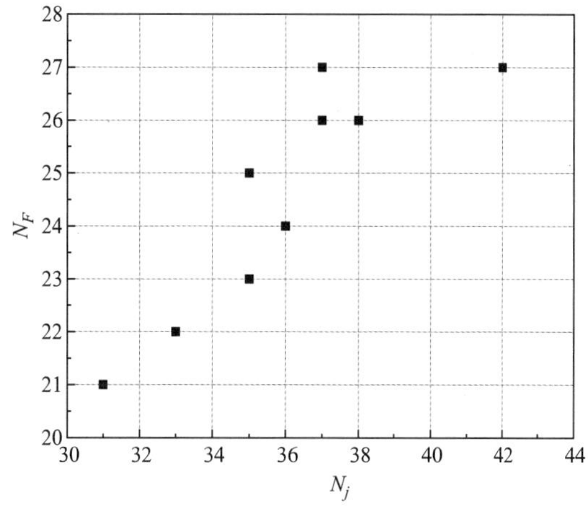

图 7-12　N_F随N_j的变化分布

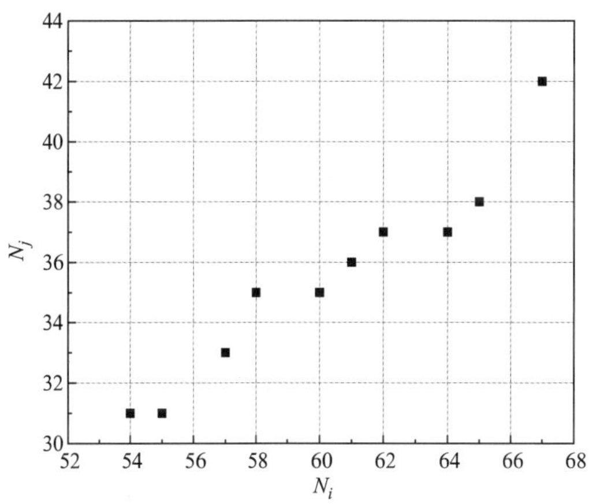

图 7-13　N_j随N_i的变化分布

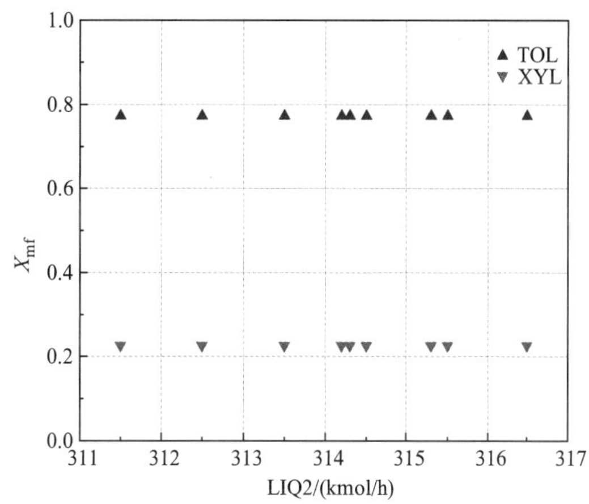

图 7-14　X_{mf}随 LIQ2 的变化分布

（2）隔壁塔工艺与常规工艺对比

选择 Pareto 解中 TAC 最小的第三组为最优解，与常规 BTX 分离工艺相比（表 7-8 和图 7-16），由于隔壁塔工艺可节省 1 个塔壳及其附属设备，并具有较高的热力学效率，使 TAC 降低 28.66%。从经济最优化的角度分析，在 3 年的资本回收期中，隔壁塔工艺可降低 29.53%的年能耗费用。

表 7-8　常规工艺与隔壁塔工艺的模拟结果对比

项目	苯塔	甲苯塔	常规流程	隔壁塔流程	隔壁塔降低幅度/%
塔板数	40	38	78	54	30.77
进料板	17	22	—	21	—
回流比	3.344	1.294	—	7.325	—
塔径/m	1.479	1.85	—	2.027	—

续表

项目	苯塔	甲苯塔	常规流程	隔壁塔流程	隔壁塔降低幅度/%
冷凝器热负荷/kw	1799	3068	4867	3446	29.21
热负荷/kw	1806	3016	4822	3398	29.53
冷凝器面积/m^2	151.6	258.6	410.2	290.7	29.14
再沸器面积/m^2	91.2	152.3	243.5	171.8	29.46
塔高/m	27.8	26.3	—	38	—
塔费用/10^4美元	38.5	46.8	85.4	69.3	18.88
换热成本/10^4美元	32.8	46.1	78.9	49.8	36.88
能源成本/10^4美元	26.8	44.7	71.5	50.4	29.53
总成本/10^4美元	71.3	93	164.3	119.1	27.52
TAC/10^4美元	50.5	75.7	126.2	90.1	28.66

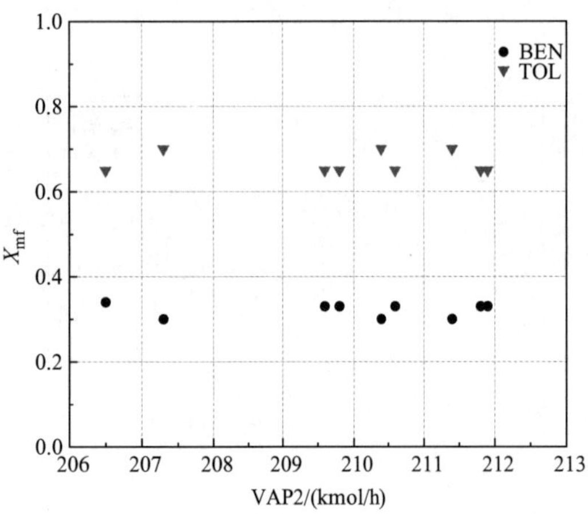

图 7-15 X_{mf}随 VAP2 的变化分布

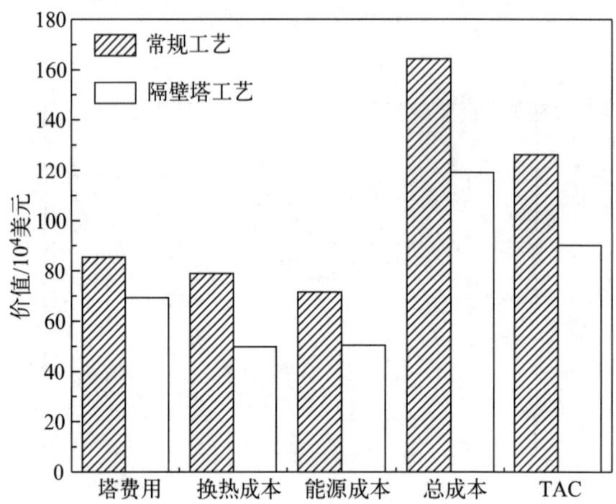

图 7-16 常规工艺与隔壁塔工艺的经济性对比分析

7.4 本章小结

随着工业化发展，能效、经济、环保等成为化工过程及设备设计与运行必须同时关注的性能指标，促进了多目标优化问题及其求解方法的发展。相对于单目标优化问题，多目标优化问题几乎不存在能够使多个目标函数同时取得最优的解，其求解目标不再是求解准确的最优解，而是寻找尽可能接近最优的解集、增加解的多样性。多目标优化问题的求解方法分为传统多目标优化方法（加权求和法、约束法、极小极大法等）和进化多目标优化方法。相对于传统多目标优化算法，进化多目标优化算法模拟自然现象或模拟生物觅食过程来实现对问题的求解，对目标函数的数学要求低，可实现并行运算，尽管不能像传统优化算法一样获得准确的最优解，但是总能获得尽可能接近的最优解，足以满足实际工程应用需求。此外，本章重点介绍了 NSGA-Ⅱ算法的操作步骤，结合 Matlab 实现了对多目标优化问题的求解。

习 题

用加权求和法与 NSGA-Ⅱ方法分别求解 ZDT1 函数。对于加权求和法，$\omega_1 = \omega_2 = 0.5$；对于 NSGA-Ⅱ法，采用实数编码。种群数目和进化代数分别设为 100 和 100，交叉概率=0.8，突变概率=0.2，交叉分布指数=20，突变分布指数=20。

$$
\begin{aligned}
&\min\{y = f(x) = [f_1(x), f_2(x)]^{\mathrm{T}}\} \\
&f_1(x) = x_1 \\
&f_2(x) = g(1 - \sqrt{(f_1 / g)}) \\
&g = 1 + 9\sum_{i=2}^{n} x_i \\
&x \in [0,1]
\end{aligned}
$$

第 8 章 最优化方法的应用

本章旨在介绍最优化方法的应用案例，按照能源系统、化工过程、化工设备设计与运行 3 个方面进行分类。

8.1 能源系统最优化

8.1.1 蒸汽动力系统最优化

蒸汽动力系统通过将一次能源（煤、石油焦、天然气、燃料气等）转化为二次能源（电力、蒸汽、热水等），为企业提供动力、电力、热能、工艺蒸汽等公用工程，同时其本身也消耗大量的能源。蒸汽动力系统最优化对企业的能量利用率和经济性具有重要影响。

8.1.1.1 案例描述

如图 8-1 所示，某工厂蒸汽动力系统由一个锅炉和两个透平组成，锅炉产生高压蒸汽（4.5MPa），供两个透平产生电力，剩余高压蒸汽经减压变为中压蒸汽和低压蒸汽。透平 1 中间抽出中压蒸汽（1.4MPa）和低压蒸汽（0.45MPa），凝液作为锅炉进水；透平 2 仅抽出中压蒸汽（1.4MPa），出口为低压蒸汽（0.45MPa），无凝液。工厂协议外购电量基数为 12000kW，若使用不足该基数电量，需支付赔偿金。最优化目标是在满足对系统要求和系统限制的前

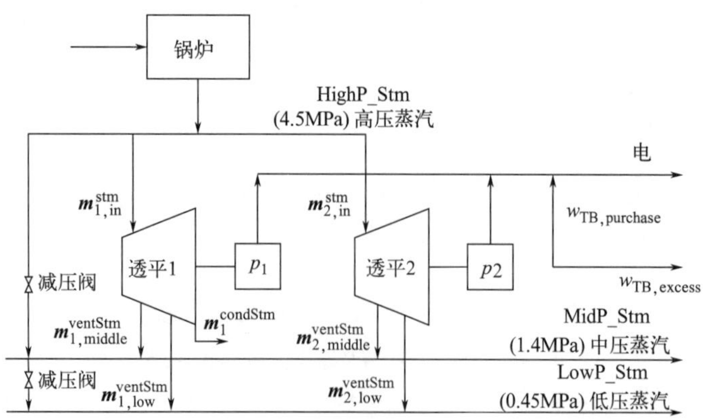

图 8-1　蒸汽动力系统最优化示意图

提下，通过调整蒸汽流率、发电量、外购电量使系统的操作费用最小，相关数据如表 8-1～表 8-4 所示。

表 8-1　蒸汽透平特性数据

数据项	单位	透平 1	透平 2
最大发电能力	kW	6250	9000
最小发电能力	kW	2500	3000
最大入口蒸汽流率	kg/h	87089.7	110676.6
最大低压蒸汽流率	kg/h	59874.2	64410.1
最大出口凝液量	kg/h	28122.7	

表 8-2　蒸汽物性数据

数据项	压力/MPa	温度/℃	状态	焓值/(kJ/kg)
高压蒸汽	4.5	383	过热	3162.9
中压蒸汽	1.4	261	过热	2948.9
低压蒸汽	0.45	227	过热	2910.9
凝液				448.9

表 8-3　系统对蒸汽和电量需求

数据项	单位	数量
中压蒸汽（1.4MPa）	kg/h	123166.7
低压蒸汽（0.45MPa）	kg/h	45641.8
电量	kW	24550

表 8-4　能量及经济参数

数据项	单位	数量
燃料	美元/10^6 kJ	1.59
锅炉效率	—	0.75
高压蒸汽	美元/kg	0.002614
外购电价	美元/(kW·h)	0.0239
外购电量赔偿金	美元/(kW·h)	0.009825

8.1.1.2　数学模型求解

针对上述对象建立数学模型，主要符号如表 8-5 所示。

表 8-5　符号说明

符号	说明	单位
$m_{i,\text{in}}^{\text{stm}}$	透平 i 入口流率	kg/h
$m_{i,\text{middle}}^{\text{ventStm}}$	透平 i 去 1.4MPa 管网流率	kg/h
$m_{i,\text{low}}^{\text{ventStm}}$	透平 i 去 0.45MPa 管网流率	kg/h
m_1^{condStm}	透平 1 凝液流率	kg/h
$w_{\text{TB},i}$	透平 i 产生的电量	kW

续表

符号	说明	单位
$m_{\text{high,Extract}}^{\text{stm}}$	高压蒸汽旁路减压为 1.4MPa 蒸汽流率	kg/h
$m_{\text{low,Extract}}^{\text{stm}}$	中压蒸汽旁路减压为 0.45MPa 蒸汽流率	kg/h
$m_{\text{high,out}}^{\text{stm}}$	高压蒸汽总管网流率	kg/h
$m_{\text{middle,out}}^{\text{stm}}$	中压蒸汽总管网流率	kg/h
$m_{\text{low,out}}^{\text{stm}}$	低压蒸汽总管网流率	kg/h
$w_{\text{TB,purchase}}$	外购电量	kW
$w_{\text{TB,excess}}$	赔偿电量	kW

① 最优化数学模型：

目标函数：$\min f = 0.001186\, m_{\text{high,out}}^{\text{stm}} + 0.0239\, w_{\text{TB,purchase}} + 0.009825\, w_{\text{TB,excess}}$

约束条件：

透平 1

$$m_{1,\text{in}}^{\text{stm}} \begin{cases} w_{\text{TB},1} \leqslant 6250 \\ w_{\text{TB},1} \geqslant 2500 \\ m_{1,\text{middle}}^{\text{ventStm}} \leqslant 87089.7 \\ m_{1}^{\text{condStm}} \leqslant 28122.7 \end{cases}$$

$$m_{1,\text{in}}^{\text{stm}} - m_{1,high}^{\text{ventStm}} \leqslant 59874.2$$

透平 2

$$\begin{cases} w_{\text{TB},2} \leqslant 9000 \\ w_{\text{TB},2} \geqslant 3000 \end{cases}$$

$$\begin{cases} m_{2,\text{in}}^{\text{stm}} \leqslant 110676.6 \\ m_{2,\text{low}}^{\text{ventStm}} \leqslant 64410.1 \end{cases}$$

物料平衡：

$$\begin{cases} m_{\text{high,out}}^{\text{stm}} - m_{1,\text{in}}^{\text{stm}} - m_{2,\text{in}}^{\text{stm}} - m_{\text{high,Extract}}^{\text{stm}} = 0 \\ m_{1,\text{in}}^{\text{stm}} + m_{2,\text{in}}^{\text{stm}} + m_{\text{high,Extract}}^{\text{stm}} - m_{1}^{\text{condStm}} - m_{\text{middle,out}}^{\text{stm}} - m_{\text{low,out}}^{\text{stm}} = 0 \end{cases}$$

$$m_{1,\text{in}}^{\text{stm}} - m_{1,\text{middle}}^{\text{ventStm}} - m_{1,\text{low}}^{\text{ventStm}} - m_{1}^{\text{condStm}} = 0$$

$$m_{2,\text{in}}^{\text{stm}} - m_{2,\text{middle}}^{\text{ventStm}} - m_{2,\text{low}}^{\text{ventStm}} = 0$$

$$m_{1,\text{middle}}^{\text{ventStm}} + m_{2,\text{middle}}^{\text{ventStm}} + m_{\text{high,Extract}}^{\text{stm}} - m_{\text{low,Extract}}^{\text{stm}} - m_{\text{middle,out}}^{\text{stm}} = 0$$

$$m_{1,\text{low}}^{\text{ventStm}} + m_{2,\text{low}}^{\text{ventStm}} + m_{\text{low,Extract}}^{\text{stm}} - m_{\text{low,out}}^{\text{stm}} = 0$$

外购电量约束：

$$w_{\text{TB,purchase}} + w_{\text{TB,excess}} \geqslant 12000$$

系统需求：

$$m_{\text{middle,out}}^{\text{stm}} \geqslant 123166.7$$

$$m_{\text{low,out}}^{\text{stm}} \geqslant 45641.8$$

$$w_{\text{TB},1} + w_{\text{TB},2} + w_{\text{TB,purchase}} \geqslant 24500$$

能量平衡：

$$3162.9m_{1,\text{in}}^{\text{stm}} - 2948.9m_{1,\text{middle}}^{\text{ventStm}} - 2910.8m_{1,\text{low}\ \ 1}^{\text{ventStm}} - 448.9m_{1}^{\text{condStm}} - 3600w_{\text{TB},1} = 0$$

$$3162.9m_{2,\text{in}}^{\text{stm}} - 2948.9m_{2,\text{middle}}^{\text{ventStm}} - 2910.8m_{2,\text{low}}^{\text{ventStm}} - 3600w_{\text{TB},2} = 0$$

② 问题求解：上述模型为线性规划问题，利用本书第 4 章介绍的方法求解，可得到最优解。该问题的最小值目标函数是 480.691 美元/h，各变量最优值如下：$m_{1,\text{in}}^{\text{stm}}$=61838.522 kg/h，$m_{2,\text{in}}^{\text{stm}}$=110676.6 kg/h，$m_{1,\text{middle}}^{\text{ventStm}}$=58131.9 kg/h，$m_{2,\text{middle}}^{\text{ventStm}}$=65034.8 kg/h，$m_{1,\text{low}}^{\text{ventStm}}$=0 kg/h，$m_{2,\text{low}}^{\text{ventStm}}$ = 45641.8 kg/h，m_{1}^{condStm} = 3706.622 kg/h，$m_{\text{high,Extract}}^{\text{stm}}$=0 kg/h，$m_{\text{low,Extract}}^{\text{stm}}$=0 kg/h，$m_{\text{high,out}}^{\text{stm}}$ = 172515.122 kg/h，$m_{\text{middle,out}}^{\text{stm}}$ = 123166.7 kg/h，$m_{\text{low,out}}^{\text{stm}}$=45641.8 kg/h，$w_{\text{TB},1}$=6250.0 kW，$w_{\text{TB},2}$ = 7072.294 kW，$w_{\text{TB,purchase}}$ = 11227.706 kW，$w_{\text{TB,excess}}$=772.294 kW。

8.1.2 氢燃料电池系统最优化

燃料电池是一种把燃料具有的化学能直接转化为电能的电化学装置。燃料电池不经历传统的高温燃烧过程，污染物以及温室气体排放较少，满足可持续性发展以及“双碳”目标的要求。根据电解质材料的不同，燃料电池主要可以分为碱性燃料电池（alkaline fuel cell，AFC）、磷酸燃料电池（phosphoric acid fuel cell，PAFC）、熔融碳酸盐燃料电池（molten carbonate fuel cell，MCFC）、固体氧化物燃料电池（solid oxide fuel cell，SOFC）和质子交换膜燃料电池（proton exchange membrane fuel cell，PEMFC）。SOFC 作为一种高温燃料电池，其工作温度通常在 800℃左右。高温操作与阳极中 Ni 基催化剂的存在促进了重整和变换反应的发生，从而使得气态烷烃、液体醇类，甚至固体燃料都可以用作 SOFC 的进口燃料。单个 SOFC 的工作原理如图 8-2 所示：以合成气为代表的碳烃燃料经过流道进入电池，在多孔阳极内部发生变换和重整反应产生氢气和一氧化碳，氢气和一氧化碳在电极和电解质界面附近与阴极传导出的氧离子结合生成水并产生电能。一般单个 SOFC 的功率密度有限，难以满足大型供电需求，往往是多个电池串

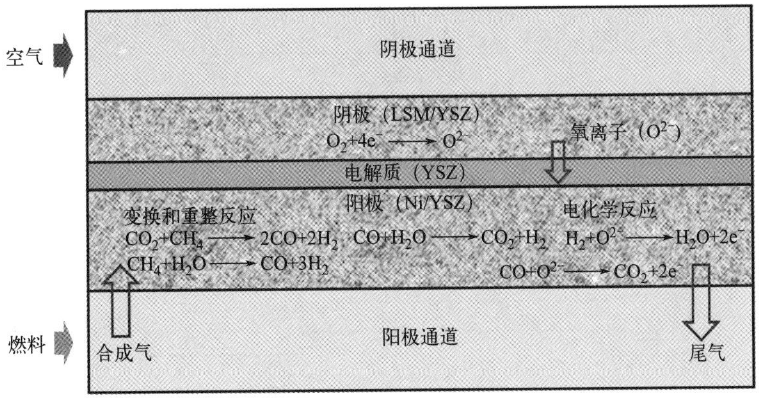

图 8-2　SOFC 工作原理图

联构成电堆满足实际需求。此外，由于高温操作导致 SOFC 的动态性能较差，因此 SOFC 主要面向大型清洁分布式发电或者区域能源供应等应用场景。本节主要对 SOFC 综合能源系统中的多目标优化问题进行示例阐述。

8.1.2.1 问题描述

生物质能属于可再生能源的一种。生物质气化工艺是在空气、氧气、水蒸气等气化剂的帮助下，通过热解、氧化还原重整反应将生物质转化为含氢、一氧化碳和低分子碳氢化合物的合成气。将生物质气化与 SOFC 进行耦合集成，有望成为一种面向区域能源供应或者分布式发电场景的高效、清洁的能源系统配置。值得注意的是，由于高温操作和燃料难以完全利用的特点，SOFC 尾气通常还有一定的化学能和热能。为了满足区域能源供应对热能和冷能的需求，同时提高系统能量转换效率，可以将 SOFC 与发动机和制冷热泵系统进行耦合，在二次发电的同时实现热能和冷能的供应。

本案例提出一种基于生物质气化的 SOFC 综合能源系统向用户供应电、热、冷能，其具体配置如图 8-3 所示：系统主要由生物质气化单元、SOFC 单元、均质压燃（homogeneous charge compression ignition，HCCI）发动机单元和吸收式制冷单元组成。整个系统的工作原理可以总结如下：生物质（流股 1）经过生物质气化炉在气化剂的作用下（流股 3）产生合成气（流股 4），经由分离器分离成杂质、氢气（流股 5）和其他混合气体。随后将混合气体（流股 6）通入重整转化器，通过重整反应和变换反应再次产生氢气。将氢气燃料和预热空气（流股 9）送入 SOFC，通过电化学反应产生电能。在发动机单元中，将 SOFC 的阴阳极尾气进行混合（流股 10）通入发动机，进行二次发电。回收发动机尾气（流股 11）的热量来预热空气和水。最后流股 18 的热量被余热收集器和吸收式制冷单元进一步回收，用于热能和冷能的供应。

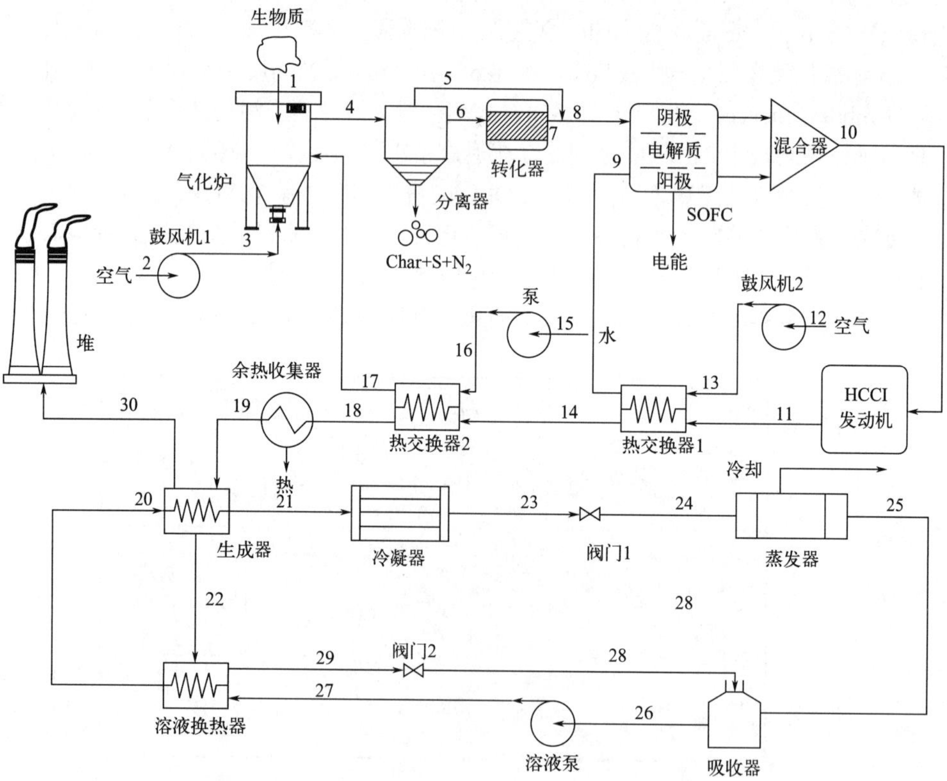

图 8-3 以生物质为燃料的 SOFC 综合能源系统配置图

对上述系统性能进行评价之前，需要获取系统内部能量流和物质流信息，这需要对整个系统流程进行仿真建模。常用的商业系统建模工具主要有 Aspen Plus、gPROMS、Pro Ⅱ等软件。本节采用 Aspen Plus 对上述软件进行了流程仿真。一般来讲，在系统实际设计和运行中效率和成本难以兼得，例如需要提升系统的热效率，必须采用性能更佳的系统部件或者采用换热能力更强的换热器对系统余热进行回收利用，这些措施势必会增加系统的成本，也意味着在提升系统效率的同时伴随着成本的增加。因此在系统建设和运行时，必须要考虑如何同时兼顾效率和成本，显然这是一个典型的多目标优化问题。

8.1.2.2 数学模型

本问题中选择能量转换效率（冷热电联产效率、CCHP 效率）、烟效率和年度总成本作为目标函数。能量转换效率 η 和烟效率 η_{ex} 的表达式如式（8-1）和式（8-2）所示。

$$\eta = \frac{\dot{W}_{SOFC} + \dot{W}_{Engine} + \dot{W}_{Q} + \dot{W}_{C} - \dot{W}_{AB} - \dot{W}_{P}}{\dot{m}_{bio}\mathrm{LHV}_{bio}} \tag{8-1}$$

$$\eta_{ex} = \frac{\dot{W}_{SOFC} + \dot{W}_{Engine} + \dot{E}x_{Q} + \dot{E}x_{C} - \dot{W}_{AB} - \dot{W}_{P}}{\dot{E}x_{bio}} \tag{8-2}$$

其中，$\dot{W}_{SOFC}$、$\dot{W}_{Engine}$、$\dot{W}_{Q}$ 和 $\dot{W}_{C}$ 分别代表 SOFC、发动机、余热收集器和吸收式制冷系统输出的电能、热能和冷能；$\dot{W}_{AB}$ 和 $\dot{W}_{P}$ 代表泵和鼓风机消耗的功率；$\dot{m}_{bio}$ 代表生物质的质量流率；LHV_{bio} 代表生物质的低位热值；$\dot{E}x_{Q}$ 和 $\dot{E}x_{C}$ 代表热能和冷能所具有的烟值；$\dot{E}x_{bio}$ 代表生物质能具有的烟值。根据热力学第二定律，电能的烟值等于电能本身，热能和冷能所具有的烟值则需要考虑卡诺效率，即在输出热功率和冷功率的基础上乘以卡诺效率。

系统成本采用年度成本 TAC（total annual cost）来进行衡量，具体表达式如式（8-3）所示。

$$\mathrm{TAC} = C_{Dep} + C_{Ope} + C_{Mai} + C_{Int} + C_{Ins} + C_{Tax} \tag{8-3}$$

其中，C_{Dep}、C_{Ope}、C_{Mai}、C_{Int}、C_{Ins}、C_{Tax} 分别代表年度折旧成本、年度运行成本、年度维护成本、年度投资利息、年度保险成本、年度税收成本。具体每项费用的计算方法如表 8-6 所示。

表 8-6　年度成本组成以及估计模型

年度成本组成	模型方程	参数描述
折旧成本 C_{Dep}（美元/a）	$C_{Dep} = \frac{C_{Cap}}{\lambda}$	λ：运行周期，10 年
运行成本 C_{Ope}（美元/a）	$C_{Ope} = \dot{m}_{bio}\pi_{bio}t_{Ope}$	$\dot{m}_{bio}$：生物质进料量，kg/h π_{bio}：生物质价格，100 美元/t t_{Ope}：年运行时间，8000h
维护成本 C_{Mai}（美元/a）	$C_{Mai} = \frac{C_{Cap}}{\lambda} f_{Mai}$	f_{Mai}：维护因数，0.06
投资利息 C_{Int}（美元/a）	$C_{Int} = \frac{C_{Cap}}{\lambda} f_{Int}$	f_{Int}：利率因数，0.0926
保险成本 C_{Ins}（美元/a）	$C_{Ins} = \frac{C_{Cap}}{\lambda} f_{Ins}$	f_{Ins}：保险因数，0.20
税收成本 C_{Tax}（美元/a）	$C_{Tax} = \frac{C_{Cap}}{\lambda} f_{Tax}$	f_{Tax}：税费因数，0.054

在本问题中选择与目标函数密切相关的 6 个参数作为决策变量，如表 8-7 所示。这里需要注意的是，决策变量的选择较为关键，影响到多目标问题能否顺利求解。由于建立在流程模拟软件 Aspen Plus 中的系统模型往往比较复杂、非线性较强，很难直观地分析出与目标函数密切相关的决策变量。此时可以先对拟作为决策变量的相关参数进行单目标参数分析。

表 8-7 决策变量的选取及优化范围

决策变量	单位	变量描述	决策变量取值范围	
			上限	下限
m_{bio}	kg/h	系统生物质进料流量	400	600
α	—	气化炉内生物质转化率	0.9	1.0
μ	—	SOFC 燃料利用率	0.5	0.85
ER	—	空气当量比	0.05	0.20
S/B	—	蒸汽生物质比	0.6	1.0
T_w	℃	制冷发生器热流体温度	200	300

8.1.2.3 结果分析

本例来源于实际应用，目标函数与决策变量之间的关系无法描述为显式函数表达式，而是通过较复杂的工程模型映射关联的，这一特点也注定对该多目标优化问题难以采用传统的求解方案。一般对于此类问题的求解往往采用元启发式算法，通过随机算法与局部搜索算法相结合，在可接受的计算花费条件下获得问题的可行解。本多目标优化问题的求解是通过带精英策略的非支配排序遗传算法（NSGA-Ⅱ）实现的。该算法的实现是通过 Aspen Plus 和 Matlab 两个商业软件实现的。其中，Aspen Plus 负责在不同决策变量下对系统的计算与仿真，实质上相当于决策变量和目标函数变量之间的映射关系。

针对该燃料电池综合能源系统的最优化问题，首先以目标函数式（8-2）和目标函数式（8-3）作为优化对象进行双目标优化，其次以目标函数式（8-1）和目标函数式（8-3）作为优化对象进行双目标优化，具体的优化结果以帕累托曲线进行展示。图 8-4 和图 8-5 分别给出了相应的优化结果。从图中可以看到在帕累托曲线上，每个点代表一个非支配解。在图 8-4 中，点 B 是通过 LINMAP 决策方法得到的最优解，它与理想解的欧氏距离最短。在这种情况下，最优解对应的目标函数值是㶲效率为 50.3%，TAC 为 401×10^3 美元。A 点的㶲效率最低（43.7%），但具有最低的年度成本 TAC（389×10^3 美元）。类似地，C 点对应的㶲效率最高（52.1%），但总年度成本 TAC 却最高（463×10^3 美元）。显然，最佳点 B 是同时综合考虑㶲效率和总年度成本所得到的均衡值。同样地，图 8-5 展示了总年度成本和 CCHP 效率之间的帕累托解分布。E 点则是采用 LINMAP 方法得到的最优决策点。这里值得注意的是，采用其他方法决策点获得的最优决策点可能是不同的，这里仅仅是给出推荐的决策方法和最优决策点。在某些场合中，可以根据实际需要来进行最优点的决策，例如需要对系统能量转换效率考虑多一些的时候，可以选择具有高能量转换效率的最优点。当然这些决策点的选择可能具有更多的主观性，实际上多目标优化就是对多个目标函数进行权衡，从而在给定决策框架下实现多个目标函数的最优。

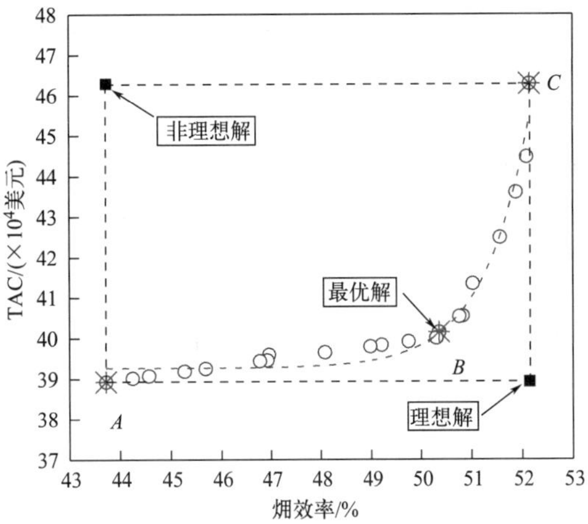

图 8-4　总年度成本 TAC 和烟效率的 Pareto 解分布

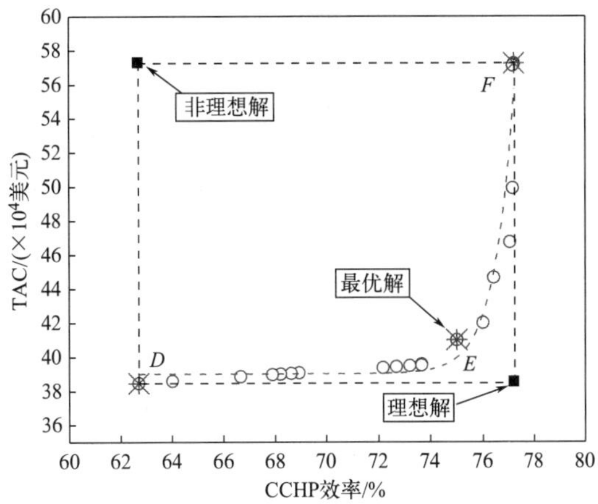

图 8-5　总年度成本 TAC 和 CCHP 效率的 Pareto 解分布

表 8-8 总结并对比了图中 A～F 点的目标函数值和决策变量值。从表中可以看到，B 点的烟效率为 50.3%，总年度成本为 401 千美元，相比于 A 点和 C 点，是一个综合考虑效率优化和成本优化的最优点。E 点的 CCHP 效率为 75.0%，总年度成本为 410 千美元，同样也是一个综合考虑 CCHP 效率提升和成本优化的最优点。

表 8-8　目标函数和决策变量在 A～F 点的取值

项目		单位	A	B	C	D	E	F
决策变量	m_{bio}	kg/h	515.1	541.1	553.02	455.0	589.1	597
	α	—	0.9	0.987	1.0	0.9	0.987	1.0
	μ	—	0.5	0.5	0.747	0.5	0.5	0.85
	ER	—	0.0852	0.0915	0.0766	0.0745	0.0516	0.05
	S/B	—	0.741	0.618	0.798	0.798	0.724	0.664
	T_w	℃	201	282	265	292.7	299.4	300
目标函数	烟效率	%	43.7	50.3	52.1	—	—	—
	CCHP 效率	%	—	—	—	62.7	75.0	77.2
	TAC	k$	389	401	463	385	410	572

8.1.3　换热网络最优化

化工生产过程中，一些工艺物流需要加热，而另一些工艺物流则需要冷却，人们希望能够合理地将这些物流匹配在一起，充分利用热物流的余热去加热冷物流，提高过程的热回收效率，以便尽可能地减少加热和冷却公用工程负荷。其中就存在着如何确定物流间匹配换热的结构以及相应的换热负荷分配的问题。

换热网络最优化的目标就是，能够将每一个过程物流由初始温度达到指定的目标温度，且操作（公用工程等）费用和设备（换热器、加热器和冷却器）投资费用最小化。当然，还要求网络具有好的灵活性、操作性和可控性。

8.1.3.1　转运模型

Papoulias 和 Grossmann 采用结构优化法综合换热网络，提出的转运模型用较小规模的线性规划方法解出换热网络所需的最小公用工程费用，进而用混合整数规划法确定具有最少换热设备数的流程结构，达到网络的最优化。本节只介绍最小公用工程费用的数学模型。

（1）转运模型的思想

运输模型是确定将产品由工厂直接送到目的地的最佳网络，而转运模型是确定把产品由工厂经由中间仓库再运送到目的地的最优网络。对于热回收问题，热量可看作产品，由热物流通过中间的温度间隔送到冷物流，在中间的温度间隔内，应当满足传热过程的热力学上的约束，即热、冷物流间传热温差要不小于允许的最小传热温差 $\Delta T_{\min}$，温度间隔的划分可按组合曲线中换热系统的温度区间的划分方法，在每个温度区间中保证了热、冷物流间的传热温差。换热网络的转运模型示意图可参见图 8-6，热量由热物流流到相应的温度间隔，然后流到该间隔中的冷物流，剩余的热量则流向较低温位的温度间隔。

对于每个温度间隔，热量流动的情况参见图 8-7，具体说明如下：

① 热量从包含在某一温度间隔中的所有热物流和公用工程加热物流进入该温度间隔。

② 热量由该温度间隔流到包含在该温度间隔中的所有冷物流和公用工程冷却物流。

③ 该温度间隔中过剩的热量流到下一个较低温位的间隔中去。

④ 从温位较高的间隔进入该温度间隔的热量，不能再用于更高的温度间隔，这是因为热量不能自动地由低温流向高温。

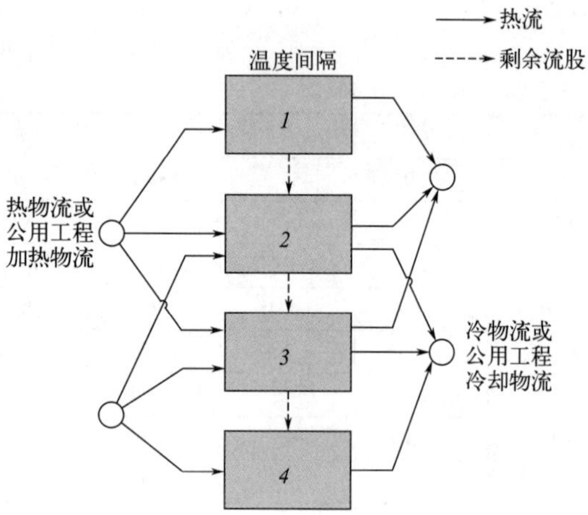

图 8-6　换热网络的转运模型

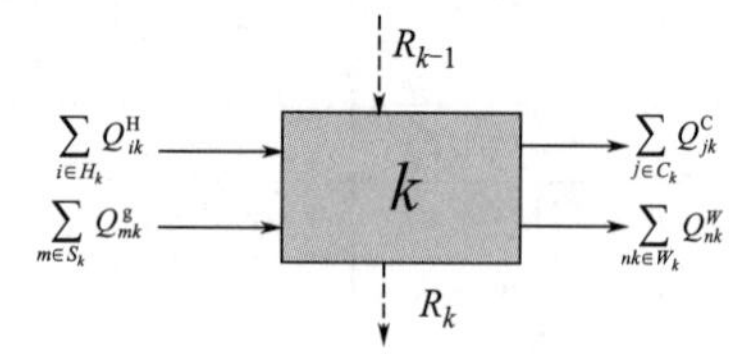

图 8-7　在每一温度间隔中热流示意图

该转运网络中包含的变量有：从一个温度间隔流到下一个较低温度间隔的剩余热量，以及公用工程加热、冷却物流的流量。

（2）数学模型

换热网络综合问题的设计目标之一是确定所需的最小公用工程物流费用，这一问题可处理成一个转运问题来求解。

首先，把包含所有物流的整个温度区间划分为 K 个温度间隔，由高温到低温给以标号 $K=1,2,\cdots,k$，每一温度间隔的温度变化以 ΔT_k 表示。为了识别出所有物流相对于这些温度间隔的位置，定义下面的集合：

$$H_k=\{i|在温度间隔 k 中出现的热物流 i\}$$

$$C_k=\{j|在温度间隔 k 中出现的冷物流 j\}$$

$$S_k=\{m|在温度间隔 k 中出现的公用工程加热物流 m\}$$

$$W_k=\{n|在温度间隔 k 中出现的公用工程冷却物流 n\}$$

令 Q_{ik}^{H} 为进入间隔 k 的热物流 i 的热负荷，可由下式计算：

$$Q_{ik}^{\mathrm{H}}=F_i(C_\mathrm{p})_{ik}\Delta T_k^i$$

式中 F_i——热物流 i 的质量流量；

$(C_\mathrm{p})_{ik}$——热物流 i 在温度间隔 k 的热容；

ΔT_k^i——热物流 i 在温度间隔 k 中的温度变化。

类似地，由温度间隔 k 流出到冷物流 j 的热负荷为：

$$Q_{jk}^{\mathrm{C}}=F_j(C_\mathrm{p})_{jk}\Delta T_k^j$$

对于公用工程物流，要根据它们的入口/出口温度，放在相应的温度间隔中。进入间隔 k 的公用工程加热物流 m 的热负荷由下式给出：

$$Q_{mk}^{\mathrm{g}}=F_m^{\mathrm{g}}\Delta h_{mk}$$

式中 F_m^{g}——公用工程加热物流 m 的质量流量；

Δh_{mk}——在间隔 k 中，公用工程加热物流 m 的焓降。

类似地，在温度间隔 k 中，公用工程冷却物流 n 的热负荷为：

$$Q_{nk}^{\mathrm{W}}=F_n^{\mathrm{W}}\Delta h_{nk}$$

式中 F_n^{W}——公用工程冷却物流 n 的质量流量；

Δh_{nk}——在间隔 k 中，公用工程冷却物流 n 的焓增。

参见图 8-7，对温度间隔 k，可写出热量衡算式如下：

$$R_k-R_{k-1}-\sum_{m\in S_k}F_m^{\mathrm{g}}\Delta h_{mk}+\sum_{n\in W_k}F_n^{\mathrm{W}}\Delta h_{nk}=\sum_{i\in H_k}Q_{ik}^{\mathrm{H}}-\sum_{i\in C_k}Q_{ik}^{\mathrm{C}}$$

$$k=1,2,\cdots,K$$

式中 R_k——流出间隔 k 的剩余热量；

R_{k-1}——流出间隔($k-1$)的剩余热量，并流入间隔 k；

$m\in S_k$——公用工程加热物流 m 属于间隔 k 中的公用工程加热物流集合 S_k；

$n\in W_k$——公用工程冷却物流 n 属于间隔 k 中的公用工程冷却物流集合 W_k；

$i\in H_k$——热物流 i 属于间隔 k 中的热流集合 H_k；

$j\in C_k$——冷物流 j 属于间隔 k 中的冷流集合 C_k。

公用工程物流的费用可表示为：

$$Z=\sum_{m\in S}S_mF_m^{\mathrm{g}}+\sum_{n\in W}W_nF_n^{\mathrm{W}}$$

式中 S_m——公用工程加热物流单位价格；

W_n——公用工程冷却物流单位价格。

由上得出，最小公用工程物流费用的转运模型，目标函数为：

$$\min\ Z=\sum_{m\in S}S_mF_m^{\mathrm{g}}+\sum_{n\in W}W_nF_n^{\mathrm{W}}$$

$$\text{s.t.}\quad R_k - R_{k-1} - \sum_{m\in S_k} F_m^{\mathrm{g}} \Delta h_{mk} + \sum_{n\in W_k} F_n^{\mathrm{W}} \Delta h_{nk} = \sum_{i\in H_k} Q_{ik}^{\mathrm{H}} - \sum_{i\in C_k} Q_{ik}^{\mathrm{C}}\ ,\quad k=1,2,\cdots,K$$

$$F_m^{\mathrm{g}} \geqslant 0 \qquad m\in S$$

$$F_n^{\mathrm{W}} \geqslant 0 \qquad n\in W$$

$$R_0 = 0$$

$$R_K = 0$$

$$R_k \geqslant 0 \qquad k=1,2,\cdots,K-1$$

当公用工程物流的单位价格 S_m、W_n 都取为 1 时，求解上述转运问题即得到最小的公用工程用量；如果只采用一种公用工程加热物流和一种公用工程冷却物流，则最小公用工程物流用量就相当于最小公用工程物流费用的结果。

采用前文第 4 章中的线性规划算法求解模型，可得到公用工程加热、冷却物流的最优用量(F_m^{g} , $m=1$, NS 以及 F_n^{W} , $n=1,2,\cdots,NW$)以及每一温度间隔的剩余热量 R_k , $k=1,2,\cdots,K$ 。当 $R_k=0$ 时，说明间隔 k 与间隔(k+1)之间存在夹点。

（3）案例分析

某过程系统含有的工艺物流为 4 个热物流及 2 个冷物流，给定的数据列于表 8-9。加热/冷却公用工程的温度、用量限制及费用参数见表 8-10。热、冷物流间以及公用工程最小允许传热温差 $\Delta T_{\min}$=10℃，试采用转运模型优化过程系统的换热网络。

表 8-9　热/冷物流数据

流股	热容流率 CP/(kW/℃)	初始温度 T_{in}/℃	终了温度 T_{out}/℃
H1	20	427	137
H2	40	327	37
H3	70	187	37
H4	94	87	37
C1	50	77	377
C2	180	27	127

表 8-10　公用工程参数

公用工程	T/℃	费用/(美元/kW·a)	上限(kW)
燃料	477	120	∞
高压蒸汽	237	90	1000
低压蒸汽	137	70	500
冷却水	27～52	15	∞

热物流的温度减去 $\Delta T_{\min}/2$，冷物流的温度加上 $\Delta T_{\min}/2$，得到热/冷物流的虚拟温度。类似地，加热公用工程的温度减去 $\Delta T_{\min}/2$，冷却公用工程的温度加上 $\Delta T_{\min}/2$，结果如表 8-11 所示。

基于温度间隔划分的方法，可得到换热网络的温度级联图，如图 8-8 所示。本案例以最小公用工程费用为目标函数来进行整个换热网络的最优化，模型中冷、热过程流股的热量负荷是已知的，变量包括公用工程的热量负荷以及每一个温度间隔的剩余热量负荷。其中，燃料仅用于加热第 1 个温度间隔，高压蒸汽仅用于加热第 4 个温度间隔，低压蒸汽仅加热第 6 个温度间隔，冷却水仅冷却第 7 个温度间隔。根据所建立的转运模型，利用第 4 章的线性规划算法求解，可得到最小的公用工程费用以及最优公用工程用量。其中燃料用量 1000 kW，低压蒸汽用量 600 kW，冷却水用量 1200 kW，高压蒸汽用量为 0。相应的，第 1、3、4、5 个温度间隔的剩余热量分别为 1800 kW、900 kW、1400 kW、5400 kW。其他温度间隔的剩余热量为 0，说明这些地方存在夹点。根据表 8-10 公用工程的费用可以得到此时的最小公用工程总费用为 180000 美元/year。

表 8-11　冷热物流及公用工程的虚拟温度

流股	CP/(kW/℃)	T_{in}/℃	T_{out}/℃
H1	20	422	132
H2	40	322	32
H3	70	182	32
H4	94	82	32
C1	50	82	382
C2	180	32	132

公用工程	燃料	高压蒸汽	低压蒸汽	冷却水
T/℃	472	232	132	32～57

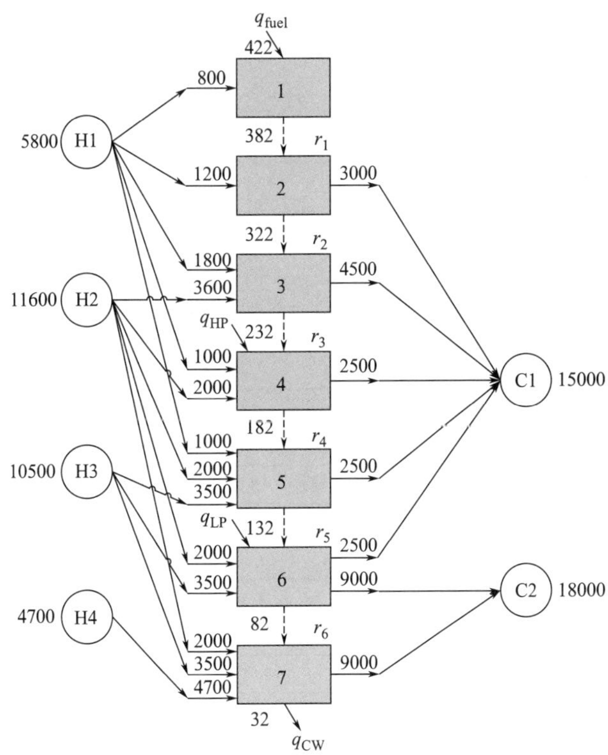

图 8-8　温度级联图

H1～H4—高温物质；C1、C2—低温物质

8.1.3.2 分级超结构模型

换热网络最优化设计的另外一个经典模型是 Yee 和 Grossmann 提出的分级超结构模型，如图 8-9 所示。对于有 *NH* 个热流股和 *NC* 个冷流股的换热网络，超结构的级数 *NS* 通常为 max{*NH*，*NC*}。对于超结构的每一级来说，相应的流股分别通过换热器来进行每个热流股和冷流股之间的潜在匹配。每一级的末端流股混合后的出口温度即为下一级流股的初始温度。模型中每一级的出口温度均为变量。模型的符号说明如表 8-12 所示。

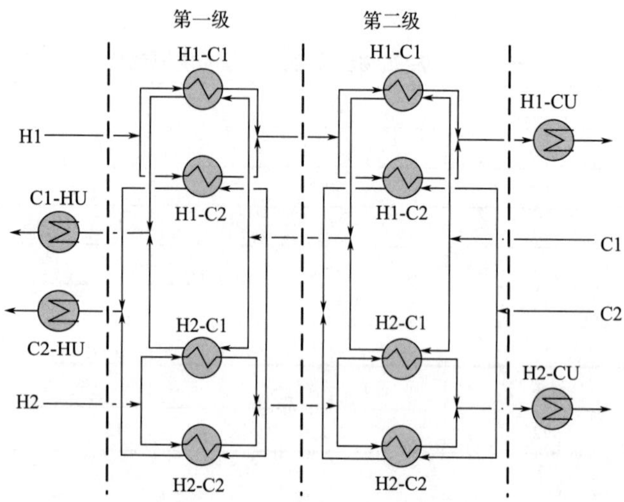

图 8-9　换热网络分级超结构

表 8-12　符号说明

集合	说明
NH	热过程流股 i 的集合
NC	冷过程流股 j 的集合
NS	超结构的级数 k 的集合
参数	**说明**
a	换热器的固定费用（$/year）
b	面积成本系数（$/year）
c	面积成本指数
C_{hu}	冷公用工程成本［$/(kW·year)］
C_{cu}	热公用工程成本［$/(kW·year)］
F_i	热流股 i 的热容流率（kW/K）
F_j	冷流股 j 的热容流率（kW/K）
h_i	热流股 i 的膜传热系数［kW/(m²·K)］
h_j	热流股 j 的膜传热系数［kW/(m²·K)］
h_{cu}	冷公用工程的膜传热系数［kW/(m²·K)］
h_{hu}	热公用工程的膜传热系数［kW/(m²·K)］
T_i^{in}	热流股 i 的入口温度（K）
T_i^{out}	热流股 i 的出口温度（K）
T_j^{in}	冷流股 j 的入口温度（K）

T_j^{out}	冷流股 j 的出口温度（K）
Ω	换热器负荷上限（kW）
Γ	温差上限（K）
连续变量	说明
$t_{i,k}$	第 k 级热端的热流股 i 的温度(K)
$t_{j,k}$	第 k 级热端的冷流股 j 的温度(K)
$dt_{i,j,k}$	第 k 级流股 i 与流股 j 之间的温差(K)
$dt_{\text{hu}\,j}$	冷流股 j 与热公用工程之间的温差(K)
$dt_{\text{cu}\,i}$	热流股 i 与冷公用工程之间的温差(K)
$\text{LMTD}_{i,j,k}$	第 k 级流股 i 与流股 j 之间的对数平均温差(K)
$\text{LMTD}_{\text{hu}\,j}$	流股 j 与热公用工程之间的对数平均温差(K)
$\text{LMTD}_{\text{cu}\,i}$	流股 i 与冷公用工程之间的对数平均温差(K)
$q_{i,j,k}$	第 k 级热流股 i 与冷流股 j 之间的热负荷(kW)
$q_{\text{hu}\,j}$	冷流股 j 的与热公用工程之间的热负荷(kW)
$q_{\text{cu}\,i}$	热流股 i 的与冷公用工程之间的热负荷(kW)
二元变量	说明
$z_{i,j,k}$	是否存在第 k 级流股 i 与流股 j 之间的匹配
$z_{\text{hu}\,j}$	是否存在流股 j 与热公用工程之间的匹配
$z_{\text{cu}\,i}$	是否存在流股 i 与冷公用工程之间的匹配

为了满足每个过程流股的充分加热或冷却的需求，需要考虑整体的热量守恒：

$$\sum_{j\in CP}\sum_{k\in ST} q_{i,j,k} + q_{\text{cu}\,i} = F_i(T_i^{\text{in}} - T_i^{\text{out}}) \quad \forall i \in NH$$

$$\sum_{i\in HP}\sum_{k\in ST} q_{i,j,k} + q_{\text{hu}\,j} = F_j(T_j^{\text{out}} - T_j^{\text{in}}) \quad \forall j \in NC$$

为了简化模型，假设每一级的每个换热器的出口流股都是等温混合。对于这种特殊情况，不再需要考虑混合器的能量平衡。离开第 k 级的换热器时，同一级的每个热流股和冷流股的出口温度应相同，并且它们与下一级的温度位置相关（热流股 i 的温度 $t_{i,k+1}$ 和冷流股 j 的温度 $t_{j,k}$）。通过这种方式，每个换热器的每条热流股和冷流股的能量平衡可以组合在一起，构成每一级整体的热量平衡，整体是线性的。

$$\sum_{j\in CP} q_{i,j,k} = F_i(t_{i,k} - t_{i,k+1}) \qquad \forall i \in HP, k \in NS$$

$$\sum_{i\in HP} q_{i,j,k} = F_j(t_{j,k} - t_{j,k+1}) \qquad \forall j \in CP, k \in NS$$

根据分级超结构，每一级的热过程流股和冷过程流股的入口温度设定如下：

$$t_{i,1} = T_i^{\text{in}} \qquad \forall i \in NH$$

$$t_{j,NT+1} = T_j^{\text{in}} \qquad \forall j \in NC$$

公用工程的负荷由最终的公用工程单元的能量平衡决定：

$$q_{\text{cu}\,i} = F_i(t_{i,NT+1} - T_i^{\text{out}}) \qquad \forall i \in NH$$

$$qhu_j = F_j(T_j^{out} - t_{j,1}) \qquad \forall j \in NC$$

温度的可行性由以下的约束条件来保证。规定随着级数增加，温度单调下降：

$$t_{i,k} \geqslant t_{i,k+1} \qquad \forall i \in NH, k \in NS$$

$$t_{j,k} \geqslant t_{j,k+1} \qquad \forall j \in NC, k \in NS$$

$$t_{i,NT+1} \geqslant T_i^{out} \qquad \forall i \in NH$$

$$T_j^{out} \geqslant t_{j,1} \qquad \forall j \in NC$$

通过上限约束将热负荷与二元变量关联起来。在下面的方程式中，Ω 是热负荷的上限。如果热负荷不等于零，则相应的二元变量等于 1，否则二元变量可以是 0 或 1，但是由于目标函数为了达到单元数最小，强制二元变量为零。

$$q_{i,j,k} \leqslant z_{i,j,k} \ \min\{\Omega_i, \Omega_j\} \qquad \forall i \in NH, j \in NC, k \in NS$$

$$q_{hu\,j} \leqslant z_{hu\,j}\Omega_j \qquad \forall j \in NC$$

$$q_{cu\,i} \leqslant z_{cu\,i}\Omega_i \qquad \forall i \in NH$$

通过以下约束来确保只有存在换热器的情况下温差的约束才成立。参数 Γ 是温差的上限。如果二元变量等于零，方程才确保可行。另外，如果二元变量等于 1，则为了使目标函数中的面积最小化，温差将强制充当等式约束。

$$dt_{i,j,k} \leqslant t_{i,k} - t_{j,k} + (1 - z_{i,j,k})\Gamma_{i,j} \qquad \forall i \in NH, j \in NC, k \in NS$$

$$dt_{i,j,k+1} \leqslant t_{i,k+1} - t_{j,k+1} + (1 - z_{i,j,k})\Gamma_{i,j} \qquad \forall i \in HP, j \in NC, k \in NS$$

$$dt_{hu\,j} \leqslant T_{hu}{}^{out} - t_{j,1} + (1 - z_{hu\,j})\Gamma_j \qquad \forall j \in NC$$

$$dt_{cu\,i} \leqslant t_{i,NT+1} - T_{cu}{}^{out} + (1 - z_{cu\,i})\Gamma_i \qquad \forall i \in NH$$

通过以下约束条件来考虑投资成本和运营成本之间的权衡：

$$dt_{i,j,k} \geqslant \Delta T_{\min} \qquad \forall i \in NH, j \in NC, k \in NS$$

$$dt_{hu\,j} \geqslant \Delta T_{\min} \qquad \forall j \in NC$$

$$dt_{cu\,i} \geqslant \Delta T_{\min} \qquad \forall i \in NH$$

每个单元的面积需要通过下面的方程来计算。每个换热器的对数平均温差作为驱动力，可由以下方程中的近似值代替：

$$\mathrm{LMTD}_{i,j,k} = \left(dt_{i,j,k} dt_{i,j,k+1} \frac{dt_{i,j,k} + dt_{i,j,k+1}}{2} \right)^{\frac{1}{3}} \qquad \forall i \in NH, j \in NC, k \in NS$$

$$\mathrm{LMTD}_{hu\,j} = \left[dt_{hu\,j}(T_{hu}{}^{in} - T_j^{out}) \frac{dt_{hu\,j} + (T_{hu}{}^{in} - T_j^{out})}{2} \right]^{\frac{1}{3}} \qquad \forall j \in NC$$

$$\mathrm{LMTD}_{cu\,i} = \left[dt_{cu\,i}(T_i^{out} - T_{cu}{}^{in}) \frac{dt_{cu\,i} + (T_i^{out} - T_{cu}{}^{in})}{2} \right]^{\frac{1}{3}} \qquad \forall i \in NH$$

目标函数为最小化年度总费用：

$$
\mathrm{TAC}=\mathrm{Min}\left\{\begin{array}{c}
\sum_{j\in CP} C_{\mathrm{hu}} q_{\mathrm{hu}\,j}+\sum_{i\in HP} C_{\mathrm{cu}} q_{\mathrm{cu}\,i} \\
+a\left(\sum_{i\in HP}\sum_{j\in CP}\sum_{k\in ST} z_{i,j,k}+\sum_{j\in CP} z_{\mathrm{hu}\,j}+\sum_{i\in HP} z_{\mathrm{cu}\,i}\right) \\
+b\sum_{i\in HP}\sum_{j\in CP}\sum_{k\in ST}\left[\dfrac{q_{i,j,k}(h_i^{-1}+h_j^{-1})}{\mathrm{LMTD}_{i,j,k}}\right]^c \\
+b\sum_{j\in CP}\left[\dfrac{q_{\mathrm{hu}\,j}(h_{\mathrm{hu}}^{-1}+h_j^{-1})}{\mathrm{LMTD}_{\mathrm{hu}\,j}}\right]^c \\
+b\sum_{i\in HP}\left[\dfrac{q_{\mathrm{cu}\,i}(h_{\mathrm{cu}}^{-1}+h_i^{-1})}{\mathrm{LMTD}_{\mathrm{cu}\,i}}\right]^c
\end{array}\right\}
$$

案例分析：某过程系统含有的工艺物流为 2 个热物流和 2 个冷物流，给定的数据列于表 8-13。假定最小传热温差为 $\Delta T_{\min}$ =10 K，换热器固定费用为 5500 美元/a，换热器面积费用系数为 150 美元/a，面积费用指数为 1。

表 8-13　冷热流股数据

流股	入口温度 T_{in}/K	出口温度 T_{out}/K	热容流率 CP/(kW/K)	膜传热系数/(kW/m²·K)	费用/(美元/kW·a)
H1	650	370	10.0	1.0	—
H2	590	370	20.0	1.0	—
C1	410	650	15.0	1.0	—
C2	353	500	13.0	1.0	—
S1	680	680	—	5.0	80
CW	300	320	—	1.0	15

利用 GAMS 对该案例进行建模，利用混合整数非线性规划算法求解，可以得到年度总费用为 155413 美元，年度加热公用工程费用为 39337 美元，年度冷却公用工程费用为 3271 美元，年度投资费用为 83365 美元。优化后的网络结构如图 8-10（a）所示，优化后换热网络简化结构如图 8-10（b）所示。可以看出，热流股 H1 先后与冷流股 C1 和 C2 换热，最后由冷

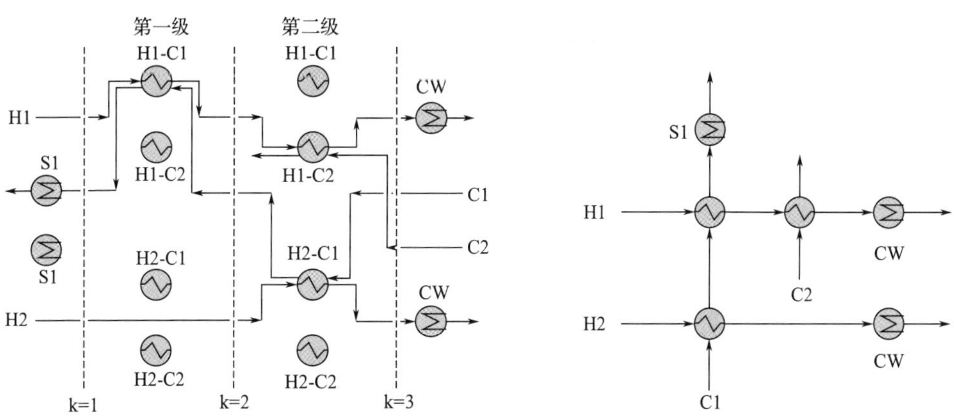

(a) 分级网络结构　　(b) 简化结构

图 8-10　最优化后的换热网络

却公用工程 CW 冷却。热流股 H2 与冷流股 C1 换热后再由冷却公用工程 CW 冷却。过程流股的换热面积分别为 H1-C1 71.188 m^2，H1-C2 67.301 m^2，H2-C1 139.621 m^2。冷却公用工程的换热面积分别为 H1-CW 5.851 m^2，H2-CW 37.828 m^2，加热公用工程的换热面积为 C1-S1 13.298 m^2。

8.2 化工过程最优化

8.2.1 工厂选址最优化

问题描述：如图 8-11 所示，某公司计划在 m 个地点建厂，第 i 个厂的建设费用为 $C_i(i\in m)$，生产能力为 A_i（假设生产同一产品），这些产品可运往 n 个销售点，第 $j(j\in n)$个销售点的销量为 B_j。从工厂运往销售点的单位运费为 UC_{ij}。试决定应在哪些地方建厂，既满足各销售点的需要，又使总建设费用和总运输费用最小？

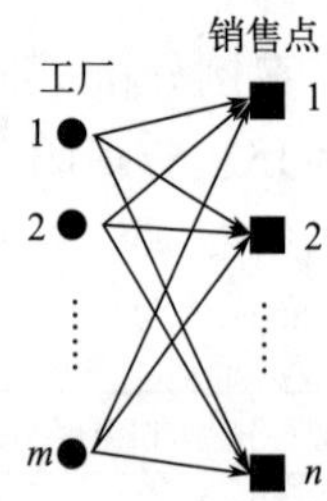

图 8-11　工厂与销售点之间的可能连接关系图

设 x_{ij} 为第 i 个厂送往第 j 个销售点的产品量，为非负的连续变量。

设 y_i 为二元变量，y_i 为 1 指在第 i 个地方建厂，y_i 为 0 指不在第 i 个地方建厂：

$$y_i=\begin{cases}1 & \text{第 } i \text{ 个地方建厂}\\ 0 & \text{不在第 } i \text{ 个地方建厂}\end{cases}$$

目标函数为总费用最小化，总费用为建设费和运输费二者之和：

$$\min Z=\sum_{i=1}^{m}C_i y_i+\sum_{i=1}^{m}\sum_{j=1}^{n}UC_{ij}x_{ij}$$

式中　C_i——第 i 个厂的建设费用；

UC_{ij}——从工厂运往销售点的单位运费；

Z——总费用。

约束条件：

- 若工厂 i 建设，则其供应到所有销售点的产品不能超过其容量限制：

$$\sum_{j=1}^{n}x_{ij}\leqslant A_i y_i \quad \forall i\in m$$

- 从所有工厂运输到销售点 j 的产品之和要高于销售点的最低销量约束：

$$\sum_{i=1}^{m}x_{ij}\geqslant B_j \quad \forall j\in n$$

- 运输量为连续变量，且非负：

$$x_{ij}\geqslant 0 \quad \forall i\in m, j\in n$$

- 二元变量：

$$y_i=\{0,1\} \quad \forall j\in n$$

式中　A_i——生产能力；

B_j——第 $j(j\in n)$个销售点的销量为 B_j。

由前文数学模型可知，该模型为混合整型线性规划模型，相应的数据如表 8-14～表 8-16 所示。利用 Python 编制程序，调用混合整数线性规划问题的求解算法，可得到最优解为 740 万元，根据计算结果，y_i=[1 1 1 0 0]，表明在工厂 1、2、3 建厂，工厂与销售点之间的运输量如表 8-17 所示。这样既能满足销售点需求，又能使总费用最小。

表 8-14　工厂的数据

项目	建设费用/万元	生产能力/(吨/天)
工厂 1	200	800
工厂 2	300	1000
工厂 3	200	900
工厂 4	400	1100
工厂 5	300	1000

表 8-15　销售点的数据

项目	销量/(吨/天)
销售点 1	200
销售点 2	200
销售点 3	100
销售点 4	300
销售点 5	400
销售点 6	200
销售点 7	300
销售点 8	100
销售点 9	200
销售点 10	200

表 8-16　工厂与销售点之间的运输费用

运费/(元/t)	销售点 1	销售点 2	销售点 3	销售点 4	销售点 5	销售点 6	销售点 7	销售点 8	销售点 9	销售点 10
工厂 1	200	100	200	300	400	200	300	100	500	400
工厂 2	400	200	100	200	300	400	200	200	100	300
工厂 3	300	400	300	200	200	300	400	400	200	300
工厂 4	200	200	200	100	100	300	200	200	400	200
工厂 5	300	300	200	200	200	400	500	300	200	300

表 8-17　工厂与销售点之间的运输关系

运输量/(t/d)	销售点 1	销售点 2	销售点 3	销售点 4	销售点 5	销售点 6	销售点 7	销售点 8	销售点 9	销售点 10
工厂 1	200	200	0	0	0	200	0	100	0	0
工厂 2	0	0	100	0	0	0	300	0	200	0
工厂 3	0	0	0	300	400	0	0	0	0	200
工厂 4	0	0	0	0	0	0	0	0	0	0
工厂 5	0	0	0	0	0	0	0	0	0	0

8.2.2 精馏塔操作最优化

对于操作中的精馏塔，若精馏塔回流比减小，可降低塔釜再沸器和塔顶冷凝器热负荷，有利于节能降耗；然而，回流比减小，塔顶产品中轻组分的浓度可能会降低，同时塔釜产品中轻组分的浓度会升高，塔顶、塔釜产品中各组分的价格有差异，会影响操作的经济性。为此，本小节利用数学模型优化的方法来优化回流比等参数。

本案例的最优化目标是丙烷-丙烯分离塔运行效益最大化，该运行效益 f 可表示为：

$$f = 丙烯售价 + 丙烷售价 - 公用工程成本 - 原料成本$$

运行效益 f 的公式表达为：

$$\begin{aligned} f = &(C_D x_D D + C_W x_W W) + [C'_D(1-x_D)D + C'_W(1-x_W)W] \\ &-[C_1 Q_R + C_2 Q_C] - [C_F x_F F + C'_F(1-x_F)F] \end{aligned}$$

以丙烷-丙烯分离塔为例，相关的数据见表 8-18。首先，丙烷-丙烯可看作理想物系，根据原料组成、塔顶产品组成和相对挥发度计算最小回流比 R_m：

$$R_m = \frac{1}{(\alpha-1)}\left[\frac{x_D}{x_F} - \alpha\frac{(1-x_D)}{(1-x_F)}\right]$$

再利用 R_m 计算最小塔板数 N_m：

$$\frac{N-N_m}{N+1} = 0.75\left[1-\left(\frac{R-R_m}{R+1}\right)^{0.5668}\right]$$

利用芬斯克方程，可用计算出的 N_m 计算 x_W：

$$N_m = \frac{\ln\{[x_D/(1-x_D)][(1-x_W)/x_W]\}}{\ln\alpha}$$

一旦计算出 x_W，就能够确定精馏塔的总物料平衡，相关的方程如下：

$$F = D + W$$

$$x_F F = x_D D + x_W W$$

上面的方程包含两个未知数：D 和 W。一旦指定了 F、x_F、x_D 和 x_W，D 和 W 也就被确定了。以上 5 个方程构成了该问题的约束函数。

显然，该问题是非线性整数规划问题，可采用 4.4 节中的算法进行求解，可解得最优回流比为 15，利润达到最大值，f 为 476.1975 万元/d。

表 8-18 丙烷-丙烯分离塔的参数符号及其值

符号	说明	数值
W	塔底流量	
C_1	再沸器操作费用	20.91 元/10^6kJ
C_2	冷凝器操作费用	0.00 元/10^6 kJ
C_W	塔底丙烯价格	1.38 元/kg
C'_W	塔底丙烷价格	1.84 元/kg
C_F	丙烯的成本	0.92 元/kg

续表

符号	说明	数值
C'_F	丙烷的成本	0.63 元/kg
C_D	塔顶丙烯的价格	3.07 元/kg
C'_D	塔顶丙烷的价格	3.07 元/kg
D	塔顶产品流量	
F	进料量	2645547.15kg/d
L	液体流量	回流比的函数（kg/d）
N	平衡级数	94
N_m	最少平衡级数	回流比（R）的函数
Q_C	冷凝器负荷需求	$Q_C \approx \lambda V$
Q_R	再沸器负荷需求	$Q_R \approx \lambda V$
R	回流比	
R_m	最小回流比	11.17
U	重组分的价格差	−0.56 元/kg
V	蒸汽流量	回流比的函数(kg/d)
Z	轻组分的价格差	0.77 元 kg
x_W	塔底轻组分的物质的量分数	最优的
x_D	塔顶轻组分的物质的量分数	0.95
x_F	轻组分进料的物质的量分数	0.7
α	相对挥发度	1.105
λ	潜热	302.9 kJ/kg (混合平均值)

8.2.3 工业水系统最优化

工业水系统最优化即是从系统工程的角度出发，将整个用水系统作为一个有机的整体进行综合考虑，对用水系统中的各种污/废水的回用、再生和循环的所有可能的机会进行综合考察，采用过程系统集成的原理和技术对用水系统进行优化分配，按品质需求逐级用水，提高用水系统的重复利用率，使用水系统的新鲜水消耗量和废水排放量同时减少。

根据各过程的进出口水流量及污染物的质量平衡关系（典型过程的进出水情况如图 8-12 所示），可以建立水回用网络超结构的数学模型，求解模型可得到系统的最小新鲜水量目标值和用水系统的网络结构。这里的数学模型都忽略了过程中水量的损失。

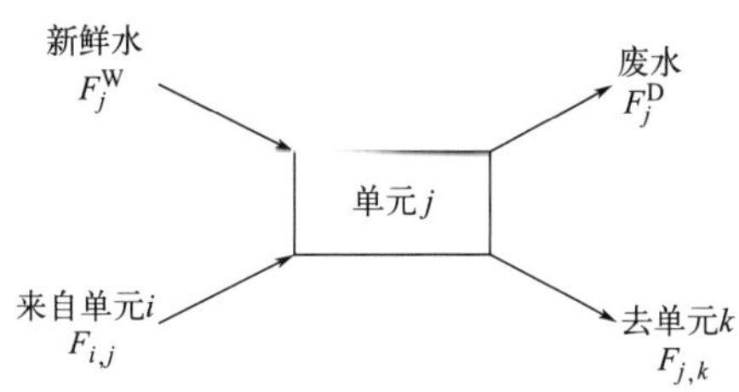

图 8-12　典型过程的进出水情况

下面建立以用水系统总新鲜水量为目标的数学模型，求解获得新鲜水用量最小值。

目标函数：$\min \sum_{j \in P} F_j^W$

约束条件：

① 过程 j 进出口的水量平衡：

$$F_j^W + \sum_{\substack{i \in P \\ i \neq j}} F_{i,j} = F_j^D + \sum_{\substack{k \in P \\ k \neq j}} F_{j,k} \quad j \in P$$

② 过程 j 进口混合节点的污染物平衡：

$$\sum_{\substack{i\in P\\ i\neq j}}(F_{i,j}\cdot C_{i,s}^{\text{out}})=(F_j^{\text{W}}+\sum_{\substack{i\in P\\ i\neq j}}F_{i,j})C_{j,s}^{\text{in}}\quad j\in P,s\in C$$

③ 过程 j 进出口的污染物平衡：

$$(F_j^{\text{W}}+\sum_{\substack{i\in P\\ i\neq j}}F_{i,j})C_{j,s}^{\text{in}}+M_{j,s}=(F_j^{\text{W}}+\sum_{\substack{i\in P\\ i\neq j}}F_{i,j})C_{j,s}^{\text{out}}\quad j\in P,s\in C$$

④ 过程 j 进出口的污染物浓度要求：

$$C_{j,s}^{\text{in}}\leqslant C_{j,s}^{\text{in,max}}\quad j\in P,s\in C$$

$$C_{j,s}^{\text{out}}\leqslant C_{j,s}^{\text{out,max}}\quad j\in P,s\in C$$

式中 F_j^{W}——过程 j 消耗的新鲜水量，t/h；

$F_{i,j}$——过程 i 供给过程 j 的水量，t/h；

F_j^{D}——过程 j 排放的废水量，t/h；

$F_{j,k}$——过程 j 排至过程 k 的水量，t/h；

$C_{j,s}^{\text{in}}$——过程 j 组分 s 的进口浓度（质量分数），ppm；

$C_{j,s}^{\text{out}}$——过程 j 组分 s 的出口浓度（质量分数），ppm；

$M_{j,s}$——过程 j 组分 s 的污染物负荷，g/h；

$C_{j,s}^{\text{in,max}}$——过程 j 组分 s 的极限进口浓度（质量分数），ppm；

$C_{j,s}^{\text{out,max}}$——过程 j 组分 s 的极限出口浓度（质量分数），ppm；

P——用水系统各过程的集合；

C——用水系统各污染物的集合。

上述变量均为非负变量。

将各过程的极限水数据（极限进出口浓度及污染物负荷）代入该模型求解，可以得到用水系统的最小新鲜水用量 $F_{\min}^{\text{W}}$。同时，也可以得到相应的用水网络。

上述的数学模型在约束条件中都包含了二次项，属于非线性规划范畴，可采用第 5 章中的非线性规划算法进行求解。

表 8-19 给出了有 10 个用水单元的单杂质用水系统中 10 个用水单元的用水要求。如果不考虑水的重复利用，则新鲜水用量至少为 252.42t/h，即表 8-19 中第二列各单元新鲜水流率之和。

表 8-19 各单元用水极限数据

单元	新鲜水流率/(t/h)	杂物去除量/(kg/h)	最大进口浓度/ppm	最大出口浓度/ppm
1	25.0	2.0	25	80
2	32.0	2.88	25	90
3	20.0	4.0	25	200
4	30.0	3.0	50	100
5	37.5	30.0	50	800
6	6.25	5.0	400	800

续表

单元	新鲜水流率/(t/h)	杂物去除量/(kg/h)	最大进口浓度/ppm	最大出口浓度/ppm
7	3.33	2.0	200	600
8	10.0	1.0	0	100
9	66.67	20.0	50	300
10	21.67	6.5	150	300

用数学规划的方法得到了如图 8-13 所示的用水网络，此时新鲜水用量最小，为 166.3 t/h，节水率达 34%。表 8-20 所示为各用水单元水的实际进出口浓度和各股水的流率。

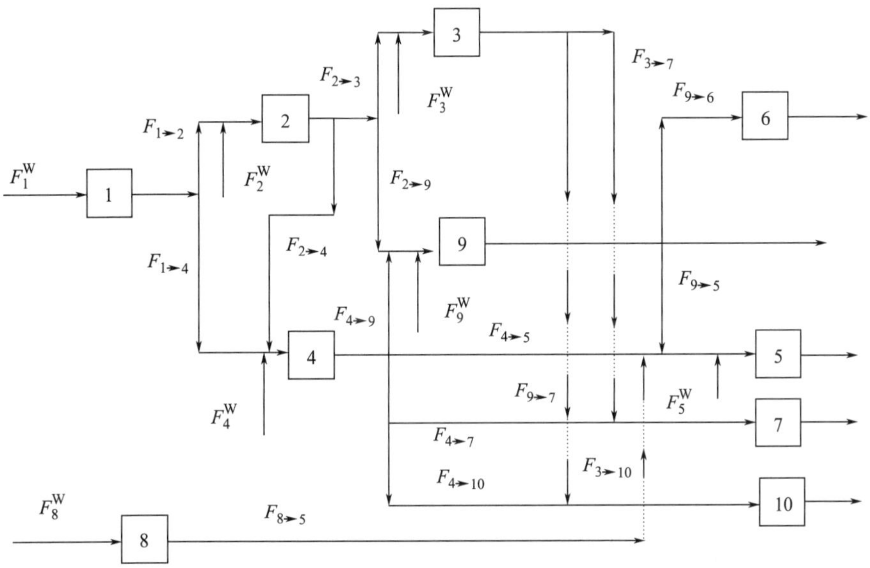

图 8-13　用数学规划法得到的用水网络示意图

表 8-20　图 8-13 网络用水数据

单元	$F_{i\to j}$/(t/h)	C_{in}/ppm	C_{out}/ppm	新鲜水量/(t/h)
1	0.0	0	80	25.0
2	$F_{1\to2}$=13.8462	25	90	30.4615
3	$F_{2\to3}$=6.3492	25	200	16.5079
4	$F_{1\to4}$=11.1538 $F_{2\to4}$=23.4188	50	100	25.4273
5	$F_{4\to5}$=9.51428 $F_{8\to5}$=10.0 $F_{9\to5}$=0.16191	50	800	20.3238
6	$F_{9\to6}$=10	300	800	0.0
7	$F_{3\to7}$=1.19047 $F_{4\to7}$=1.90476 $F_{9\to7}$=1.90476	200	600	0.0
8	0.0	0	100	10.0
9	$F_{2\to9}$=14.5397 $F_{4\to9}$=26.9143	50	300	38.5460
10	$F_{3\to10}$=21.6667 $F_{4\to10}$=21.6667	150	300	0.0

8.3　化工设备最优化

8.3.1　不可压缩流体管径最优化

本案例旨在利用数学模型优化的方法求解不可压缩流体的最优管径和最优流速。假设已知流体质量流量 m、管路长度 L、密度 ρ 和黏度 μ，未知变量是管径 D、流体压降 Δp 和流体流速 v，确定这三个变量的最优值以使总费用最少。

目标函数为年度总费用，可表示为：

$$C = \text{管路投资费用}+\text{泵操作费用} = C_1 D^n L + \frac{C_0 m \Delta p}{\rho \eta}$$

该式有两个未知数 D 和 Δp，它们满足如下的流体流动关联式：

$$\Delta p = \frac{2 f \rho v^2 L}{D}$$

式中，f 为摩擦因数。变量 v 和 f 与 m 满足如下关系：

$$m = \left(\frac{\rho \pi D^2}{2}\right) v$$

$$f = 0.046 Re^{-0.2} = \frac{0.046 \mu^{0.2}}{D^{0.2} v^{0.2} \rho^{0.2}}$$

将上述公式代入年度总费用公式中，可以得到下式：

$$C = C_1 D^{1.3} L + 0.142 \frac{C_0}{\eta} m^{2.8} \mu^{0.2} \rho^{-2.0} D^{-4.8} L$$

式中，D 是唯一变量，则该问题转化为了一个无约束的非线性规划问题。以某油品管道输送为例，案例数据见表 8-21。利用第 3 章中的无约束最优化算法进行求解，得到最佳管径 D^{opt}=0.879 m。标准管一览表中 DN850 的管径最接近于 D^{opt}，为 0.863 m。对这种尺寸的管子，最优速度为 1.006 m/s。

表 8-21　案例数据表

符号	说明	数值
m	质量流量	400kg/s
ρ	密度	680 kg/m^3
μ	黏度	0.00065 Pa·s
η	泵效率	85%
C_1	每米管子投资费用	133.9 元/m
C_0	每年每瓦泵的操作费用	100.89［(元/a)/(kg·m^2/s^3)］。
L	管长	1m

8.3.2 气体压缩功最优化

对于多级压缩而言，增大级间压力会增大前面压缩级的压缩功，而减小后面压缩级的压缩功，因此需要对多级压缩的级间压力进行最优化。本节将建立理想状态下绝热可压缩流体的最小压缩功的数学模型，来最优化级间压力，即模型的目标函数为最小化压缩功。

大多数的真实流体处于绝热和等温之间。对于此处所研究的绝热流体，无法建立气体压力和密度之间的简单关系式，因为温度作为压力或密度的函数是未知的。因此，压力和密度的关系是通过机械能守恒公式推导出来的。假设气体是理想气体，且在所考虑的压力范围 $p_1 \sim p_2$ 之间，$k = C_p / C_v$，是常数，则可以利用以下关系式：

$$pV^k = 常数$$

得到对于单级压缩机，压缩每摩尔（或质量）气体的理论功为：

$$W = \frac{kRT_1}{k-1}\left[\left(\frac{p_2}{p_1}\right)^{(k-1)/k} - 1\right]$$

式中，T_1 为气体进口温度；R 为理想气体常数 $(p_1\hat{V}_1 = RT_1)$。对于如图 8-14 所示在级间能冷却到 T_1 的三级压缩机，从 p_1 压缩到 p_4 的压缩功为：

$$\hat{W} = \frac{kRT_1}{k-1}\left[\left(\frac{p_2}{p_1}\right)^{(k-1)/k} + \left(\frac{p_3}{p_2}\right)^{(k-1)/k} + \left(\frac{p_4}{p_3}\right)^{(k-1)/k} - 3\right] \tag{8-4}$$

需要确定最优级间压力 p_2 和 p_3，在保持 p_1 和 p_4 不变的情况下，使 $\hat{W}$ 最小。

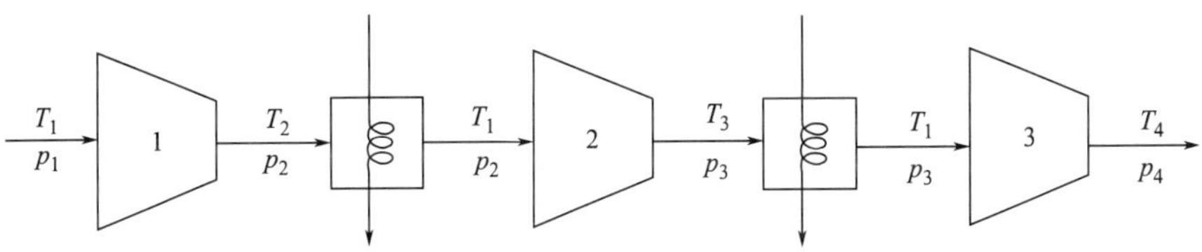

图 8-14 多级压缩示意图

若 $p_1 = 100\ \text{kPa}$，$p_4 = 1000\ \text{kPa}$，T_1=40℃，气体为空气，所以 $k = 1.4$。因此，$(k-1)/k =$ 0.286。运用第 3 章无约束最优化二阶导数方法中 BFGS 算法，使式（8-4）中 p_2 和 p_3 的函数 $\hat{W}$ 最小，以 $p_2 = p_3 = 500\ \text{kPa}$ 作为初值时，优化可得最优的级间压力分别为 $p_2^* = 215.44\ \text{kPa}$ 和 $p_3^* = 464.17\ \text{kPa}$，每摩尔气体的最小压缩功 $\hat{W}$ 为 6704 J。

8.3.3 原油管道系统配置最优化

原油管道系统不仅包含管道，还包括输油泵、变频器、加热炉、阀门等各类设备，这些设备与管道共同组成了一个耦合系统。设备的开闭、调节、运行组合直接影响着管道内原油的输送状态及管道运行安全与运行能耗。在满足输送计划、保证管道运行安全的前提下，尽可能降低原油管道系统运行能耗是石油行业重点关注的问题。

我国所产原油大多数为易凝高黏原油，为了保证这类原油能从油田顺利输送到炼油厂，往往需要对这类原油进行加热输送，使原油的黏度降低，从而减少管道输送摩阻损失和动力能耗。另外，提升原油温度意味着需要开启更多的加热炉和增加加热炉功率，使原油管道系统加热能耗上升。因此，原油管道系统动力能耗和加热能耗之间存在着此消彼长的特点，由于输油泵和加热炉类型多样，再加上管道沿线泵站电价政策差异以及输油泵变频调速等因素的影响，通过经验摸索和方案比选等传统方法很难获得能耗最优运行方案。为了能够获得能耗最优运行方案，往往需要借助最优化方法。

8.3.3.1 问题描述

加热输送原油管道系统主要由管道、加热炉、输油泵、变频器、辅助冷却设备（如空调）和各种类型的阀门组成，如图 8-15 所示。在这种原油管道系统中，管道用于输送原油，原油的温度和压力通常会沿着管道下降；加热炉用于提升原油温度；输油泵用于提升原油压力；变频器用于调节输油泵的转速；辅助冷却设备用于冷却变频器；调节阀、截断阀和止回阀分别用于调节压力、切断流动和防止回流。

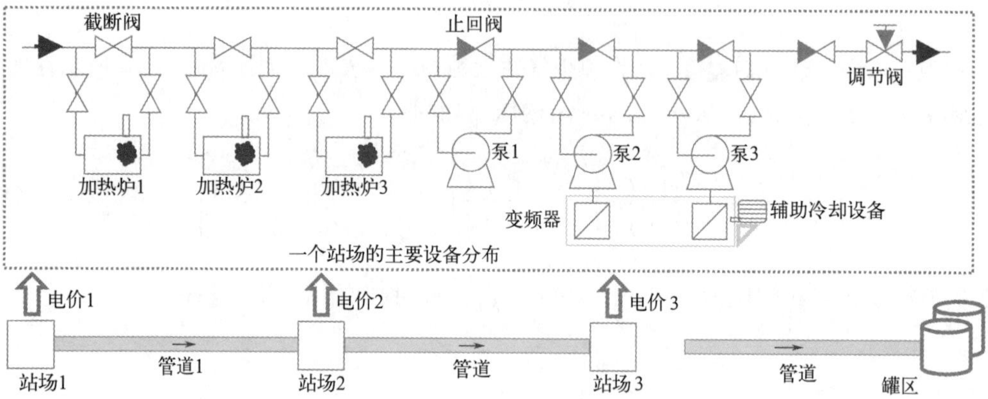

图 8-15　加热输送原油管道系统示意图

实际加热输送原油管道系统是一个压力控制系统，流量将会被动地去适应管道沿线的设备运行状态。为了完成计划的输油任务，需要协调管道沿线各设备的运行状态，以满足计划输量要求。事实上，许多可行的运行方案都能满足这一要求。然而，不同的运行方案通常对应于不同的运行能耗。通常以运行能耗最小为最优目标来获得能耗最优运行方案。

8.3.3.2 数学模型

原油管道系统的能耗包括驱动输油泵运转的电动机能耗、实现输油泵转速调节的变频器能耗、冷却变频器的辅助设备能耗和加热炉能耗。原油管道系统的能耗最优化模型是以管道系统能耗最低作为优化目标，以输油泵开闭状态、变频器开闭状态、泵转速、调节阀开度、加热炉开闭状态和加热炉功率等设备状态作为决策变量，以管道系统的设备配置情况、设备固有特性以及安全运行作为约束条件，其表达式如下所示。

$$\min f(\boldsymbol{x})=\min\left\{\sum_{i=1}^{N_{\rm p}}W_{{\rm m},i}S_{{\rm p},i}[1+S_{{\rm c},i}\varepsilon_{{\rm c},i}]U_{{\rm e},i}t+\sum_{j=1}^{N_{\rm s}}\left\lceil S_{{\rm c},j}\right\rceil W_{{\rm a},j}U_{{\rm e},j}t+3600\sum_{k=1}^{N_{\rm h}}\frac{W_{{\rm h},k}}{q_{{\rm f},k}}S_{{\rm h},k}U_{{\rm f},k}t\right\}$$

式中，f 为目标函数；$\boldsymbol{x}$ 为由决策变量组成的矢量；N_{p}、N_{s}、N_{h} 分别为输油泵、泵站、加热炉的总数；$W_{\mathrm{m},i}$ 为第 i 台电动机的功率；$W_{\mathrm{a},j}$ 为第 j 座泵站辅助设备的功率；$W_{\mathrm{h},k}$ 为第 k 台加热炉的功率；$S_{\mathrm{p},i}$ 为第 i 台输油泵的开闭状态（开状态用 1 表示，而关状态用 0 表示）；$S_{\mathrm{c},i}$ 为第 i 台变频器的开闭状态；$S_{\mathrm{c},j}$ 为第 j 座泵站变频器的开闭状态；$S_{\mathrm{h},k}$ 为第 k 台加热炉的开闭状态；$\lceil\ \rceil$ 表示向上取整，如果泵站存在变频器运行，则取值为 1，否则取值为 0；$\varepsilon_{\mathrm{c},i}$ 为第 i 台变频器功率与电动机功率之比；$U_{\mathrm{e},i}$ 为第 i 台电动机（或输油泵）所在位置处的电价；$U_{\mathrm{e},j}$ 为第 j 座泵站所在位置处的电价；$U_{\mathrm{f},k}$ 为第 k 台加热炉所在位置处的燃料油价格；t 为时间；$q_{\mathrm{f},k}$ 为第 k 台加热炉所在位置处的燃料油热值。

$$\boldsymbol{x} = (S_{\mathrm{p},i}, S_{\mathrm{c},i}, S_{\mathrm{h},k}, R_{\mathrm{p},i}, O_{\mathrm{v},m}, W_{\mathrm{h},k})$$

式中，$R_{\mathrm{p},i}$ 为第 i 台输油泵的转速；$O_{\mathrm{v},m}$ 为第 m 个调节阀的开度。

$$\begin{cases} S_{\mathrm{p},i} \in \{0,1\} \\ S_{\mathrm{c},i} \in \{0,1\} \\ S_{\mathrm{h},k} \in \{0,1\} \\ O_{\mathrm{v},m} \in [0,1] \\ R_{\mathrm{p},i} \in [R_{\mathrm{low},i}, R_{\mathrm{up},i}] \\ W_{\mathrm{h},k} \in [W_{\mathrm{low},k}, W_{\mathrm{up},k}] \\ P_n \in [P_{\mathrm{low},n}, P_{\mathrm{up},n}] \\ T \in [T_{\mathrm{low}}, T_{\mathrm{up}}] \end{cases}$$

式中，$R_{\mathrm{low},i}$ 和 $R_{\mathrm{up},i}$ 分别为第 i 台输油泵转速的下限和上限；$W_{\mathrm{low},k}$ 和 $W_{\mathrm{up},k}$ 分别为第 k 台加热炉功率的下限和上限；P_n 为第 n 条实际管道的管内压力；$P_{\mathrm{low},n}$ 和 $P_{\mathrm{up},n}$ 分别为第 n 条实际管道管内压力允许的下限和上限；T_{low} 和 T_{up} 分别为原油输送允许的油温下限和上限。

若采用遗传算法等智能优化算法对上述能耗最优化模型进行优化，上述的能耗最优化目标仍然存在着较大缺陷，该目标将运行方案考虑得过于理想，是一种认为完全满足输送要求的能耗最优化目标。遗传算法由于随机的初始化操作，存在寻优的第一步无法获得满足管道输送要求的运行方案的可能性，无法合理地继续寻优。对此，可采用系统仿真与罚因子相结合的方法，利用系统仿真来获得不满足输送条件的管段，如图 8-16 所示，将这些管段加和进而获得不满足输送条件的管段总长度。然后，计算得到该总长度值占原油管道系统实际管道总长度的比例系数，再根据比例系数对罚因子进行加权，对上述的能耗最优化目标进行改进，由此得到适用于遗传算法的最优化目标：

$$\min f'(\boldsymbol{X}) = \min \left\{ f(\boldsymbol{X}) + F \frac{\sum_{r=1}^{N_{\mathrm{u}}} L_{\mathrm{u},r}}{\sum_{n=1}^{N_{\mathrm{a}}} L_{\mathrm{a},n}} \right\}$$

式中，f' 为改进后的最优化目标；F 为罚因子，一般取一个极大的值；r 为不满足输送条件的管段编号；N_{u} 为不满足输送条件的管段总数；$L_{\mathrm{u},r}$ 为不满足输送条件的管段长度，km；n 为站间实际管道编号；N_{a} 为站间实际管道总数；$L_{\mathrm{a},n}$ 为管道实际长度，km。

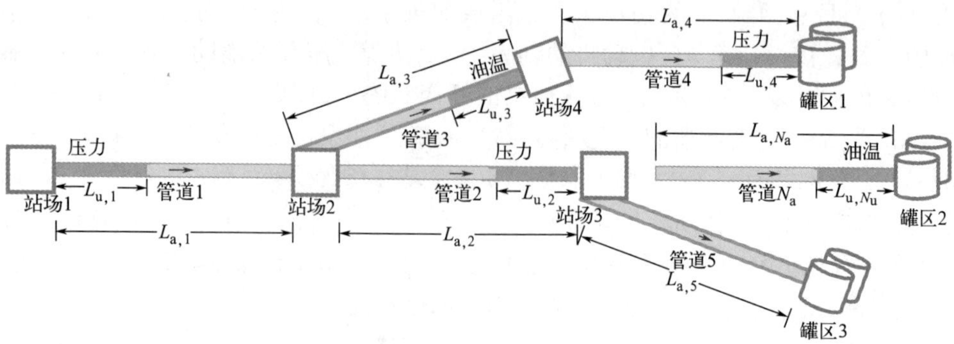

图 8-16 原油管道系统中不满足输送条件的管段示意图

8.3.3.3 案例分析

某实际原油管道系统共包括 10 条管道、10 座输油站、38 台泵、5 台变频器、12 台加热炉和 10 个出站调节阀。该原油管道系统中第 1、第 4、第 5、第 7 和第 9 座输油站有加热炉，而其他输油站没有加热炉。第 4、第 5、第 7、第 9 和第 10 座输油站各有 1 台带变频器的输油泵和 3 台不带变频器的输油泵，而在其他站只有不带变频器的输油泵。此外，受各输油站电价政策的影响，这个原油管道系统不同输油站处的电价存在着差别。

采用遗传算法对上述原油管道系统进行能耗最优化可得到该系统的最优运行方案。表 8-22 展示了实际和最优运行方案下整个管道系统加热炉和输油泵的运行数量和功率，图 8-17 展示了实际和最优运行方案下整个管道系统的温度和压力分布。

表 8-22 实际和最优运行方案下加热炉和输油泵的运行数量和功率

站场	需要运行的加热炉				需要运行的输油泵			
	数量		功率/kW		数量		功率/kW	
	实际	最优	实际	最优	实际	最优	实际	最优
输油站 1	3	2	24000	13466	1	2	975	1521
输油站 2	—	—	—	—	1	1	985	989
输油站 3	—	—	—	—	1	2	978	1524
输油站 4	2	2	12060	11249	2	2	1813	1817
输油站 5	1	1	6740	3137	2	2	1366	1828
输油站 6	—	—	—	—	1	1	543	980
输油站 7	1	1	5000	3745	2	2	1520	1522
输油站 8	—	—	—	—	1	1	968	969
输油站 9	1	1	6580	5290	2	2	1429	1430
输油站 10	—	—	—	—	1	1	613	715
总和	8	7	54380	36887	14	16	11190	13295

由表 8-22 可知，与实际运行方案相比，最优运行方案下加热炉的运行总数和功率有所下降，而输油泵的运行总数和功率有所增加。在图 8-17（a）中，较大的温升主要是由输油站处加热炉加热引起的，而较小的温升是由泵的机械能损失和调节阀节流引起的。比较两种运

行方案下的油温分布，可以发现最优运行方案下油温明显低于实际运行方案下，表明最优运行方案下加热炉的总加热量较小，这与表 8-22 中加热炉功率数据的变化趋势一致。在图 8-17（b）中，大的压升是由泵的压升引起的，而小的局部压降是由加热炉和调节阀的局部阻力引起的。更确切地说，在两种运行方案下，第 1、第 4、第 5、第 7 和第 9 输油站的小局部压降是由加热炉的局部阻力引起的，在最优运行方案下的第 2 输油站和实际运行方案下的第 3 和第 8 输油站处的小局部压降是由调节阀的局部阻力引起的。比较两种运行方案下的压力分布，可以发现最优运行方案下的压力明显高于实际运行方案下的压力，表明最优运行方案下泵的总压升更高，与表 8-22 中泵功率数据的变化趋势一致。

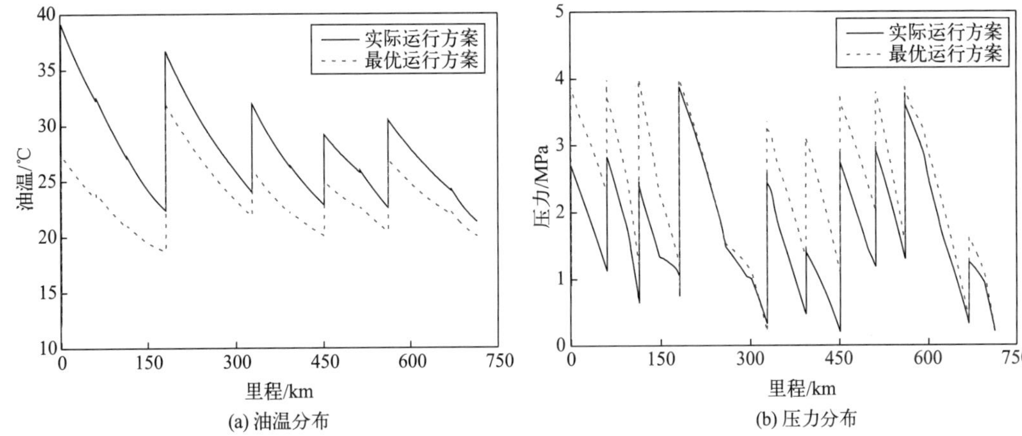

图 8-17　实际和最优运行方案下整个原油管道系统的油温和压力分布

在原油管道系统中，电能主要是由输油泵消耗的，燃料油主要是由加热炉消耗的。整个管道系统在实际和最优运行方案下的能耗及其费用如图 8-18 所示。由图 8-18（a）可知，最优运行方案下管道系统的电消耗及其费用高于实际运行方案，而最优运行方案下的燃料消耗及其费用较低。根据图 8-18（a）中的数据，很难判断最优运行方案是否优于实际运行方案。然而，根据图 8-18（b）中的数据，可以很容易地知道，在最优运行方案下，管道系统的总能耗费用为 19818 元/h，在实际运行方案下的总能耗费用为 24367 元/h。因此，总能耗费用降低了 18.7%，明显降低了原油管道系统的能耗费用。

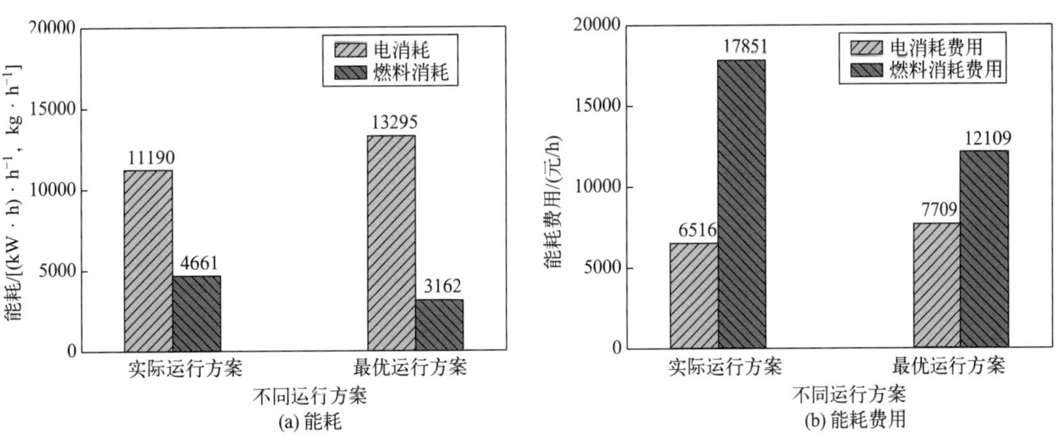

图 8-18　实际和最优运行方案下整个原油管道系统中的能耗及其费用

8.4 本章小结

本章介绍了最优化方法的应用案例，共计 9 个案例。其中，能源系统 3 个案例，包括蒸汽动力系统、氢燃料电池系统和换热网络最优化；化工工艺过程 3 个案例，包括工厂选址、精馏塔回流比、工业水系统最优化；化工设备 3 个案例，包括不可压缩流体管径、多级气体压缩功和原油管道系统配置最优化。本章以最优化案例为对象，详细介绍了数学建模的过程和思路，描述了数学模型，并介绍了案例的求解方法及优化结果。

参考文献

[1] Papoulias S A, Grossmann I E. A structural optimization approach in process synthesis—Ⅱ: Heat recovery networks[J]. Computers & Chemical Engineering, 1983, 7(6):707-721.

[2] Yee T F, Grossmann I E. Simultaneous optimization models for heat integration—Ⅱ. Heat exchanger network synthesis[J]. Computers & Chemical Engineering, 1990, 14(10):1165-1184.

[3] Deb K, Pratap A, Agarwal S, et al. A fast and elitist multiobjective genetic algorithm: NSGA-Ⅱ[J]. IEEE Transactions on Evolutionary Computation, 2002, 6(2):182-197.

[4] 何小荣. 化工过程优化[M]. 北京: 清华大学出版社, 2003.

[5] Boyd S, Vandenberghe L. Convex optimization[M]. UK Oxford: Cambridge University Press, 2004.

[6] 唐焕文, 秦学志. 实用最优化方法[M]. 大连: 大连理工大学出版社, 2004.

[7] E. Zitzler, S. Künzli. Indicator-based selection in multiobjective search. In: Yao, X. ,et al. Parallel Problem Solving from Nature - PPSN VIII. PPSN 2004. Lecture Notes in Computer Science, 3242, 832-842. Springer, Berlin, Heidelberg.

[8] 黄华江. 实用化工计算机模拟-MATLAB 在化学工程中的应用[M]. 北京: 化学工业出版社, 2004.

[9] 托马斯 F. 德加,戴维 M. 希梅尔布劳,利昂 S. 拉斯东,等. 化工过程优化(原著第二版)[M]. 张卫东, 任钟旗, 刘光虎, 等译. 北京: 化学工业出版社, 2006.

[10] Jorge Nocedal, Stephen J. Wright. Numerical optimization(2nd Eds.)[M]. Berlin, Heidelberg: Springer, 2006.

[11] 崔逊学. 多目标进化算法及其应用[M]. 北京:国防工业出版社, 2006.

[12] 郑向伟, 刘弘. 多目标进化算法研究进展[J]. 计算机科学, 2007, 34(7): 187-192.

[13] Zhang Q, Li H. MOEA/D: A multiobjective evolutionary algorithm based on decomposition[J]. IEEE Transactions on evolutionary computation, 2007, 11(6): 712-731.

[14] 姚平经. 过程系统工程[M]. 上海: 华东理工大学出版社, 2009.

[15] 邓伟志. 社会学辞典[M]. 上海: 上海辞书出版社, 2009.

[16] Singiresu S. Rao. Engineering optimization: Theory and practice(4th Eds.)[M]. John Wiley & Sons, 2009.

[17] 王勇, 蔡自兴, 周育人,等. 约束优化进化算法[J]. 软件学报, 2009, 20: 11-29.

[18] Wilhelm Forst, Dieter Hoffmann. Optimization—Theory and practice[M]. Springer, 2010.

[19] 冯霄, 刘永忠, 沈人杰, 等. 水系统集成优化—节水减排的系统综合方法（第二版）[M] 北京: 化学工业出版社, 2012.

[20] Edwin K. P. Chong, Stanislaw H. Zak. An introduction to optimization(4th edition)[M]. John Wiley & Sons, 2013.

[21] 徐斌. 基于差分进化算法的多目标优化方法研究与应用[D]. 上海: 华东理工大学, 2013.

[22] 刘兴高, 胡云卿. 应用最优化方法及 Matlab 实现[M]. 北京: 科学出版社, 2014.

[23] Achille Messac. Optimization in practice with Matlab for engineering students and professionals[M]. UK Oxford: Cambridge University Press, 2015.

[24] 刘海燕. 多目标优化算法及其在化工中的应用研究[D]. 武汉: 武汉理工大学, 2015.

[25] 李军, 王纯正, 马占华,等. 基于 Aspen Plus 和 NSGA-Ⅱ的隔壁塔多目标优化研究[J]. 高校化学工程学报, 2015, 29(2): 7.

[26] Zhang X, Tian Y, Cheng R, et al. A decision variable clustering-based evolutionary algorithm for large-scale many-objective optimization[J]. IEEE Transactions on Evolutionary Computation. 2016, 22: 97-112.

[27] 刘浩洋, 户将, 李勇锋, 等. 最优化: 建模、算法与理论[M]. 北京: 高等教育出版社, 2020.

[28] Edwin K. P. Chong, Stanislaw H. Zak. 最优化导论(第四版)[M]. 孙志强, 白圣建, 郑永斌, 等译. 北京: 电子工业出版社, 2021.

[29] A P Z, A Z W, A L G, et al. Achieving high-efficiency conversion and poly-generation of cooling, heating, and power based on

biomass-fueled SOFC hybrid system: Performance assessment and multi-objective optimization[J]. Energy Conversion and Management, 240[2024-12-02]. 2021. 114245.

[30] Wang H, Xu W, Sharif M, et al. Carbon-calcium composite conversion of calcium carbide-acetylene system: On the imperative roles of carbon capture and solid waste recycling[J]. Applied energy, 2022.

[31] 王红霞. 煤基电石-乙炔多产业链减碳工艺及性能优化研究[D]. 西安: 西安交通大学, 2023.

[32] Wang H, Zhu P, Dai M, et al. A Novel Coal-Based Calcium Carbide-Acetylene System Process Based on Multistage Carbon Capture and Waste Slag Recycling Design: A Multiobjective Optimization Evaluation Perspective[J]. Industrial And Engineering Chemistry Research, 2023, 62(1):571-585.